铁道通信与信息化技术校企合作系列教材

数据通信
——路由交换技术

主　编◎　冀勇钢　李开丽　朱凤文

副主编◎　刘　杨

西南交通大学出版社

·成　都·

图书在版编目（CIP）数据

数据通信：路由交换技术 / 冀勇钢，李开丽，朱凤
文主编. —成都：西南交通大学出版社，2020.8（2024.1 重印）
ISBN 978-7-5643-7512-6

Ⅰ. ①数… Ⅱ. ①冀… ②李… ③朱… Ⅲ. ①数据通
信－高等学校－教材②计算机网络－路由选择－高等学校
－教材 Ⅳ. ①TN919②TN915.05

中国版本图书馆 CIP 数据核字（2020）第 138858 号

Shuju Tongxin
——Luyou Jiaohuan Jishu

数据通信
—— 路 由 交 换 技 术

主编　冀勇钢　李开丽　朱凤文

责任编辑	李华宇
封面设计	何东琳设计工作室

出版发行	西南交通大学出版社
	（四川省成都市金牛区二环路北一段 111 号
	西南交通大学创新大厦 21 楼）
邮政编码	610031
营销部电话	028-87600564　028-87600533
网址	http://www.xnjdcbs.com
印刷	成都蓉军广告印务有限责任公司

成品尺寸	185 mm×260 mm
印张	17.75
字数	389 千
版次	2020 年 8 月第 1 版
印次	2024 年 1 月第 2 次
定价	48.00 元
书号	ISBN 978-7-5643-7512-6

随着互联网技术的广泛应用和普及，通信及电子信息产业在全球迅猛发展起来，从而也带来了网络技术人才需求量的不断增加，使得网络技术教材建设和人才培养成为高职院校的一项重要任务。

数据通信是现代通信技术的一个发展方向，本书主要围绕数据通信的重要基础理论和主要实践成果展开论述，不但重视理论讲解，还精心设计了相关实验，高度强调实用性和实践性。

本书共分为 14 章，其中第 1、2 章为本书的铺垫性内容，第 3～14 章为本书的核心内容。

第 1 章：通信网络基础。

本章对网络的典型拓扑结构、局域网与广域网、传输介质、通信方式等基础知识进行了简单的介绍。

第 2 章：TCP/IP 协议族与子网划分。

本章介绍了 OSI 和 TCP/IP 两种基础模型，并重点描述了它们之间的差异性。

第 3 章：以太网技术。

本章以交换机上的以太网卡为切入点，系统地讲述了以太网的原理，具体包括不同以太网卡的异同点、MAC 地址的结构和分类、以太帧的结构和分类、交换机的转发原理及 MAC 地址表的生成过程和动态属性等知识。

第 4 章：VLAN。

本章系统地讲述了 VLAN 的基本原理、VLAN 帧的格式、VLAN 的链路类型和端口类型、VLAN 帧的转发过程。

第 5 章：STP。

本章系统地讲述了 STP 的产生原因及工作原理和过程。

第 6 章：其他交换技术。

本章系统介绍了其他的一些交换技术，包括 GVRP、链路聚合、Smart Link 与 Monitor Link 等。

第 7 章：路由基础。

本章介绍了路由的相关概念，包括路由定义、路由分类、路由优先级、路由度量值，通过实例讲述了 VLAN 间路由。

第 8 章：RIP。

本章详细阐述了 RIP 的概念、RIP 的工作原理、RIP 报文、RIP 环路避免方式等，通过实例讲述了 RIP 的配置方法。

第 9 章：OSPF。

本章简要讲述了 OSPF 的工作原理、报文类型、工作过程、区域划分等内容，重点通过实例讲述了 OSPF 的配置方法。

第 10 章：VRRP。

本章详细讲述了 VRRP 的基本概念、工作过程，重点通过实例讲述了 VRRP 的配置方法。

第 11 章：ACL。

本章讲述了访问控制列表的概念及分类等基础知识，通过实例讲述了配置基础 ACL 和高级 ACL 的方法。

第 12 章：DHCP。

本章介绍了 DHCP 的应用场景、报文类型、工作原理及 DHCP 地址池的基本概念，通过实例讲述了 DHCP 的配置方法。

第 13 章：NAT。

本章系统介绍了 NAT 的基本概念、分类及工作方式，重点介绍了 NAT 的配置方法。

第 14 章：WAN。

本章简要介绍了 WAN（广域网）技术，包括 HDLC、PPP 和帧中继技术。

本书由辽宁铁道职业技术学院冀勇钢、李开丽、朱凤文担任主编。具体编写分工如下：第 1~4 章由冀勇钢编写；第 8~14 章由李开丽编写；第 5~7 章由朱凤文编写。本书在编写过程得到了北京华晟经世信息技术有限公司高级工程师刘杨的大力支持，在此表示衷心感谢。

由于编者水平有限，书中难免存在不足之处，诚请各位专家、读者不吝指正。

编　者

2020 年 5 月

目录 CONTENT

第 1 章

通信网络基础

1.1　通信与网络

通信的概念我们并不陌生，在人类社会的起源和发展过程中，通信就一直伴随着我们。普遍认为，二十世纪七八十年代，人类社会已经进入信息时代，对于生活在信息时代的我们，通信的必要性和重要性更是不言而喻的。

古代便有"烽火戏诸侯""鸿雁传书寄相思""烽火连三月，家书抵万金"等故事，这些耳熟能详的故事就是与古代的通信技术紧密相关的。但今天我们所说的通信，一般是指电报、电话、广播、电视、网络等现代化的通信技术。其特点是依靠光和电作为传输信号。而本书中所说的通信，如无特别说明，则是指通过诸如互联网这样的计算机网络所进行的通信，即网络通信。

1.1.1　通信的概念

"通信"一词中，"通"者，传递与交流也；"信"者，信息也。所谓通信，就是指人与人、人与物、物与物之间通过某种媒介和行为进行的信息传递与交流。通信技术的最终目的是为了帮助人们更好地沟通和生活。

下面我们来看简单例子，如图 1-1 所示，两台计算机通过一根网线相连，便组成了一个最简单的网络。如果 A 想从 B 那里获得"B.mp3"这首歌曲，那该怎么办呢？很简单，让两台计算机运行合适的文件传输软件并单击几下鼠标就可以完成了。

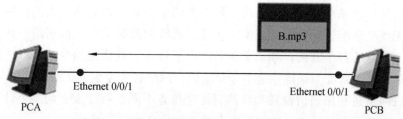

图 1-1　两台计算机之间通过网线传递文件

图 1-2 所示的网络稍微复杂一些，它由一台路由器和多台计算机组成。在这样的网络中，通过路由器的中转作用，每两台计算机之间都可以自由地传递文件。

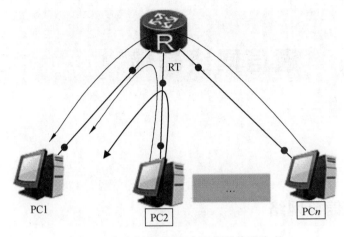

图 1-2　多台计算机通过路由器传递文件

如图 1-3 所示，当 A 希望从某个网址获取 A.mp3 时，A 必须先接入 Internet，然后才能下载所需的歌曲。

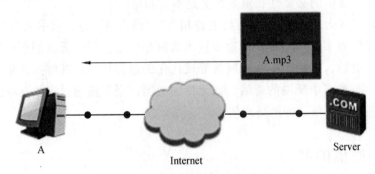

图 1-3　通过 Internet 下载文件

Internet 的中文译名为因特网、互联网等。Internet 是目前世界上规模最大的计算机网络，其前身是诞生于 1969 年的 ARPAnet（Advanced Research Projects Agency Network），Internet 的广泛普及和应用是当今信息时代的标志性内容之一。

1.1.2　网络特征

网络是某一领域事物互连的系统。日常生活中到处可以见到网络的存在，如公路交通网、无线电话网、互联网等。本书中我们研究的范畴是计算机网络。计算机网络被应用于工商业的各个方面，如电子银行、电子商务、现代化的企业管理、信息服务等都以计算机网络系统为基础。毫不夸张地说，网络在当今世界无处不在。

计算机网络是利用通信设备和线路将地理位置不同、功能独立的多个计算机系统连接起来，实现网络的硬件、软件等资源共享和信息传递的系统。

设计和维护网络时，需要考虑如下特征。

（1）费用：网络组件的购买、安装和维护费用。

（2）安全性：对网络组件及其包含的数据以及在它们之间传输的数据进行保护。

（3）速度：在网络终端之间传输数据的速度（数据速率）。

（4）拓扑：描述物理布线布局以及数据在组件之间的逻辑传输方式。

（5）可扩展性：网络的扩容能力，包括接纳新用户、新应用程序和新网络组件的能力。

（6）可靠性：网络传输数据的准确率，常用误码率或者误信率表示，例如传输 1 000 bit，接收方接收到 999 bit 正确信息，1 bit 错误信息，则误信率为 0.1%。

（7）可用性：度量网络对用户可用的可能性，其中停机时间指的是网络因故障或例行维护而不可用。可用性通常用一年内正常运行时间所占的百分比来度量，因此可用性为网络可用时间的分钟数除以一年的分钟数。

1.2 网络类型

我们常常听说局域网、广域网、私网、公网、内网、外网、电路交换网络、包交换网络、环形网、星形网、光网络等数不胜数的网络术语，它们都与网络类型有关。之所以会有这么多的网络类型，是因为在划分网络类型时可以依据各种各样不同的划分原则。

1.2.1 覆盖范围分类

广域网（Wide Area Network，WAN）：分布距离远，它通过各种类型的串行连接以便在更大的地理区域内实现接入。广域网是因特网的核心部分，其任务是长距离运送主机所发送的数据。

城域网（Metropolitan Area Network，MAN）：覆盖范围为中等规模，介于局域网和广域网之间，通常是一个城市内的网络连接（距离为 5～50 km）。城域网可以为一个或几个单位所拥有，但也可以是一种公用设施，用来将多个局域网进行互联。

局域网（Local Area Network，LAN）：通常指几千米范围以内的、可以通过某种介质互联的计算机、打印机或其他设备的集合。一个局域网通常为一个组织所有，常用于连接公司办公室或企业内的个人计算机和工作站，以便共享资源和交换信息。

1.2.2 不同使用者分类

公用网（Public Network）：这是指电信公司（国有或私有）出资建造的大型网络。"公用"的意思就是所有愿意按电信公司的规定缴纳费用的人都可以使用这种网络。因此，公用网也可称为公众网。

专用网（Private Network）：这是某个部门为本单位的特殊业务工作的需要而建造的网络。这种网络不向本单位以外的人提供服务。例如，军队、铁路、电力等系统均有本系统的专用网。

1.2.3　传输介质分类

有线网络：使用同轴电缆、双绞线、光纤等通信介质。
无线网络：使用卫星、微波、红外线、激光等通信介质。

1.2.4　网络拓扑分类

我们可以根据网络的拓扑形态来划分网络类型。网络拓扑是网络结构的一种图形化展现方式，表 1-1 给出了各种拓扑形态的网络类型。表 1-1 中所展示的都是一些理想化的典型的网络拓扑形态。

表 1-1　各种拓扑形态的网络类型

网络类型	拓扑图	基本特点
星形网络		所有节点通过一个中心节点连接在一起。 优点：很容易在网络中增加新节点；通信数据必须经过中心节点中转，易于实现网络监控。 缺点：中心节点的故障会影响到整个网络的通信
总线网络		所有节点通过一条总线（如同轴电缆）连接在一起。 优点：安装简便，节省线缆；某一节点的故障一般不会影响到整个网络的通信。 缺点：总线故障会影响到整个网络的通信。某一节点发出的信息可以被所有其他节点收到，安全性低
环形网络		所有节点连成一个封闭的环形。 优点：节省线缆。 缺点：增加新的节点比较麻烦，必须先中断原来的环，才能插入新节点以形成新环
树形网络		树形结构实际上是一种层次化的星形结构。 优点：能够快速将多个星形网络连接在一起，易于扩充网络规模。 缺点：层级越高的节点故障导致的网络问题越严重
全网状网络		所有节点都通过线缆两两互联。 优点：具有高可靠性和高通信效率。 缺点：每个节点都需要大量的物理端口，同时还需要大量的互联线缆；成本高，不易扩展

网络类型	拓扑图	基本特点
部分网状网络	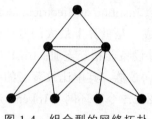	只是重要节点之间才两两互联。 优点：成本低于全网状网络。 缺点：可靠性比全网状网络有所降低

在实际组网中，通常都会根据成本、通信效率、可靠性等具体需求而采用多种拓扑形态相结合的方法。例如，图 1-4 就是环形、星形和树形的一种组合使用。

图 1-4　组合型的网络拓扑

1.3　国际标准化组织

我们通常使用汉语、英语、法语等这样的自然语言进行思想的沟通和交流。其实，从网络通信的角度来看，这些各种各样的自然语言就相当于是网络通信中所使用的各种各样的通信协议。比如，某人说："I 服了 You！你也太 out 了吧，连'沙发'是什么意思都不懂！"我们便可以认为这句话中涉及了汉语这个"协议"和英语这个"协议"。更进一步讲，"沙发"（第一个进行评论的人）是属于汉语中新兴出现的"网络语言"，"网络语言"可以被认为是汉语这个"协议"中的"子协议"。听这句话的人需要懂得汉语、英语及"网络语言"，才能真正明白对方的意思。

在网络通信中，所谓协议，就是指诸如计算机、交换机、路由器等网络设备为了实现通信而必须遵从的、事先定义好的一系列规则和约定。我们经常提到的 HTTP（Hyper Text Transfer Protocol）、FTP（File Transfer Protocol）、TCP（Transmission Control Protocol）、IPv4、IEEE 802.3（以太网协议）等都是网络通信协议。比如，当我们通过浏览器访问网站时，网址中的"http://"就说明这次访问会使用 HTTP 协议。我们通过 FTP 工具下载文件时，文件地址中的"ftp://"就说明这次下载会使用 FTP 协议。

需要特别说明的是，在网络通信领域中，"协议""标准""规范""技术"等词汇是经常混用的。比如，IEEE 802.3 协议、IEEE 802.3 标准、IEEE 802.3 协议规范、IEEE 802.3 协议标准、EEE 802.3 标准协议、IEEE 802.3 标准规范、IEEE 802.3 技术规范等，所指代的对象相同。

协议可分为两类，一类是各网络设备厂商自己定义的私有协议，另一类是专门的标准机构定义的开放式协议（或称开放性协议、开放协议），二者的关系有点像方言与普通话的关系。显然，为了促进网络的普遍性互联，各厂商应尽量遵从开放式协议，减少私有协议的使用。

专门整理、研究、制定和发布开放性标准协议的组织称为标准机构。主要有以下组织：

（1）国际标准化组织（International Organization for Standardization，ISO）：世界上最著名的国际标准组织之一，该组织负责制定大型网络的标准，包括 Internet 相关的标准。ISO 提出了 OSI（开放式系统互联）参考模型。OSI 参考模型描述了网络的工作机制，为计算机网络构建了一个易于理解的、清晰的层次模型。

（2）电气和电子工程师协会(Institute of Electrical and Electronics Engineers，IEEE)：由计算机和工程学专业人士组成，是世界上最大的专业组织之一，主要提供了网络硬件的标准，使各厂商生产的硬件设备能相互连通。IEEE LAN 标准是当今居于主导地位的 LAN 标准。它定义了 802.x 协议族，其中比较著名的有 802.3 以太网标准、802.4 令牌总线网（Token Bus）标准、802.5 令牌环网（Token Ring）标准、802.11 无线局域网（WLAN）标准等。

（3）美国国家标准协会（American National Standards Institute，ANSI）：是一个由公司、政府和其他组织成员组成的自愿组织。它有将近 1 000 个会员，而且本身也是 ISO 的一个成员。著名的美国标准信息交换码（ASCII）就是被用来规范计算机内的信息存储的 ANSI 标准。光纤分布式数据接口（Fiber Distributed Data Interface，FDDI）也是一个适用于局域网光纤通信的 ANSI 标准。

（4）国际电信联盟（International Telecommunication Union，ITU）：前身是国际电报电话咨询委员会(CCITT)。ITU 共分为 3 个主要部门，ITU-R 负责无线电通信；ITU-D 是发展部门；而 ITU-T 负责电信行业。ITU 的成员包括各种各样的科研机构、工业组织、电信组织、电话通信方面的权威人士，还有 ISO。它定义了很多作为广域连接的电信网络的标准，众所周知的有 X.25、帧中继（Frame Relay）等。

（5）因特网架构委员会（Internet Architecture Board，IAB）：下设工程任务委员会（IETF）、研究任务委员会（RTF）、号码分配委员会（IANA）等，负责各种 Internet 标准的定义，是目前最具影响力的国际标准化组织之一。

（6）电子工业协会（Electronic Industries Association，EIA）：主要成员是电子产品公司和电信设备制造商，它也是 ANSI 的成员。EIA 主要定义了大量设备间电气连接和数据物理传输的标准。其中最广为人知的标准是 RS232（或称 EIA-232），它已成为大多数计算机与调制解调器或打印机等设备通信的规范。

（7）因特网工程特别任务组（Internet Engineering Task Force，IETF）：是一个由互联网技术工程专家自发参与和管理的国际机构，其成员包括网络设计者、制造商、研究人员以及所有对因特网的正常运转和持续发展感兴趣的个人或组织。它分为数百个工作组，分别处理因特网的应用、实施、管理、路由、安全和传输服务等不同方面的技术问题。这些工作组同时也承担着对各种规范加以改进发展，使之成为因特网标准的任务。它制定了因特网的很多重要协议标准。

（8）国际电工技术委员会（International Electrotechnical Commission，IEC）：主要负责有关电气工程和电子工程领域中的国际标准化工作。该组织与 ISO、ITU、IEEE 等有着非常紧密的合作关系。

1.4　传输介质

通信过程中所使用的物理信号必须通过某种"Medium"才能传递。Medium——通常翻译为"介质""媒体""媒介""媒质"等。多媒体通信中也会使用到"媒体（Medium）"一词，但其中的"媒体"指的是信息的表现形式（如声音、图像、视频、文本等）。为避免产生歧义，本书中将只使用"介质"或"传输介质"来指代光/电信号在其上进行传输的物理介质。

现代通信技术所使用的物理信号主要是光、电信号，所使用的传输介质主要有空间、金属导线和玻璃纤维三大类。

空间这类传输介质主要用来传递电磁波。从通信的角度来看，空间类传输介质又可分为真空和空气两种介质。电磁波在真空中的传播速度为 299 792 458 m/s（即"光速"）；电磁波在空气中的传播速度非常接近光速，大约为 299 705 000 m/s。

金属导线主要用来传递电流、电压信号。在金属导线这类传输介质中，主要使用的是铜线。电流、电压信号在铜线上的传播速度也非常接近光速。网络通信中经常使用到两种结构不同的铜线，一种是同轴电缆，另一种是双绞线。

我们通常所说的"光纤"，其实就是一种玻璃纤维，它是用来传递光信号的（从本质上讲，光就是一种波长在特定范围内的电磁波）。光在光纤中的传播速度大约只有光速的 2/3，约为 200 000 000 m/s。

接下来，我们将简单介绍同轴电缆、双绞线和光纤这三种传输介质。

1.4.1　同轴电缆

图 1-5 是同轴电缆（Coaxial Cable）的结构及实物外观，其中的铜导线才是用来传输电流、电压信号的，铜网屏蔽层的作用是抵御环境中的电磁辐射对所传输的电流、电压信号的干扰。有线电视网络系统广泛地使用了同轴电缆作为传输介质。早期的以太网是总线型网络，所使用的总线便是同轴电缆。目前，以太网已经演化为一种星形网络，不再使用同轴电缆，而是使用双绞线或光纤。

1.4.2　双绞线

双绞线（Twisted Pair）的名称源自通信中所使用的铜导线通常是缠绕捆绑在一起

的双绞方式。根据电磁学原理，双绞方式的导线可以较好地抵御环境电磁辐射对导线中传递的电流、电压的干扰。

依据是否包含了屏蔽层，双绞线可分为屏蔽双绞线（Shielded Twisted Pair，STP）和无屏蔽双绞线（Unshielded Twisted Pair，UTP）两种，这两种双绞线的结构和实物外观分别如图 1-6 和图 1-7 所示。从图 1-6 和图 1-7 可以看到，双绞线内的 8 根铜线两两相互缠绕，形成 4 组线对，或称 4 个绕组。显然，由于省去了屏蔽层，UTP 比 STP 要便宜一些，但是抗干扰能力也会弱一些。不过，除了某些特殊场合（如电磁辐射比较严重，或对信号传输质量要求较高等）需要使用 STP 外，一般情况下都可以使用 UTP。

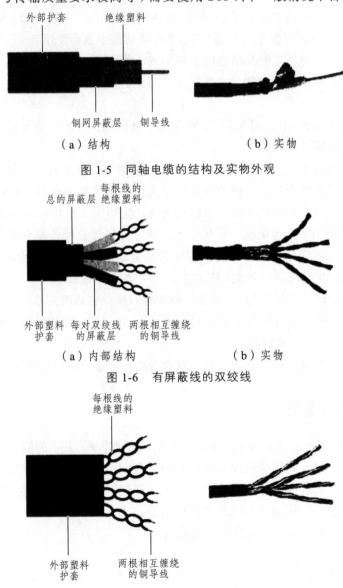

外部护套　　　绝缘塑料

铜网屏蔽层　　铜导线

（a）结构　　　　　　　（b）实物

图 1-5　同轴电缆的结构及实物外观

总的屏蔽层　每根线的绝缘塑料

外部塑料　每对双绞线　两根相互缠绕
护套　　　的屏蔽层　　的铜导线

（a）内部结构　　　　　　　（b）实物

图 1-6　有屏蔽线的双绞线

每根线的绝缘塑料

外部塑料　两根相互缠绕
护套　　　的铜导线

（a）内部结构　　　　　　　（b）实物

图 1-7　无屏蔽线的双绞线

根据材料及制作规格的不同，双绞线可以分为不同的类别，如三类双绞线、五类双绞线等，表 1-2 给出了部分 UTP 的分类情况。需要说明的是，三类双绞线、五类双绞线、超五类双绞线在应用于以太网环境时，为了保证信号在传输过程中的衰减不至于太大，其最大允许的传输距离均规定为 100 m。

表 1-2　UTP 分类

UTP	用途	说明
一类	电话系统	美国 Anixter International（艾利斯特国际）公司定义，未应用在网络通信中
二类	曾用于令牌环网	美国 Anixter International 公司定义，最大信息传输速率为 4 Mbit/s，现已基本不用
三类	以太网及电话系统	TLVE1A-568 定义，最大信息传输速率为 16 Mbit/s，第一个 IEEE 标准化的星形以太网标准 10Base-T 就是使用的三类 UTP
四类	曾用于令牌环网及以太网	TIA/EIA-568 定义，最大信息传输速率为 16 Mbit/s，现已基本不用
五类	广泛应用于以太网及电话系统	TIA/EIA-568 定义，最大信息传输速率为 100 Mbit/s，支持 10Base-T 和 100Base-TX，目前正广泛使用
超五类	广泛应用于以太网	TIA/EIA-568 定义，在五类 UTP 上进行了改进，最大信息传输速率为 1 000 Mbit/s，支持 10Base-T、100Base-TX、1000Base-T，目前正广泛使用

如图 1-8 所示，双绞线的两端需要安装 RJ45 连接器，RJ45 连接器也就是我们通常所说的水晶头的一种。双绞线内的 8 根铜线被分开并捋直后，按照一定的排序规则插入 RJ45 连接器的 8 个引脚槽中，相应引脚槽中的尖锐铜片触点刺穿对应铜线上的绝缘层，与铜线紧密接触并卡紧，这样就完成了 RJ45 连接器与双绞线的连接。

对于以太网物理接口，无论是电口还是光口，在接口上一般都存在发送信号的引脚和接收信号的引脚。如果两个设备通过物理介质相连时，需要将一方发送信号的引脚和另一方接收信号的引脚相连，一般可以通过双绞线的线对交叉或光纤线缆的交叉来实现这一基本需求。为了简化传输线缆的制作和连接，一些设备也具备内部信号引脚交叉的功能。以太网规范定义了 MDI（Medium Dependent Interface，介质相关接口）与 MDI-X（Medium Dependent Interface Crossover）两种接口类型。像那种具备内部信号引脚交叉功能的接口就是 MDI-X 接口。目前这种技术只在电接口上实现，而对于光纤接口仍然采用线缆交叉来实现互连。上述内部交叉功能在标准以太网和千兆以太网的电接口上也有相同的实现。

普通主机、路由器等的网卡接口通常为 MDI 类型，而以太网集线器、以太网交换机等集中接入设备的接入端口通常为 MDI-X 类型。在进行设备连接时，需要正确选择线缆。当同种类型的接口（两个接口都是 MDI 或都是 MDI-X）通过双绞线互连时，使用交叉网线（Crossover Cableh）；当不同类型的接口（一个接口是 MDI，一个接口是

MDI-X）通过双绞线互连时，使用直连网线（Straight-through Cable），如表 1-3 所示。

表 1-3 MDI/MDI-X 协商对照

本地接口类型	连接线缆类型	远端接口类型	本地接口类型	连接线缆类型	远端接口类型
MDI	直连网线	MDI-X	MDI-X	直连网线	MDI
MDI	交叉网线	MDI	MDT-X	交叉网线	MDI-X

实际上现在很多支持 MDI-X 接口的设备同时支持 MDI 接口，可以通过协商在两种接口之间进行自动选择。如部分以太网交换机的 10/100 Mb/s 以太网口或 MSR 系列路由器就具备智能 MDI/MDI-X 识别技术，在连接时不必考虑所用网线为直连网线还是交叉网线。直连与交叉网线线序如图 1-8 所示。

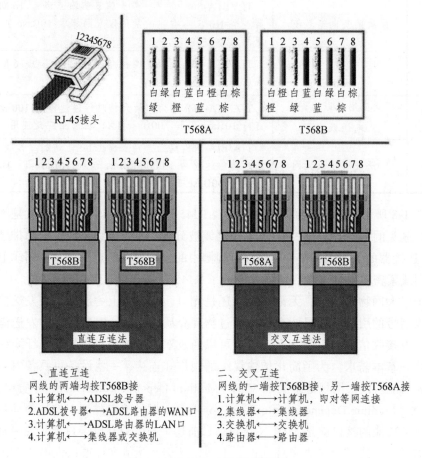

图 1-8 交叉与直连网线线序

1.4.3 光 纤

我们通常所说的光网络（或光传输网络、光通信网络），是指以光导纤维（简称光纤）作为传输介质的网络通信系统。这里的光导纤维，其实是一种玻璃纤维。在光网络通信系统中，光纤中传递的是一种波长在红外波段的、肉眼不可见的红外光。

光纤外面加上若干保护层后，便是我们通常所说的光缆（Optical Fiber Cable）。一条光缆中可以包含一根光纤，也可以包含多根光纤。图 1-9 所示为光纤/光缆的基本结构和实物外观。注意，外套、加强材料、缓冲层等都只是光纤的保护层，真正的光纤（光导纤维）指的是纤芯和覆层。纤芯和覆层的材质均是玻璃，所不同的是覆层玻璃体的折射系数略小于纤芯玻璃体的折射系数。

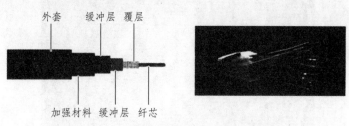

图 1-9　光纤/光缆的基本结构和实物外观

如图 1-10 所示，根据组成结构的差异，光纤可分为单模光纤和多模光纤。单模光纤的纤芯较细，覆层较厚；多模光纤的纤芯较粗，覆层较薄。光纤的粗细指的是覆层外围圆周的直径，大约为 125 μm。人的头发直径为 17 ~ 181 μm，亚洲人的头发直径大约为 120 μm，所以一根光纤的粗细大致与亚洲人的一根头发相当。

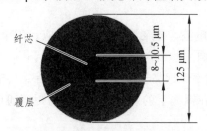
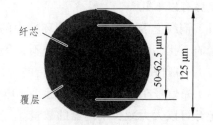

单模光纤：纤芯较细，覆层较厚　　　　　　　多模光纤：纤芯较粗，覆层较薄

图 1-10　单模光纤与多模光纤

在单模光纤中，光是以单模方式进行传播的；而在多模光纤中，光是以多模方式进行传播的。关于单模传播方式与多模传播方式的比较分析，已经超出了本书所关注的知识范围，所以这里不做详细介绍。读者需要关注以下几点。

（1）相比于单模光纤，多模光纤的纤芯较粗，生产工艺要求较为简单，所以生产成本较低，价格较便宜。

（2）多模光纤中的多模传播方式会引起模间色散，而模间色散会大大降低光信号的传输质量。模间色散会引起"脉冲展宽"效应，从而使得所传输的光信号产生畸变。单模光纤中不存在模间色散现象。

（3）传输距离越远，模间色散对光信号传输质量的影响越严重（光信号畸变程度越严重）。

（4）在传输距离相同的条件下，单模光纤比多模光纤能够支持更高的信息传输率；在信息传输率相同的条件下，单模光纤比多模光纤能够支持更大的传输距离。

（5）多模光纤多用于局域网络，传输距离较小（一般在几千米之内）；单模光纤多用于广域网，传输距离较大（可长达上千千米）。限制多模光纤传输距离的主要原因是减小模间色散对光信号传输质量的影响（弱化信号畸变程度）。

如同双绞线两端需要安装连接器一样，光缆的两端也需要安装光纤连接器。常见的光纤连接器有 ST 连接器、FC 连接器、SC 连接器等，如图 1-11 所示。

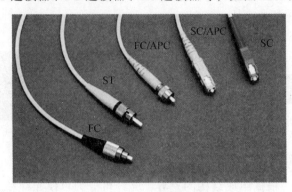

图 1-11　光纤连接器

随着光网络通信系统的迅猛发展，光纤的使用也日益普及，并且在越来越多的场合替代了铜线的角色，这也就是所谓的"光进铜退"趋势。与铜线相比，光纤带来的主要优势有以下几点。

（1）铜线上的电信号会受到环境中的无线电波、电磁噪声、电磁感应、闪电雷击等因素的干扰，而光纤中的光信号不会受此影响。

（2）一般情况下，光纤能够支持的信息传输率远远高于铜线能够支持的信息传输率。

（3）光信号在光纤中的衰减远小于电信号在铜线上的衰减，所以在远距离通信中，使用光纤可以大大减少中继器的数量。

（4）光纤较铜线更轻更细，更易于运输、安装和部署。

思考题

1. 日常生活中有哪些网络通信的例子？

2. 按地理覆盖范围划分，可以将网络分为哪几类？

3. 局域网一般限于什么范围内？

4. 在各种网络拓扑结构中，哪种结构的可靠性最高？

5. 树形网络有哪些特点？

6. 在以太网环境中，规定超五类 UTP 的最大传输距离是多少？

7. 在相同传输距离的条件下，同轴电缆、双绞线和光纤中，哪种介质的信息传输速率最大？

TCP/IP 协议族与子网划分

在网络发展的早期时代，网络技术的发展变化速度非常快，计算机网络变得越来越复杂，新的协议和应用不断产生，而网络设备大部分都是按厂商自己的标准生产，不能兼容，相互间很难进行通信。

为了解决网络之间的兼容性问题，实现网络设备间的相互通信，ISO 于 1984 年提出了 OSI 参考模型（Open System Interconnection Reference Model，开放系统互连参考模型）。OSI 参考模型很快成为计算机网络通信的基础模型。OSI 参考模型是应用在局域网和广域网上的一套普遍适用的规范集合，它使得全球范围的计算机平台可进行开放式通信。OSI 参考模型说明了网络的架构体系和标准，并描述了网络中信息是如何传输的。多年以来，OSI 模型极大地促进了网络通信的发展，也充分体现了为网络软件和硬件实施标准化做出的努力。

由于种种原因，并没有一种完全忠实于 OSI 参考模型的协议族流行开来。相反，源于美国国防部高级研究项目机构（Defense Advanced Research Project Agency，DARPA）在 20 世纪 60 年代开发的 ARPANET 的 TCP/IP 协议得到了广泛应用，成为 Internet 的事实标准。

2.1 OSI 参考模型

2.1.1 OSI 参考模型的产生

如今，人们可以方便地使用不同厂家的设备构建计算机网络，而不需要过多考虑不同产品之间的兼容性问题。而在 OSI 模型出现（20 世纪 80 年代）之前，实现不同设备间的互通并不容易。这是因为在计算机网络发展的初期阶段，许多研究机构、计算机厂商和公司都推出了自己的网络系统，例如 IBM（国际商业机器）公司的 SNA、NoveU 的 IPX/SPX 协议、Apple（苹果）公司的 AppleTalk 协议、DEC（美国数字设备公司）的 DECNET，以及广泛流行的 TCP/IP 协议等。同时，各大厂商针对自己的协议生产出了不同的硬件和软件。然而这些标准和设备之间互不兼容。没有一种统一标准存在，就意味着这些不同厂家的网络系统之间无法相互连接。

为了解决网络之间兼容性的问题，帮助各个厂商生产出可兼容的网络设备，ISO 于 1984 年提出了 OSI 参考模型，它很快成为计算机网络通信的基础模型。OSI 模型是对发生在网络设备间的信息传输过程的一种理论化描述，它仅仅是一种理论模型，并没有定义如何通过硬件和软件实现每一层功能，与实际使用的协议（如 TCP/IP 协议）有一定的区别。虽然 OSI 仅是一种理论化的模型，但它是所有网络学习的基础，因此，除了应了解各层的名称外，更应深入了解它们的功能及各层之间是如何工作的。

OSI 参考模型很重要的一个特性是其分层体系结构。分层设计方法可以将庞大而复杂的问题转化为若干较小且易于处理的子问题。

可以设想，在两台设备之间进行通信时，两台设备必须要高度地协调工作，这包括从物理的传输介质到应用程序的接口等方方面面，这种"协调"是相当复杂的。为了降低网络设计的复杂性，OSI 参考模型采用了层次化的结构模型，以实现网络的分层设计，从而将庞大而复杂的问题转化为若干较小且易于处理的子问题。这与编写程序的思想非常相似。在编写一个功能复杂的程序时，为了方便设计编写和代码调试，不可能在主程序里将所有代码一气呵成，而是将问题划分为若干个子功能，由不同的函数分别去完成，主程序通过调用函数实现整个程序功能，从而有效地简化了程序的设计和编写。一旦出现错误，也可以很容易将问题定位到相应的功能函数。

分层体系结构将复杂的网络通信过程分解到各个功能层次，各个层次的设计和测试相对独立，并不依赖于操作系统或其他因素，层次间也无须了解其他层是如何实现的，从而简化了设备间的互通性和互操作性。采用统一的标准的层次化模型后，各个设备生产厂商遵循标准进行产品的设计开发，有效地保证了产品间的兼容性。就像建造房屋的建筑商可以使用其他厂商提供的原材料，而不必自己从头开始制作一砖一瓦一样，一个厂商可以将其他厂商提供的模块作为基础，只专注于某一层软件或硬件的开发，使得开发周期大大缩短，费用大为降低。

总结起来，OSI 参考模型具有以下优点。

（1）开放的标准化接口：通过规范各个层次之间的标准化接口，使各个厂商可以自由地生产网络产品，这种开放给网络产业的发展注入了活力。

（2）多厂商兼容性：采用统一的标准的层次化模型后，各个设备生产厂商遵循标准进行产品的设计开发，有效地保证了产品间的兼容性。

（3）易于理解、学习和更新协议标准：由于各层次之间相对独立，使得讨论、制定和学习协议标准变得比较容易，某一层次协议标准的改变也不会影响其他层次的协议。

（4）实现模块化工程，降低了开发实现的复杂度：每个厂商都可以专注于某一个层次或某一模块，独立开发自己的产品，这样的模块化开发降低了单一产品或模块的复杂度，提高了开发效率，降低了开发费用。

（5）便于故障排除：一旦发生网络故障，可以比较容易地将故障定位于某一层次，进而快速找出故障根源。

2.1.2　OSI 参考模型的层次结构

OSI 参考模型自下而上分为 7 层，分别是：第 1 层物理层（Physical Layer）、第 2 层数据链路层（Data Link Layer）、第 3 层网络层（Network Layer）、第 4 层传输层（Transport Layer）、第 5 层会话层（Session Layer）、第 6 层表示层（Presentation Layer）和第 7 层应用层（Application Layer），如图 2-1 所示。

提供应用程序间通信	7	应用层
处理数据格式、数据加密等	6	表示层
建立、维护和管理会话	5	会话层
建立主机端到端连接	4	传输层
寻址和路由选择	3	网络层
提供介质访问、链路管理等	2	数据链路层
比特流传输	1	物理层

图 2-1　OSI 参考模型

1. 物理层

物理层是 OSI 参考模型的最低层或称为第一层，其功能是在终端设备间传输比特流。

物理层并不是指物理设备或物理媒介，而是有关物理设备通过物理媒体进行互连的描述和规定。物理层协议定义了通信传输介质的下列物理特性。

（1）机械特性：说明接口所用接线器的形状和尺寸、引线数目和排列等，例如，各种规格的电源插头的尺寸都有严格的规定。

（2）电气特性：说明在接口电缆的每根线上出现的电压、电流范围。

（3）功能特性：说明某根线上出现的某一电平的电压表示何种意义。

（4）规程特性：说明对不同功能的各种可能事件的出现顺序。

（5）物理层以比特流的方式传送来自数据链路层的数据，而不理会数据的含义或格式。同样，它接收数据后直接传给数据链路层。也就是说，物理层只能看到 0 和 1，它不能理解所处理的比特流的具体意义。

2. 数据链路层

数据链路层的目的是负责在某一特定的介质或链路上传递数据。因此，数据链路层协议与链路介质有较强的相关性，不同的传输介质需要不同的数据链路层协议给予支持。

数据链路层的主要功能包括以下内容。

（1）帧同步：即编帧和识别帧。物理层只发送和接收比特流，而并不关心这些比特的次序、结构和含义；而在数据链路层，数据以帧为单位传送。因此，发送方需要链路层将比特编成帧，接收方需要链路层能从接收到的比特流中明确地区分出数据帧起始与终止的地方。帧同步的方法包括字节计数法、使用字符或比特填充的首尾定界符法及违法编码法等。

（2）数据链路的建立、维持和释放：当网络中的设备要进行通信时，通信双方有时必须先建立一条数据链路，在建立链路时需要保证安全性，在传输过程中要维持数据链路，而在通信结束后要释放数据链路。

（3）传输资源控制：在一些共享介质上，多个终端设备可能同时需要发送数据，此时必须由数据链路层协议对资源的分配加以裁决。

（4）流量控制：为了确保正常地收发数据，防止发送数据过快，导致接收方的缓存空间溢出，网络出现拥塞，就必须及时控制发送方发送数据的速率。数据链路层控制的是相邻两节点之间数据链路上的流量。

（5）差错控制：由于比特流传输时可能产生差错，而物理层无法辨别错误，所以数据链路层协议需要以帧为单位实施差错检测。最常用的差错检测方法是 FCS（Frame Check Sequence，帧校验序列）。发送方在发送一个帧时，根据其内容，通过诸如 CRC（Cyclic Redundancy Check，循环冗余校验）这样的算法计算出校验和（Checksum），并将其加入此帧的 FCS 字段中发送给接收方。接收方通过对校验和进行检查，检测收到的帧在传输过程中是否发生差错。一旦发现差错，就丢弃此帧。

（6）寻址：数据链路层协议应该能够标识介质上的所有节点，并且能寻找到目的节点，以便将数据发送到正确的目的地。

（7）标识上层数据：数据链路层采用透明传输的方法传送网络层包，它对网络层呈现为一条无错的线路。为了在同一链路上支持多种网络层协议，发送方必须在帧的控制信息中标识载荷（即包）所属的网络层协议，这样接收方才能将载荷提交给正确的上层协议来处理。

为了在对网络层协议提供统一的接口的同时对下层的各种介质进行管理控制，局域网的数据链路层又被划分为 LLC（Logic Link Control，逻辑链路控制）和 MAC（Media Access Control，介质访问控制）两个子层。

IEEE 的数据链路层标准是当今最为流行的 LAN 标准。这些标准统称为 IEEE 802 标准。目前，我国应用最为广泛的 LAN 标准是基于 IEEE 802.3 的以太网标准。以太网交换机就是一种典型的数据链路层设备。

广域网常见的数据链路层标准有 HDLC（High-level Data Link Control，高级数据链路控制）、PPP（Point-to-Point Protocol，点到点协议）、X.25、帧中继协议等。

3. 网络层

在网络层，数据的传送单位是包。网络层的任务就是要选择合适的路径并转发数据包，使数据包能够正确无误地从发送方传递到接收方。

网络层的主要功能包括以下内容。

（1）编址：网络层为每个节点分配标识，这就是网络层的地址。地址的分配也为从源地址到目的地址的路径选择提供了基础。

（2）路由选择：网络层的一个关键作用是要确定从源端到目的端的数据传递应该如何选择路由，网络层设备在计算路由之后，按照路由信息对数据包进行转发。执行网络层路由选择的设备称为路由器（Router）。

（3）拥塞控制：如果网络同时传送过多的数据包，可能会产生拥塞，导致数据丢失或延迟，网络层也负责对网络上的拥塞进行控制。

（4）异种网络互联：通信链路和介质类型是多种多样的，每一种链路都有其特殊的通信规定，网络层必须能够工作在多种多样的链路和介质类型上，以便能够跨越多个网段提供通信服务。

网络层处于传输层和数据链路层之间，它负责向传输层提供服务，同时负责将网络地址翻译成对应的物理地址。网络层协议还能协调发送、传输及接收设备的处理能力的不平衡性，如网络层可以对数据进行分段和重组，以使得数据包的长度能够满足该链路的数据链路层协议所支持的最大数据帧长度。

4. 传输层

传输层的功能是为会话层提供无差错的传送链路，保证两台设备间传递信息的正确无误。传输层传送的数据单位是段。

传输层从会话层接收数据，并传递给网络层，如果会话层数据过大，传输层会将其切割成较小的数据单元——段进行传送。

传输层负责创建端到端的通信连接。通过这一层，通信双方主机上的应用程序之间通过对方的地址信息直接进行对话，而不用考虑其间的网络上有多少个中间节点。

传输层既可以为每个会话层请求建立一个单独的连接，也可以根据连接的使用情况为多个会话层请求建立一个单独的连接，这被称为多路复用（Multiplexing）。但无论如何，这种传输层服务对会话层都是透明的。

传输层的一个重要工作是差错校验和重传。包在网络传输中可能出现错误，也可能出现乱序、丢失等情况，传输层必须能检测并更正这些错误。一个数据流中的包在网络中传递时如果通过不同的路径到达目的地，就可能造成到达顺序的改变。接收方的传输层应该可以识别出包的顺序，并且在将这些包的内容传递给会话层之前将它们恢复成发送时的顺序。接收方传输层不仅要对数据包重新排序，还需验证所有的包是否都已被收到。如果出现错误和丢失，接收方必须请求对方重新传送丢失的包。

为了避免发送速度超出网络或接收方的处理能力，传输层还负责执行流量控制（Flow Control），在资源不足时降低流量，而在资源充足时提高流量。

5. 会话层、表示层和应用层

会话层是利用传输层提供的端到端服务，向表示层或会话用户提供会话服务。就像它的名字一样，会话层建立会话关系，并保持会话过程的畅通，决定通信是否被中断以及下次通信从何处重新开始发送。例如，某个用户登录到一个远程系统，并与之交换信息。会话层管理这一进程，控制哪一方有权发送信息，哪一方必须接收信息，这其实是一种同步机制。

会话层也处理差错恢复。例如，若一个用户正在网络上发送一个大文件的内容，而网络忽然发生故障，当网络恢复工作时，用户是否必须从该文件的起始处开始重传呢？回答是否定的，因为会话层允许用户在一个长的信息流中插入检查点，只需将最后一个检查点以后丢弃的数据重传。

如果传输在低层偶尔中断，会话层将努力重新建立通信，例如当用户通过拨号向ISP（因特网服务提供商）请求连接到因特网时，ISP 服务器上的会话层向用户计算机上的会话层进行协商连接。若用户的电话线偶然从墙上插孔脱落，终端机上的会话层将检测到连接中断并重新发起连接。

表示层负责将应用层的信息"表示"成一种格式，让对端设备能够正确识别，它主要关注传输信息的语义和语法。在表示层，数据将按照某种一致同意的方法对数据进行编码，以便使用相同表示层协议的计算机能互相识别数据。例如，一幅图像可以表示为 JPEG 格式，也可以表示为 BMP 格式，如果对方程序不识别本方的表示方法，就无法正确显示这幅图片。

表示层还负责数据的加密和压缩。加密（Encryption）是对数据编码进行一定的转换，让未授权的用户不能截取或阅读的过程。如有人未授权时就截取了数据，看到的将是加过密的数据。压缩（Compression）是指在保持数据原意的基础上减少信息的比特数。如果传输很昂贵，压缩可显著地降低费用，并提高单位时间发送的信息量。

应用层是 OSI 的最高层，它直接与用户和应用程序打交道，负责对软件提供接口以使程序能使用网络服务。这里的网络服务包括文件传输、文件管理、电子邮件的消息处理等，必须强调的是应用层并不等同于一个应用程序。例如，在网络上发送电子邮件，用户的请求就是通过应用层传输到网络的。

2.2 TCP/IP 模型

OSI 参考模型的诞生为清晰地理解互联网络、开发网络产品和网络设计等带来了极大的方便。但是 OSI 参考模型过于复杂，难以完全实现；OSI 参考模型各层功能具有一定的重复性，效率较低；再加上 OSI 参考模型提出时，TCP/IP 协议已逐渐占据主导地位，因此 OSI 参考模型并没有流行开来，也从来没有存在一种完全遵守 OSI 参考模型的协议族。

TCP/IP 起源于 20 世纪 60 年代末美国政府资助的一个分组交换网络研究项目，到20 世纪 90 年代已发展成为计算机之间最常用的网络协议。它是一个真正的开放系统，因为协议族的定义及其多种实现可以免费或花很少的钱获得。它已成为"全球互联网"

或"因特网"的基础协议族。

与 OSI 参考模型一样，TCP/IP 也采用层次化结构，每一层负责不同的通信功能。但是 TCP/IP 协议简化了层次设计，只分为 4 层——应用层、传输层、网络层和网络接口层，如图 2-2 所示。

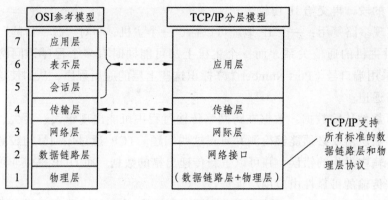

图 2-2　TCP/IP 模型的层次结构

1. 网络层

网络层是 TCP/IP 体系的关键部分。它的主要功能是使主机能够将信息发往任何网络并传送到正确的目的主机。

基于这些要求，网络层定义了包格式及其协议——IP（Internet Protocol，网际协议）。网络层使用 IP 地址（IP Address）标识网络节点；使用路由协议生成路由信息，并且根据这些路由信息实现包的转发，使包能够准确地传送到目的地；使用 ICMP（Internet Control Message Protocol，互联网控制消息协议）、IGMP（Internet Group Management Protocol，互联网组管理协议）这样的协议协助管理网络。TCP/IP 网络层在功能上与 OSI 网络层极为相似。

ICMP 通常也被当作一个网络层协议。ICMP 通过一套预定义的消息在互联网上传递 IP 协议的相关信息，从而对 IP 网络提供管理控制功能。ICMP 的一个典型应用是探测 IP 网络的可达性。

2. 传输层

TCP/IP 的传输层位于应用层和网络层之间，主要负责为两台主机上的应用程序提供端到端的连接，使源、目的端主机上的对等实体可以进行会话。TCP/IP 的传输层协议主要包括 TCP（Transmission Control Protocol，传输控制协议）和 UDP（User Datagram Protocol，用户数据报协议）。

TCP/IP 传输层协议的主要作用如下：

（1）提供面向连接或无连接的服务：传输层协议定义了通信两端点之间是否需要建立可靠的连接关系。TCP 是面向连接的，而 UDP 是无连接的。

（2）维护连接状态：TCP 在通信前建立连接关系，传输层协议必须在其数据库中记录这种连接关系，并且通过某种机制维护连接关系，及时发现连接故障等。

（3）对应用层数据进行分段和封装：应用层数据往往是大块的或持续的数据流，而网络只能发送长度有限的数据包，传输层协议必须在传输应用层数据之前将其划分成适当尺寸的段，再交给 IP 协议发送。

（4）实现多路复用：一个 IP 地址可以标识一个主机，一对"源—目的"IP 地址可以标识一对主机的通信关系，而一个主机上却可能同时有多个程序访问网络，因此 TCP/UDP 采用端口号（Port Number）来标识这些上层的应用程序，从而使这些程序可以复用网络通道。

（5）可靠地传输数据：数据在跨网络传输过程中可能出现错误、丢失、乱序等种种问题，传输层协议必须能够检测并更正这些问题。TCP 通过序列号与校验和等机制检查数据传输中发生的错误，并可以重新传递出错的数据。而 UDP 提供非可靠性数据传输，数据传输的可靠性由应用层保证。

（6）执行流量控制：当发送方的发送速率超过接收方的接收速率时，或者当资源不足以支持数据的处理时，传输层负责将流量控制在合理的水平；反之，当资源允许时，传输层可以放开流量，使其增加到适当的水平。通过流量控制防止网络拥塞造成数据包的丢失。TCP 通过滑动窗口机制对端到端流量进行控制。

3. 应用层

TCP/IP 模型没有单独的会话层和表示层，其功能融合在 TCP/IP 应用层中。应用层直接与用户和应用程序打交道，负责对软件提供接口以使程序能使用网络服务。这里的网络服务包括文件传输、文件管理、电子邮件的消息处理等。典型的应用层协议包括 Telnet、FTP、SMTP、SNMP 等。

Telnet 的名字具有双重含义，既指这种应用也指协议自身。Telnet 给用户提供了一种通过联网的终端登录远程服务器的方式。

FTP（File Transfer Protocol，文件传输协议）是用于文件传输的 Internet 标准。FTP 支持文本文件（如 ASCII、二进制等）和面向字节流的文件结构。FTP 使用传输层协议 TCP 在支持 FTP 的终端系统间执行文件传输，因此，FTP 被认为提供了可靠的面向连接的文件传输能力，适合于远距离、可靠性较差的线路上的文件传输。

TFTP（Trivial File Transfer Protocol，简单文件传输协议）也用于文件传输，但 TFTP 使用 UDP 提供服务，被认为是不可靠的、无连接的。TFTP 通常用于可靠的局域网内部的文件传输。

SMTP（Simple Mail Transfer Protocol，简单邮件传输协议）支持文本邮件的 Internet 传输。所有的操作系统具有使用 SMTP 收发电子邮件的客户端程序，绝大多数 Internet 服务提供者使用 SMTP 作为其输出邮件服务的协议。SMTP 被设计成在各种网络环境下进行电子邮件信息的传输，实际上，SMTP 真正关心的不是邮件如何被传送，而是邮件是否顺利到达目的地。SMTP 具有健壮的邮件处理特性，这种特性允许邮件依据一定标准自动路由。SMTP 具有当邮件地址不存在时立即通知用户的能力，并且具有把在一定时间内不可传输的邮件返回发送方的特点。

SNMP（Simple Network Management Protocol，简单网络管理协议）负责网络设备监控和维护，支持安全管理、性能管理等。

HTTP（Hypertext Transfer Protocol，超文本传输协议）是万维网的基础，Internet 上的网页主要通过 HTTP 进行传输。

4. 网络接口层

TCP/IP 本身对网络层之下并没有严格的描述。但是 TCP/IP 主机必须使用某种下层协议连接到网络，以便进行通信。而且，TCP/IP 必须能运行在多种下层协议上，以便实现端到端、与链路无关的网络通信。TCP/IP 的网络接口层正是负责处理与传输介质相关的细节，为上层提供一致的网络接口。因此，TCP/IP 模型的网络接口层大体对应于 OSI 参考模型的数据链路层和物理层，通常包括计算机和网络设备的接口驱动程序与网络接口卡等。

2.3 报文的封装与解封装

2.3.1 OSI 的数据封装过程

从 OSI 模型的观点来看，计算机发送数据时，数据会从高层向底层逐层传递，在传递过程中进行相应的封装，并最终通过物理层转换为光/电信号发送出去。计算机接收数据时，数据会从底层向高层逐层传递，在传递过程中进行相应的解封装。图 2-3 所示为两台计算机和一根网线组成的简单网络中，计算机 A 向计算机 B 传递数据时的层次化处理过程。每层封装后的协议数据单元的叫法不同。应用层、表示层、会话层的协议数据单元统称为数据（Data）；传输层的协议数据单元称为数据段（Segment）；网络层的协议数据单元称为数据包（Packet）；数据链路层的协议数据单元称为数据帧（Frame）；物理层的协议数据单元称为比特流（bit）。

2.3.2 TCP/IP 协议的数据封装过程

当应用程序用 TCP 传送数据时，数据被送入协议栈中，然后逐个通过每一层直到被当作一串比特流送入网络。其中每一层对收到的数据都要增加一些首部信息（有时还要增加尾部信息），TCP 传给 IP 的数据单元称作 TCP 消息段或简称为 TCP 段（TCP Segment）。IP 传给网络接口层的数据单元称作 IP 数据报（IP Datagram）。通过以太网传输的比特流称作帧（Frame），如图 2-4 所示。

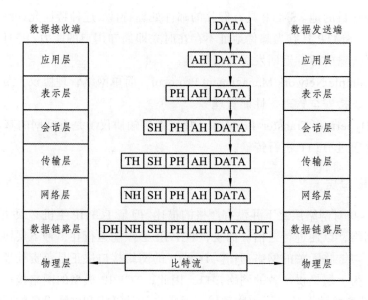

图 2-3　OSI 的数据封装过程

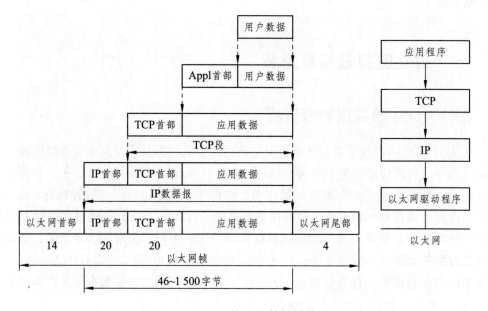

图 2-4　TCP/IP 协议的数据封装过程

2.4　TCP/IP 协议族

TCP/IP 协议体系是用于计算机通信的一组协议，如图 2-5 所示。

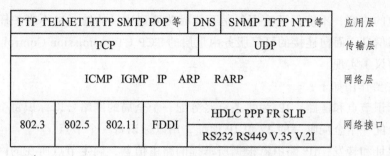

图 2-5　TCP/IP 协议栈

其中应用层的协议分为三类：一类协议基于传输层的 TCP 协议，典型的如 FTP、TELNET、HTTP 等；一类协议基于传输层的 UDP 协议，典型的如 TFTP、SNMP 等；还有一类协议既基于 TCP 协议又基于 UDP 协议，典型的如 DNS。

传输层主要使用两个协议，即面向连接的可靠的 TCP 协议和面向无连接的不可靠的 UDP 协议。

网络层最主要的协议是 IP 协议，另外还有 ICMP、IGMP、ARP、RARP 等协议。

数据链路层和物理层根据不同的网络环境，如局域网、广域网等情况，有不同的帧封装协议和物理层接口标准。

TCP/IP 协议体系的特点是上下两头大而中间小，应用层和网络接口层都有很多协议，而中间的 IP 层很小，上层的各种协议都向下汇聚到一个 IP 协议中，而 IP 协议又可以应用到各种数据链路层协议中，同时也可以连接到各种各样的网络类型，如图 2-6 所示，这种漏斗结构是 TCP/IP 协议体系得到广泛使用的主要原因。

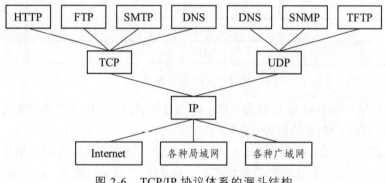

图 2-6　TCP/IP 协议体系的漏斗结构

2.5　重点协议介绍

2.5.1　IP

IP（Internet Protocol，国际互连协议）是 TCP/IP 网络层的核心协议，由 RFC791 定义。IP 是尽力传输的网络协议，其提供的数据传输服务是不可靠、无连接的。IP 不关心数据包的内容，不能保证数据包是否能成功地到达目的地，也不维护任何关于数据包的状态信息。面向连接的可靠服务由上层的 TCP（Transmission Control Protocol，传输控制协议）实现。

IP 的主要作用如下：

（1）标识节点和链路：IP 为每条链路分配一个全局的网络号以标识每个网络；为每个节点分配一个全局唯一的 32 位 IP 地址，用以标识每一个节点。

（2）寻址和转发：IP 路由器根据所掌握的路由信息，确定节点所在的网络位置，进而确定节点所在的位置，并选择适当的路径将 IP 包转发到目的节点。

（3）适应各种数据链路：为了工作在多样化的链路和介质上，IP 必须具备适应各种链路的能力，例如可以根据链路的最大数据传输单元（Maximum Transfer Unit，MTU）对 IP 包进行分片和重组，可以建立 IP 地址到数据链路层地址的映射以通过实际的数据链路传递信息。

IP 报文格式如图 2-7 所示，IP 头选项字段不经常使用，因此普通的 IP 头部长度为 20 字节。其中一些主要字段如下所述。

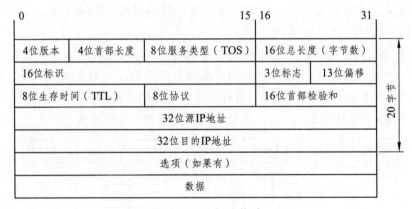

图 2-7　IP 包头格式

（1）版本号（Version）：长度为 4 位（bit）。标识目前采用的 IP 的版本号。一般地，IPv4 的值为 0100，IPv6 的值为 0110。

（2）首部长度（Header Length）：长度为 4 位。这个字段的作用是描述 IP 包头的长度，因为在 IP 包头中有变长的选项部分。IP 包头的最小长度为 20 字节，而变长的可选部分的最大长度是 40 字节。

（3）服务类型（Type of Service）：长度为 8 位。这个字段可拆分成两个部分：优先级（Precedence，3 位）和 4 位标志位（最后一位保留）。优先级主要用于 QoS，表示从 0（普通级别）到 7（网络控制分组）的优先级。4 个标志位分别是 D、T、R、C 位，代表 Delay（更低的延时）、Throughput（更高的吞吐量）、Reliability（更高的可靠性）、Cost（更低费用的路由）。

（4）IP 包总长度（Total length）：长度为 16 位，指明 IP 包的最大长度为 65 535 字节。

（5）标识（Identifier）：长度为 16 位。该字段和 Hag 与 Fragment Offset 字段联合

使用，对大的上层数据包进行分段（Fragment）操作。IP 数据包在实际传送过程中，所经过的物理网络帧的最大长度可能不同，当长 IP 数据包需通过短帧子网时，需对 IP 数据包进行分段和组装。IP 实现分段和组装的方法是给每个 IP 数据包分配一个唯一的标识符，并配合以分段标记和偏移量。IP 数据包在分段时，每一段需包含原有的标识符。为了提高效率、减轻路由器的负担，重新组装工作由目的主机来完成。

（6）标志（Flags）：长度为 3 位。该字段第 1 位不使用。第 2 位是 DF 位（Don't Fragment），只有当 DF 位为 0 时才允许分段。第 3 位为 MF 位（More Fragment），MF 位为 1 表示后面还有分段，MF 位为 0 表示这已是若干分段中的最后一个。

（7）段偏移（Fragment Offset）：长度为 13 位，该字段指出该分段内容在原数据包中的相对位置。也就是说，相对于用户数据字段的起点，该分段从何处开始。段偏移以 8 个字节为偏移单位。

（8）生存时间（TTL）：长度为 8 位。当 IP 包进行传送时，先会对该字段赋予某个特定的值。当 IP 包经过每一个沿途的路由器时，每个沿途的路由器会将 IP 包的 TTL 值减 1。如果 TTL 减为 0，则该 IP 包会被丢弃。这个字段可以防止由于故障而导致 IP 包在网络中不停地转发。

（9）协议（Protocol）：长度为 8 位。标识上层所使用的协议。

（10）首部校验和（Header Checksum）：长度为 16 位，由于 IP 包头是变长的，所以提供一个头部校验来保证 IP 包头中信息的正确性。

（11）源地址（Source Address）和目的地址（Destination Address）：这两个字段都是 32 位。标识这个 IP 包的源地址和目标地址。

（12）选项（Options）：这是一个可变长的字段。该字段由起源设备根据需要改写。可选项包含安全（Security）、宽松的源路由（Loose Source Routing）、严格的源路由（Strict Source Routing）、时间戳（Timestamps）等。

2.5.2 TCP

TCP（Transmission Control Protocol，传输控制协议）是一种面向连接的、可靠的、基于字节流的传输层通信协议，由 IETF 的 RFC 793 定义。TCP 为应用层提供了差错恢复、流控及可靠性等功能。TCP 协议号是 6，大多数应用层协议使用 TCP，如 HTTP、FTP、Telnet 等协议。

TCP 收到应用层提交的数据后，将其分段，并在每个分段前封装一个 TCP 头。图 2-8 所示为 TCP 头的格式。TCP 头由一个 20 字节的固定长度部分加上变长的选项字段组成。

TCP 头的各字段含义如下：

（1）源端口号（Source Port）：16 位的源端口号指明发送数据的进程。源端口和源 IP 地址的作用是标识报文的返回地址。

（2）目的端口号（Destination Port）：16 位的目的端口号指明目的主机接收数据的进程。源端口号和目的端口号合起来唯一地表示一条连接。

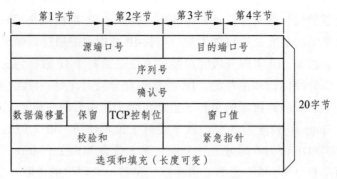

图 2-8　TCP 头格式

（3）序列号（Sequence Number）：32 位的序列号，表示数据部分第一个字节的序列号，32 位长度的序列号可以将 TCP 流中的每一个数据字节进行编号。

（4）确认号（Acknowledgement Number）：32 位的确认号由接收端计算机使用，如果设置了 ACK 控制位，这个值表示下一个期望接收到的字节（而不是已经正确接收到的最后一个字节），隐含意义是序号小于确认号的数据都已正确地被接收。

（5）数据偏移量（Data Offset）：4 位，指示数据从何处开始，实际上是指出 TCP 头的大小。数据偏移量以 4 字节长的字为单位计算。

（6）保留（Reserved）：6 位值域。这些位必须是 0，它们是为了将来定义新的用途所保留的。

（7）控制位（Control Bits）：6 位标志域。按照顺序排列是：URG、ACK、PSH、RST、SYN、FIN，它们的含义如表 2-1 所示。

表 2-1　控制位及其含义

控制位	含　义
URG	紧急标志位，说明紧急指针有效
ACK	仅当 ACK=1 时确认号字段才有效。当 ACK=0 时，确认号无效。TCP 规定，在建立连接后所有传送的报文段都必须把 ACK 置 1
PSH	该标志置位时，接收端在收到数据后应立即请求将数据递交给应用程序，而不是将它缓冲起来直到缓冲区接收满为止。在处理 Telnet 或 Login 等交互模式的连接时，该标志总是置位的
RST	复位标志，用于重置一个已经混乱（可能由于主机崩溃或其他的原因）的连接。该位也可以被用来拒绝一个无效的数据段，或者拒绝一个连接请求
SYN	在连接建立时用来同步序号。当 SYN=1 而 ACK=0 时，表明这是一个连接请求报文段。若对方同意建立连接，则应在响应的报文段中使 SYN=1 和 ACK=1。因此 SYN 置 1 就表示这是一个连接请求或连接接收报文
FIN	用来释放一个连接。当 FIN=1 时，表明此报文段的发送方的数据已发送完毕，并要求释放连接

（8）窗口值（Window Size）：16 位，指明了从被确认的字节算起可以发送多少个字节。当窗口大小为 0 时，表示接收缓冲区已满，要求发送方暂停发送数据。

（9）校验和（Checksum）：TCP 头包括 16 位的校验和字段用于错误检查。校验和字段检验的范围包括首部和数据这两部分。源端计算一个校验和数值，如果数据报在传输过程中被第三方篡改或者由于线路噪声等原因受到损坏，发送和接收方的校验计算值将不会相符，由此 TCP 协议可以检测是否出错。

（10）紧急指针（Urgent Pointer）：16 位，指向数据中优先部分的最后一个字节，通知接收方紧急数据共有多长，在 URG=1 时才有效。

（11）选项（Option）：长度可变，最长可达 40 字节。TCP 最初只规定了一种选项，即最大报文段长度（Maximum Segment Size，MSS），随着因特网的发展，又陆续增加了几个选项，如窗口扩大因子、时间戳选项等。

（12）填充（Padding）：这个字段中加入额外的零（0），以保证 TCP 头是 32 位的整数倍。

TCP 是一个面向连接的可靠的传输控制协议，在每次数据传输之前需要首先建立连接，当连接建立成功后才开始传输数据，数据传输结束后还要断开连接。

TCP 使用三次握手的方式来建立可靠的连接，如图 2-9 所示。TCP 为传输每个字段分配了一个序号，并期望从接收端的 TCP 得到一个肯定的确认（ACK）。如果在一个规定的时间间隔内没有收到一个 ACK，则数据会被重传。因为数据按块（TCP 报文段）的形式进行传输，所以 TCP 报文段中的每一个数据段的序列号被发送到目的主机。当报文段无序到达时，接收端 TCP 使用序列号来重排 TCP 报文段，并删除重复发送的报文段。

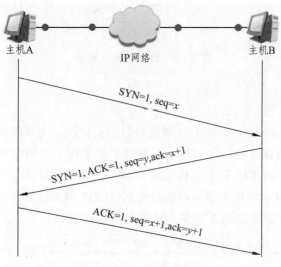

图 2-9　TCP 连接的建立

TCP 三次握手建立连接的过程如下：

（1）初始化主机通过一个 SYN 标志置位的数据段发出会话请求。

（2）接收主机通过发回具有以下项目的数据段表示回复：SYN 标志置位、即将发送的数据段的起始字节的顺序号，ACK 标志置位、期望收到的下个数据段的字节顺序号。

（3）请求主机再回送一个数据段，ACK 标志置位，并带有确认序列号。

当数据传输结束后，需要释放 TCP 连接，过程如图 2-10 所示。

为了释放一个连接，任何一方都可以发送一个 FIN 位置位的 TCP 数据段，这表示它已经没有数据要发送了，当 FIN 数据段被确认时，这个方向上就停止传送新数据。然而，另一个方向上可能还在继续传送数据，只有当两个方向都停止的时候，连接才被释放。

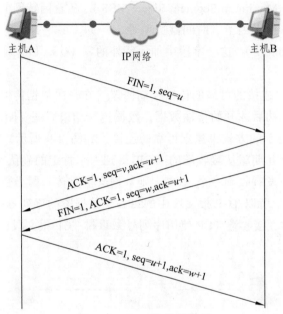

图 2-10　TCP 连接的释放

2.5.3　UDP

UDP（User Datagram Protocol），即用户数据报协议，主要用来支持那些需要在计算机之间快速传递数据（相应地对传输可靠性要求不高）的网络应用。包括网络视频会议系统在内，众多的客户/服务器模式的网络应用都需要使用 UDP 协议。

UDP 数据段同样由首部和数据两部分组成，UDP 报头包括 4 个域，其中每个域占用 2 个字节，总长度为固定的 8 字节，具体如图 2-11 所示。

图 2-11　UDP 头格式

（1）源和目的端口号（Source and Destination Port）：UDP 同 TCP 一样，使用端口号为不用的应用进程保留其各自的数据传输通道。数据发送一方将 UDP 数据报通过源端口发送出去，而数据接收一方则通过目标端口接收数据。

（2）长度（Length）：是指包括报头和数据部分在内的总的字节数。

（3）校验和（Checksum）：校验和计算的内容超出了 UDP 数据报文本身的范围，实际上，它的值是通过计算 UDP 数据报及一个伪报头而得到的。同 TCP 一样，UDP 使用报头中的校验和来保证数据的安全。

2.5.4　ARP

作为网络中主机的身份标识，IP 地址是一个逻辑地址，但在实际进行通信时，物理网络所使用的依然是物理地址，IP 地址是不能被物理网络所识别的。对于以太网而言，当 IP 数据包通过以太网发送时，以太网设备并不识别 32 位 IP 地址，它们是以 48 位的 MAC 地址标识每一设备并依据此地址传输以太网数据的。因此在物理网络中传送数据时，需要在逻辑 IP 地址和物理 MAC 地址之间建立映射关系。地址之间的这种映射叫作地址解析。

ARP（Address Resolution Protocol，地址解析协议）就是用于动态地将 IP 地址解析为 MAC 地址的协议。主机通过 ARP 解析到目的 MAC 地址后，将在自己的 ARP 缓存表中增加相应的 IP 地址到 MAC 地址的映射表项，用于后续到同一目的地报文的转发。

1. ARP 的基本工作原理

ARP 的基本工作过程如图 2-12 所示：主机 A 和主机 B 在同一物理网络上，且处于同一个网段，主机 A 要向主机 B 发送 IP 包，其地址解析过程如下：

（1）主机 A 首先查看自己的 ARP 表，确定其中是否包含有主机 B 的 IP 地址对应的 ARP 表项。如果找到了对应的表项，则主机 A 直接利用表项中的 MAC 地址对 IP 数据包封装成帧，并将帧发送给主机 B。

（2）如果主机 A 在 ARP 表中找不到对应的表项，则暂时缓存该数据包，然后以广播方式发送一个 ARP 请求。ARP 请求报文中的发送端 IP 地址和发送端 MAC 地址为主机 A 的 IP 地址和 MAC 地址，0 标 IP 地址为主机 B 的 IP 地址，目标 MAC 地址为全 0 的 MAC 地址。

（3）由于 ARP 请求报文以广播方式发送，该网段上的所有主机都可以接收到该请求。主机 B 比较自己的 IP 地址和 ARP 请求报文中的目标 IP 地址，由于两者相同，主机 B 将 ARP 请求报文中的发送端（即主机 A）IP 地址和 MAC 地址存入自己的 ARP 表中，并以单播方式向主机 A 发送 ARP 响应，其中包含了自己的 MAC 地址。其他主机发现请求的 IP 地址并非自己的，于是都不做应答。

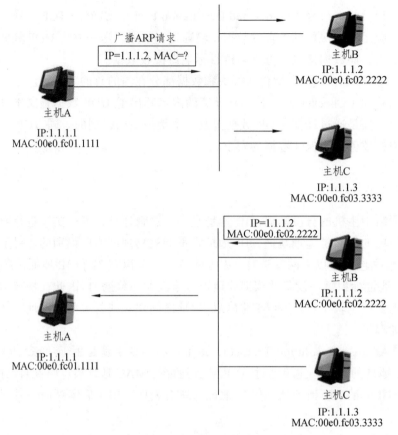

图 2-12　ARP 基本工作原理

（4）主机 A 收到 ARP 响应报文后，将主机 B 的 IP 地址与 MAC 地址的映射加入自己的 ARP 表中，同时将 IP 数据包用此 MAC 地址为目的地址封装成帧并发送给主机 B。

ARP 地址映射被缓存在 ARP 表中，以减少不必要的 ARP 广播。当需要向某一个 IP 地址发送报文时，主机总是首先检查它的 ARP 表，目的是了解它是否已知目的主机的物理地址。一个主机的 ARP 表项在老化时间（Aging Time）内是有效的，如果超过老化时间未被使用，就会被删除。

ARP 表项分为动态 ARP 表项和静态 ARP 表项。动态 ARP 表项由 ARP 动态解析获得，如果超过老化时间未被使用，则会被自动删除；静态 ARP 表项通过管理员手工配置，不会老化。静态 ARP 表项的优先级高于动态 ARP 表项，可以将相应的动态 ARP 表项覆盖。

2. ARP 的报文格式

ARP 报文分为 ARP 请求报文和 ARP 应答报文，这两种报文的结构相同，但是各个字段的取值有所不同，具体结构如图 2-13 所示（有阴影的区域才是 ARP 报文）。

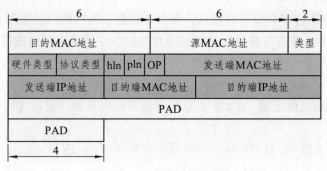

图 2-13　ARP 的报文结构

ARP 报文中各字段的含义如表 2-2 所示。

表 2-2　ARP 报文中各字段的含义

字段	ARP 请求报文	ARP 应答报文
目的 MAC 地址	ff-ff-ff-ff-ff-ff	请求端的 MAC 地址
源 MAC 地址	请求端的 MAC 地址	被请求端的 MAC 地址
源 MAC 地址	请求端的 MAC 地址	
类型	长度为 2 字节。取值为 0x0806	
协议类型	长度为 2 字节。表示要映射的协议地址类型	
硬件地址长度（hln）	长度为 1 字节。表示硬件地址的长度。以太网中取值为 6，表示 MAC 地址长度为 6 字节	
协议地址长度（pln）	长度为 1 个字节。表示协议地址的长度：取值为 4，表示 IP 地址长度为 4 字节	
OP	长度为 2 个字节。表示 ARP 报文的种类：取值为 1，表示是 ARP 请求报文	长度为 2 个字节。表示 ARP 报文的种类：取值为 2，表示是 ARP 应答报文
发送端 MAC 地址	请求端的 MAC 地址	被请求端的 MAC 地址
发送端 IP 地址	请求端的 IP 地址	被请求端的 IP 地址
目的端 MAC 地址	请求端发出请求时，还不知道该 MAC 地址。接收方忽略该字段	请求端的 MAC 地址
目的端 IP 地址	请求端希望映射的 IP 地址，也就是被请求端的 IP 地址	请求端的 1P 地址
PAD	一共有 18 字节，目的是为了凑足以太帧的载荷数据的最小长度 46 字节	

2.5.5　ICMP

IP 是尽力传输的网络层协议，其提供的数据传送服务是不可靠的、无连接的，不能保证 IP 数据包能成功地到达目的地。为了更有效地转发 IP 数据包和提高交付成功的概率，在网络层使用了互联网控制报文协议（Internet Control Message Protocol，ICMP）。ICMP 定义了错误报告和其他回送给源点的关于 IP 数据包处理情况的消息，可以用于报告 IP 数据包传递过程中发生的错误、失败等信息，提供网络诊断等功能。

ICMP 允许主机或路由器报告差错情况和提供有关异常情况的报告。如果在传输过程中发生某种错误，设备便会向源端返回一条 ICMP 消息，告知它发生的错误类型。

ICMP 基于 IP 运行，ICMP 的设计目的并非是使 IP 成为一种可靠的协议，而是对通信中发生的问题提供反馈。ICMP 消息的传递同样得不到任何可靠性保证，因而可能在传递途中丢失。

在网络工程实践中，ICMP 被广泛地用于网络测试，ping 和 tracert 这两个使用极其广泛的测试工具都是利用 ICMP 协议来实现的。

2.6　IP 地址及子网划分

2.6.1　IP 地址

连接到 Internet 上的设备必须有一个全球唯一的 IP 地址（IP Address）。IP 地址与链路类型、设备硬件无关，而是由管理员分配指定的，因此也称为逻辑地址（Logical Address）。每台主机可以拥有多个网络接口卡，也可以同时拥有多个 IP 地址。路由器也可以看作这种主机，但其每个 IP 接口必须处于不同的 IP 网络，即各个接口的 IP 地址分别处于不同的 IP 网段。

Internet 上的每个节点既有 IP 地址，也有物理地址（即常说的 MAC 地址）。MAC 地址是设备生产厂家固化在网卡上的，可以在全球范围唯一标识一个节点。既然如此，为什么还需要 IP 地址呢？　MAC 地址是固化在设备上的，不便于修改，因此实际组网中，不能够方便地根据客户的需求定义网络设备地址；而 IP 地址是一种逻辑地址，可以按照客户的需求规划和分配整网的地址，非常灵活。同时使用 IP 地址，设备更易于移动和维修。如果一个网卡坏了，可以被更换，而不需更换一个新的 IP 地址；如果一个 IP 节点从一个网络移到另一个网络，可以给它一个新的 IP 地址，而无须换一个新的网卡。

1. IP 地址格式

在计算机内部，IP 地址是用二进制表示的，共 32 位。例如：
11000000 10101000 00000101 01111011

然而，使用二进制表示法很不方便记忆，因此通常采用点分十进制方式表示。即把 32 位的 IP 地址分成 4 段，每 8 个二进制位为一段，每段二进制分别转换为人们习惯的十进制数，并用点隔开。这样 IP 地址就表示为以小数点隔开的 4 个十进制整数，如 192.168.5.123，如图 2-14 所示。

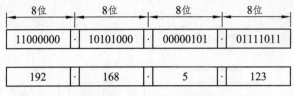

图 2-14　IP 地址表示方法

2. IP 网络和 IP 地址的分层结构

由于理论上总共有 2^{32} 个 IP 地址，也就是约 43 亿个 IP 地址，在互联网上，每一台路由器都储存每一个节点的路由信息几乎是不可能的。为便于实现路由选择、地址分配和管理维护，IP 网络和 IP 地址均采用分层结构。

如图 2-15 所示，典型的 IP 网络由众多的路由器和网段构成。每个网段对应一个链路，每个网段上都有若干 IP 节点。这些节点既可以是只连接到一个链路的主机，也可以是同时连接到多个链路的路由器。路由器在这些网段之间执行数据转发服务。

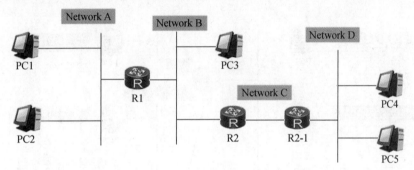

图 2-15　IP 网络的结构

路由器主要的功能如下：

（1）连接分离的网络：路由器的每个接口处于一个网络，将原本孤立的网络连接起来，实现大范围的网络通信。

（2）链路层协议适配：由于链路层协议的多样性，不同类的链路之间不能直接通信。路由器可以适配各种数据链路的协议和速率，使其间的通信成为可能。

（3）在网络之间转发数据包：为了实现这个功能，路由器之间需要运行网关到网关协议（Gateway to Gateway Protocol，GGP）交换路由信息和其他控制信息，以了解去往每个目的网络的正确路径，典型的 GGP 包括 RIP、OSPF、BGP 等路由协议（Routing Protocol）。

IP 网络的包转发是逐跳（Hop-by-Hop）进行的，即包括路由器在内的每一个节点要么将一个数据包直接发送给目的节点，要么将其发送给到 B 的节点路径上的下一跳（Next Hop）节点，由下一跳继续将数据包转发下去。数据包必须历经所有的中间节点之后才能到达目的地。每一个路由器或主机的转发决策都是独立的，其依据是存储于自身路由表（Routing Table）中的路由。

注意：早期的 Internet 术语将路由器称为网关，故而在探讨基本的 IP 通信时，这两个术语是不加区分的。

相应地，IP 地址也由两个部分组成，如图 2-16 所示。

图 2-16　两级 IP 地址结构

（1）网络号：用于区分不同的 IP 网络，即该 IP 地址所属的 IP 网段。一个网络中所有设备的 IP 地址具有相同的网络号。

（2）主机号：用于标识该网络内的一个 IP 节点。在一个网段内部，主机号是唯一的。

这样，路由器只需要储存每个网段的路由信息即可。

例如图 2-17 所示的网络由两个网络构成，每个网络中有 3 台主机。网络之间通过一台路由器相连。路由器只需记录左侧的网络地址为 192.168.2.0，通过接口 E0/0 连接；右侧的网络地址为 10.0.0.0，通过接口 E0/1 连接。

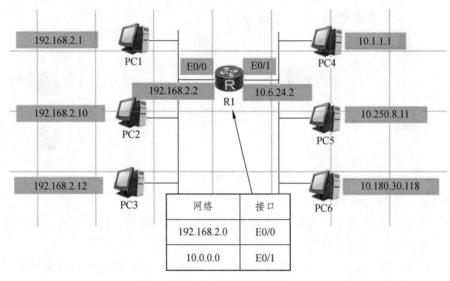

图 2-17　典型 IP 网络

这一点类似于日常使用的电话号码。例如在号码 010-82882448 中，010 是城市区号，代表北京；而 82882448 则是城市中具体的电话号码，代表一部特定的电话机。010-82882448 可以唯一标识北京市的一部固定电话机。

2.6.2　IP 地址分类

在现实的网络中，各个网段内具有的 IP 节点数各不相同，为了更好地管理和使用 IP 地址资源，IP 地址被划分为 5 类——A 类、B 类、C 类、D 类和 E 类。每类地址的网络号和主机号在 32 位地址中占用的位数各不相同，因而其可以容纳的主机数量也有很大区别。IP 地址的分类如图 2-18 所示。

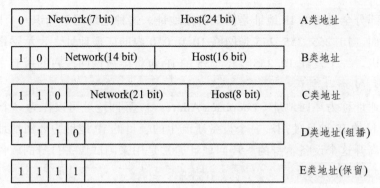

图 2-18　IP 地址分类

A 类 IP 地址的第一个八位段（Octet）以 0 开始。A 类地址的网络号为第一个八位段，网络号取值范围为 1 ~ 126（127 留作他用）。A 类地址的主机号为后面的 3 个八位段，共 24 位。A 类地址的范围为 1. 0. 0. 0 ~ 126. 255. 255. 255，每个 A 类网络有 2^{24} 个 A 类 IP 地址。

B 类 IP 地址的第一个八位段以 1 0 开始。B 类地址的网络号为前两个八位段，网络号的第一个八位段取值为 128 ~ 191。B 类地址的主机号为后面的两个八位段共 16 位。B 类地址的范围为 128. 0. 0. 0 ~ 191. 255. 255. 255，每个 B 类网络有 2^{16} 个 B 类 IP 地址。

C 类 IP 地址的第一个八位段以 1 1 0 开始。C 类地址的网络号为前 3 个八位段，网络号的第一个八位段取值为 192 ~ 223。C 类地址的主机号为后面的一个八位段共 8 位。C 类地址的范围为 192. 0. 0. 0 ~ 223. 255. 255. 255，每个 C 类网络有 2^8= 256 个 C 类 IP 地址。

D 类地址第一个八位段以 1 1 1 0 开头，因此 D 类地址的第一个八位段取值为 224 ~ 239。D 类地址通常为组播地址。

E 类地址第一个八位段以 1 1 1 1 开头，保留用于研究。

2.6.3　特殊用途的 IP 地址

IP 地址用于唯一地标识一台网络设备，但并不是每一个 IP 地址都用于这个目的。一些特殊的 IP 地址被用于各种各样的其他用途，如表 2-3 所示。

主机号部分全为 0 的 IP 地址称为网络地址。网络地址用来标识一个网段，如 1. 0. 0. 0/8、10. 0. 0. 0/8、192. 168. 1. 0/24 等。

表 2-3　特殊用途的 IP 地址

网络号	主机号	地址类型	用途
任意	全 0	网络地址	代表一个网段
任意	全 1	广播地址	特定网段的所有节点
127	任意	回环地址	回环测试
全 0		所有网络	路由器用于指定默认路由
全 1		全网广播地址	本网段所有节点

主机号部分全为 1 的 IP 地址是网段广播地址。这种地址用于标识一个网络内的所有主机。例如，10.255.255.255 是网络 10.0.0.0 内的广播地址，表示网络 10.0.0.0 内的所有主机。一个发往 10.255.255.255 的 IP 包将会被该网段内的所有主机接收。

127.0.0.0/8

这部分地址称为环回地址（Loopback Address）。环回地址可以作为一个 IP 数据包（Packet）的目的 IP 地址使用。一个设备所产生的、目的 IP 地址为环回地址的 IP 数据包是不可能离开这个设备本身的。环回地址通常是用来测试设备自身的软件系统。

169.254.0.0/16

如果一个网络设备获取 IP 地址的方式被设置成了自动获取方式，但是该设备在网络上又没有找到可用的 DHCP 服务器，那么该设备会使用 169.254.0.0/16 网段中的某个地址来进行临时通信。

IP 地址 0.0.0.0 代表"所有的网络"，通常用于指定默认路由。而 IP 地址 255.255.255.255 是全网广播地址，代表"所有的主机"，用于向网络的所有节点发送数据包。

如上所述，每一个网段都会有一个网络地址和一个网段广播地址，因此实际可用于主机的地址数等于网段内的全部地址数减 2。例如 B 类网段 172.16.0.0 有 16 个主机位，因此有 2^{16} 个 IP 地址，去掉一个网络地址 172.16.0.0 和一个广播地址 172.16.255.255 不能用于标识主机，实际共有 $2^{16}-2$ 个可用地址。

各类 IP 地址的实际可用地址范围如下：

（1）A 类：1.0.0.0 ~ 126.255.255.255。

（2）B 类：128.0.0.0 ~ 191.255.255.255。

（3）C 类：192.0.0.0 ~ 223.255.255.255。

（4）D 类：224.0.0.0 ~ 239.255.255.255。

（5）E 类：240.0.0.0 ~ 255.255.255.255。

注意：转发网段广播和全网广播会对网络性能造成严重的不利影响，因此几乎所有的路由器在默认情况下均不转发广播包。

2.6.4　IP 子网划分

早期的 Internet 是一个简单的二级网络结构，如图 2-19 所示。接入 Internet 的机构由一个物理网络构成，该物理网络包括机构中需要接入 Internet 网络的全部主机。

自然分类法将 IP 地址划分为 A、B、C、D、E 类。每个 32 位的 IP 地址都被划分为由网络号和主机号构成的二级结构。为每个机构分配一个按照自然分类法得到的 Internet 网络地址，能够很好地适应满足当时的网络结构。

随着时间的推移，网络技术逐渐成熟，网络的优势被许多大型组织所认知，Internet 中出现了很多大型的接入机构。这些机构中需要接入的主机数量众多，单一物理网络容纳主机的数量有限，因此在同一机构内部需要划分多个物理网络。

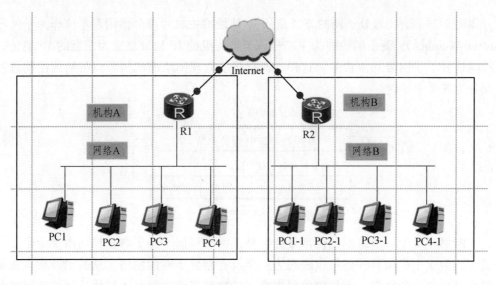

图 2-19　早期 Internet 二级网络结构

早期解决这类大型机构接入 Internet 的方法是为机构内的每一个物理网络划分一个逻辑网络，即对每一个物理网络都分配一个按照自然分类法得到 Internet 网络地址。

但这种"物理网络——自然分类 IP 网段"的对应分配方法存在严重问题。

IP 地址资源浪费严重：举例来说，一个公司只有 1 个物理网络，其中需要 300 个 IP 地址。一个 C 类地址能提供 254 个主机 IP 地址，不满足需要，因此需要使用一个 B 类地址。1 个 B 类网络能提供 65 534 个 IP 地址，网络中的地址得不到充分利用，大量的 IP 地址被浪费。

IP 网络数量不敷使用：举例来说，一个公司拥有 100 个物理网络，每个网络只需要 10 个 IP 地址。虽然需要的地址量仅有 1 000 个，但该公司仍然需要 100 个 C 类网络。很多机构都面临类似问题，其结果是，在 IP 地址被大量浪费的同时，IP 网络数量却不能满足 Internet 的发展需要。

业务扩展缺乏灵活性：举例来说，一个公司拥有 1 个 C 类网络，其中只有 10 个地址被使用。该公司需要增加一个物理网络，就需要向 IANA（互联网数字分配机构）申请一个新的 C 类网络，在得到这个合法的 Internet 网络地址前，他们就无法部署这个网络接入 Internet。这显然无法满足企业发展的灵活性需求。

综上所述，仅依靠自然分类的 IP 地址分配方案，对 IP 地址进行简单的两层划分，无法应对 Internet 的爆炸式增长。

2.6.5　IP 子网及子网掩码

20 世纪 80 年代中期，IETF（国际互联网工程任务组）在 RFC 950 和 RFC 917 中针对简单的两层结构 IP 地址所带来的日趋严重的问题提出了解决方法，这个方法称为子网划分（Subnetting），即允许将一个自然分类的网络分解为多个子网（Subnet）。

如图 2-20 所示，划分子网的方法是从 IP 地址的主机号部分借用若干位作为子网号（Subnet-Number），剩余的位作为主机号。于是两级的 IP 地址就变为三级的 IP 地址，包括网络号、子网号和主机号。这样，拥有多个物理网络的机构可以将所属的物理网络划分为若干个子网。

图 2-20　子网划分方法

子网划分属于一个组织的内部事务。外部网络可以不必了解机构内由多少个子网组成，因为这个机构对外仍可以表现为一个没有划分子网的网络。从其他网络发送给本机构某个主机的数据，可以仍然根据原来的选路规则发送到本机构连接外部网络的路由器上。此路由器接收到 IP 数据包后再按网络号及子网号找到目的子网，将 IP 数据包交付给目的主机。该过程的实现要求路由器具备识别子网的能力。

子网划分使得 IP 网络和 IP 地址出现多层次结构，这种层次结构便于地址的有效利用、分配和管理。

只根据 IP 地址本身无法确定子网号的长度。为了把主机号与子网号区分开，就必须使用子网掩码（Subnet Mask），如图 2-21 所示。

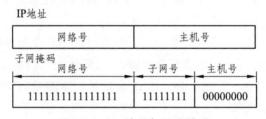

图 2-21　IP 地址与子网掩码

子网掩码和 IP 地址一样都是 32 位长度，由一串二进制 1 和跟随的一串二进制 0 组成。子网掩码可以用点分十进制方式表示。子网掩码中的 1 对应于 IP 地址中的网络号和子网号，子网掩码中的 0 对应于 IP 地址中的主机号。

将子网掩码和 IP 地址进行逐位逻辑与运算，就能得出该 IP 地址的子网地址。

事实上，所有的网络都必须有一个掩码（Address Mask）。如果一个网络没有划分子网，那么该网络使用默认掩码。

A 类地址的默认掩码为 255.0.0.0。

B 类地址的默认掩码为 255.255.0.0。

C 类地址的默认掩码为 255.255.255.0。

将默认子网掩码和不划分子网的 IP 地址进行逐位逻辑与运算，就能得出该 IP 地址的网络地址。

需要注意的是，IP 子网划分并不改变自然分类地址的划定。例如有一个 IP 地址为 2.1.1.1，其子网掩码为 255.255.255.0，这仍然是一个 A 类地址，而并非 C 类地址。习惯上有两种方式来表示一个子网掩码。

（1）点分十进制表示法：与 IP 地主类似，将二进制的子网掩码化为点分十进制形式。例如，C 类默认子网掩码 11111111 11111111 11111111 00000000 可以表示为 255.255.255.0。

（2）位数表示法：也称为斜线表示法（Slash Notation），即在 IP 地址后面加上一个斜线"/"，然后写上子网掩码中二进制 1 的位数。例如，C 类默认子网掩码 11111111 11111111 11111111 00000000 可以表示为 24。

注意：实际上，为了方便表达，点分十进制表示法也可以使用斜线表示。例如地址 1.1.1.1/24 也可以表示为 1.1.1.1/255.255.255.0。

前面提到 IP 地址和子网掩码进行按位"布尔与"（Boole AND）运算，计算的结果就是网络地址，在划分子网的情况下也称为子网地址。将子网地址的主机号全置位为 1，即可得到该子网的广播地址。

所谓布尔与运算是一种逻辑运算，其运算规则如表 2-4 所示。只有相"与"的两位都是 1 时结果才是 1，其他情况时结果就是 0。

表 2-4　布尔与运算规则

运算	结果	运算	结果
1 AND 1	1	0 AND 1	0
1 AND 0	0	0 AND 0	0

例如在图 2-22 中，IP 地址 134.144.1.1 与子网掩码 255.255.255.0 进行与运算，得到其子网地址为 134.144.1.0。将主机号全置位为 1，得到该子网的广播地址为 134.144.1.255。

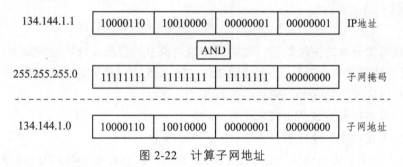

图 2-22　计算子网地址

2.6.6　IP 子网划分相关计算

由于子网划分的出现，使得原本简单的 IP 地址规划和分配工作变得复杂起来。一个网络人员必须应该清楚地知道如何对网络进行子网划分，才能在满足网络应用需求的前提下合理高效地利用手中的 IP 地址资源。

1. 计算子网内可用地址数

计算子网内的可用主机数是子网划分计算中比较简单的一类问题，与计算 A、B、C 这 3 类网络可用主机数的方法相同。

如图 2-23 所示，如果子网的主机号位数为 N，那么该子网中可用的主机数目为 2^N-2 个。减 2 是因为有两个主机地址不可用，即主机号全为 0 和全为 1。当主机号全为 0 时，表示该子网的网络地址；当主机号全为 1 时，表示该子网的广播地址。

如图 2-24 所示，已知一个 C 类网络划分成子网后为 192.168.3.192，子网掩码为 255.255.255.224，计算该子网内可供分配的主机地址数量。

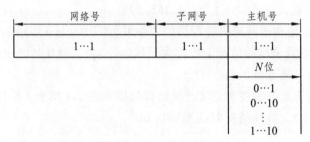

图 2-23　计算子网内可用主机地址数

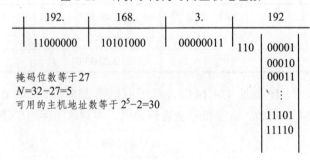

图 2-24　子网内可用主机地址数计算示例

要计算可供分配的主机数量，就必须知道主机号的位数。计算过程如下：

（1）计算掩码的位数。将十进制掩码 255.255.255.224 换算为二进制掩码 11111111.11111111.11111111.11100000，掩码的位数为 27。

（2）计算主机号位数。主机号位数 $N=32-27=5$。

该子网可用的主机地址数量为 $2^N-2=2^5-2=30$ 个。

这 30 个可用主机地址分别是 192.168.3.193,192.168.3.194,192.168.3.195、…、192.168.3.222。地址 192.168.3.192 为整个子网的地址，而 192.168.3.223 为这个子网的广播地址，都不能分配给主机使用。

2. 根据主机地址数划分子网

在子网划分计算中，有时需要在已知每个子网内需要容纳的主机数量的前提下，来划分子网。要想知道如何划分子网，就必须知道划分子网后的子网掩码，那么该问题就变成了求子网掩码。此类问题的计算方法总结如下：

（1）计算网络主机号的位数。假设每个子网需要划分出 Y 个 IP 地址，那么当 Y 满足公式 $2^N \geqslant Y+2 \geqslant 2^{N-1}$，$N$ 就是主机号的位数。其中 $Y+2$ 是因为需要考虑主机号为全 0 和全 1 的情况。

（2）计算子网掩码的位数。计算出主机号位数 N 后，可得出子网掩码位数为 32-N。

（3）根据子网掩码的位数计算出子网号的位数 M。该子网就有 2^M 种划分法，具体的子网地址也可以很容易地算出。

如图 2-25 所示，需要将 B 类网络 168.195.0.0 划分成若干子网，要求每个子网内的主机数为 700 台。计算过程如下：

（1）按照子网划分要求，每个子网的主机地址数为 Y=700。

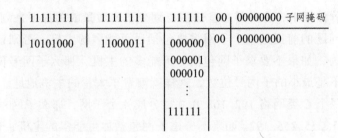

图 2-25　根据主机地址数划分子网示例

（2）计算网络主机号。根据公式 $2^N \geqslant Y+2 \geqslant 2^{N-1}$ 计算出 N=10。

（3）计算子网掩码的位数。子网掩码位数为 32-10= 22，子网掩码为 255.255.252.0，二进制表示为 11111111.11111111.11111100.00000000。

根据子网掩码位数可知子网号位数为 6。那么，该网络能划分成 2^6=64 个子网，这些子网分别是 168.195.0.0，168.195.4.0，168.195.8.0，168.195.12.0、…、168.195.252.0，子网掩码为 255.255.252.0。

3. 根据子网掩码计算子网数

如果希望在一个网络中建立子网，就要在这个网络的默认掩码上增加若干位，形成子网掩码，这样就减少了用于主机地址的位数。加入掩码中的位数决定了可以配置的子网数。

如图 2-26 所示，假设子网号的二进制位数（即子网掩码位数减去默认掩码位数）为 M，那么可分配的子网数量为 2^M 个。

图 2-26　根据子网掩码计算子网数

由此可见，对于特定网络来说，若使用位数较少的子网号，则获得的子网较少，而每个子网中可容纳的主机较多；反之，若使用位数较多的子网号，则获得的子网较多，而子网中可容纳的主机较少。因此，可以根据网络中需要划分的子网数、每个子网中需要配置的主机数来选择合适的子网掩码。

还应注意到，划分子网增加了灵活性，但却降低了 IP 地址的利用率，因为划分子网后主机号为全 0 或全 1 的 IP 地址不能分配给主机使用。

注意：在 RFC950 规定的早期子网划分标准中，子网号不能为全 0 和全 1，所以子网数量应该为 2^M-2 个。但是在后期的 RFC 1812 中，这个限制已经被取消了。

如无明确说明，在后续有关子网划分的计算中，都认为子网号可以为全 0 和全 1。

4. 根据子网数划分子网

在子网划分计算中，有时要在已知需要划分子网数量的前提下来划分子网。当然，这类划分子网问题的前提是每个子网需要包括尽可能多的主机，否则该子网划分就没有意义了。因为，如果不要求子网包括尽可能多的主机，那么子网号位数可以随意划分成很大，而不是最小的子网号位数，这样就浪费了大量的主机地址。

比如，将一个 C 类网络 192.168.0.0 划分成 4 个子网，那么子网号位数应该为 2，子网掩码为 255.255.255.192。如果不考虑子网包括尽可能多的主机，子网号位数可以随意划分成大于 3、4、5，这样主机号位数就变成 5、4、3，可用主机地址就大大地减少了。

同样，划分子网就必须知道划分子网后的子网掩码，需要计算子网掩码。此类问题的计算方法总结如下：

设计算子网号的位数为 M。假设需要划分 X 个子网，每个子网包括尽可能多的主机地址。那么当 M 满足公式 $2^M \geq X$ 时，M 的最小取值就是子网号的位数。

由子网号位数计算出子网掩码，划分出子网。

如图 2-27 所示，需将 B 类网络 168.195.0.0 划分成 27 个子网，要求每个子网包括尽可能多的主机。计算过程如下：

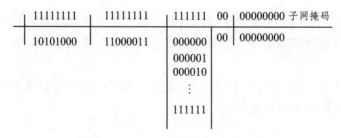

图 2-27　根据子网数划分子网示例

按照例子中的子网划分要求，需要划分的子网数 $X=27$。

计算子网号的位数。根据公式计算出 $M=5$。

计算子网掩码。子网掩码位数为 16 + 5=21，子网掩码为 255.255.248.0，二进制表示为 11111111.11111111.11111000.00000000。

由于子网号位数是 5，所以该 B 类网络 168.195.0.0 总共能划分成 2^5=32 个子网。这些子网是 168.195.0.0，168.195.8.0，168.195.16.0，168.195.24.0，…，168.195.248.0，子网掩码为 255.255.248.0。任意取其中的 27 个即可满足要求。

2.7 VLSM 和 CIDR

虽然对网络进行子网划分的方法可以对 IP 地址结构进行有价值的扩充，但是仍然要受到一个基本的限制——整个网络只能有一个子网掩码。不论用户选择哪个子网掩码，都意味着各个子网内的主机数完全相等。不幸的是，在现实世界中，不同的组织对子网的要求是不一样的，希望一个组织把网络分成相同大小的子网是很不现实的。当在整个网络中一致地使用同一掩码时，在许多情况下会浪费大量主机地址。

针对这个问题，IETF 发布了标准文档 RFC1009。该文档规范了如何使用多个子网掩码划分子网。该标准规定，同一 IP 网络可以划分为多个子网并且每个子网可以有不同的大小，相对于原来的固定长度子网掩码技术，该技术称为 VLSM（Variable Length Subnet Mask，可变长子网掩码）。

VLSM 使网络管理员能够按子网的具体需要定制子网掩码，从而使一个组织的 IP 地址空间能够被更有效地利用。

例如，假设某组织拥有一个 B 类网络，网络地址为 172.16.0.0，它使用 16 位的网络号。按照定长子网掩码的划分方法，该网络如果使用 6 位子网号，将会得到一个 22 位的子网掩码。整个网络可以划分为 64 个可用的子网，每个子网内有 1 022 个可用的主机地址。

这种定长子网化策略对需要超过 30 个子网和每个子网内超过 500 台主机的组织是合适的。但是，如果这个组织由一个超过 500 台主机的大分支以及许多只有 40~50 台主机的小分支组成，则大部分地址就被浪费了。每个分支即使只有 40 台主机，也将消耗一个有 1 022 个主机地址的子网。显而易见，针对这样的组织，地址浪费现象是非常严重的。

解决这个矛盾的方法是允许对一个网络可以使用不同大小的子网掩码，对 IP 地址空间进行灵活的子网划分。考虑前面的例子，通过 VLSM 技术，网络管理员可以通过不同的子网掩码将网络切分为不同大小的部分。大的分支可以继续使用 22 位的子网掩码，然而小的分支可以使用 25 位或 26 位的子网掩码（126 个主机或 62 个主机）。这样，利用 VLSM 可以更好地避免 IP 地址的浪费。

通过定长子网划分或可变长度子网划分的方法，在一定程度上解决了 Internet 在发展中遇到的困难。然而到 1992 年，Internet 仍然面临以下 3 个必须尽早解决的问题。

（1）B 类地址在 1992 年已经分配了将近一半，预计到 1994 年 3 月将全部分配完毕。

（2）Internet 主干网路由表中的路由条目数急剧增长，从几千个增加到几万个。

（3）IPv4 地址即将耗尽。

当时预计前两个问题将在 1994 年变得非常严重，因此 IETF 很快就研究出无分类编址的方法来解决前两个问题；而第三个问题由 IETF 的 IPv6 工作组负责研究，无分类编址是在 VLSM 基础上研究出来的，它的正式名字是无类域间路由 CIDR（Classless Inter-Domain Routing）。CIDR 在 RFC1517，RFC 1518，RFC 1519 及 RFC 1520 中进行定义，现在 CIDR 已经成为 Internet 的标准协议。

CIDR 消除了传统的自然分类地址和子网划分的界限，可以更加有效地分配 IPv4 的地址空间，在 IPv6 使用之前容许 Internet 的规模继续增长。

CIDR 不再使用"子网地址"或"网络地址"的概念，转而使用"网络前缀（Network-prefix）"这个概念。与只能使用 8 位、16 位、24 位长度的自然分类网络号不同，网络前缀可以有各种长度，前缀长度由其相应的掩码标识。

CIDR 前缀既可以是一个自然分类网络地址，也可以是一个子网地址，也可以是由多个自然分类网络聚合而成的"超网"地址。所谓超网就是利用较短的网络前缀将多个使用较长网络前缀的小网络聚合为一个或多个较大的网络。例如，某机构拥有 2 个 C 类网络 200.1.2.0 和 200.1.3.0，而其需要在一个网络内部署 500 台主机，那么可以通过 CIDR 的超网化将这 2 个 C 类网络聚合为一个更大的超网 200.1.2.0，掩码为 255.255.254.0。

CIDR 可以将具有相同网络前缀的连续的 IP 地址组成 CIDR 地址块。一个 CIDR 地址块使用地址块的起始地址（前缀）和起始地址的长度（掩码）来定义。例如，某机构拥有 256 个 C 类网络 200.1.0.0，200.1.1.0，…，200.1.255.0，那么可以将这些地址合并为一个 B 类大小的 CIDR 地址块，其前缀为 200.1.0.0，掩码为 255.255.0.0.

因为一个 CIDR 地址块可以表示很多个网络地址，所以支持 CIDR 的路由器可以利用 CIDR 地址块来查找目的网络，这种地址的聚合称为强化地址汇聚，它使得 Internet 的路由条目数大量减少。路由聚合减少了路由器之间路由选择信息的交互，从而提高了整个 Internet 的性能。

2.8 IPv6 基础知识

2.8.1 IPv6 概述

实践证明 IPv4 是一个非常成功的协议，它本身也经受住了因特网从最初数目很少的计算机发展到目前上亿台计算机互联的考验。但是，IPv4 协议也不是十全十美的，随着因特网规模的快速扩张，逐渐地暴露出了一些问题。其中最严重的问题是 IPv4 可用地址日益缺乏。

截至 2007 年 4 月，整个 IPv4 的可用地址空间只剩下 18%没有被分配。而近 10 年来，Internet 爆炸式增长和使用 IP 地址的 Internet 服务与应用设备（如 PDA、家庭与小型办公室网络、IP 电话与无线服务等）的大量涌现，加快了 IPv4 地址的消耗速度，全球 IPv4 地址分配如表 2-5 所示。从 2000 年到 2007 年，亚洲的因特网用户增长了 1.5 倍，非洲增长了 5 倍多，拉美和中东增长了 3 倍多，欧洲也增长了近 1 倍。对于除美国以外的其他地区来说，对 IPv4 地址的需求便更加紧张。预计全世界使用因特网的用户达到世界人口的 20%时，IPv4 地址将严重紧缺，从而将会限制 IP 技术应用的进一步发展。

表 2-5　全球 IPv4 地址分配

地　区	人口/亿	人口比例/%	Internet 用户/亿	用户比例/%	拥有的 IPv4 地址
全球	77.19	100	46.48	100	100%
美国(北美)	3.69	4.8	3.49	7.5	60% +
亚洲（太平洋）	45.41	58.9	23.66	50.9	15% +
欧洲（中东）	7.45	9.6	7.28	15.7	15% +
非洲、拉美	17.19	22.3	9.81	21.1	10%-

另外，对于终端用户来说，IPv4 的配置不够简便。终端用户需要给网络接口卡手工配置地址或指定其使用 DHCP 服务自动获得地址，这给一些没有网络知识的用户造成了不便。随着越来越多的计算机和设备需要经常移动、连接不同网络，用户配置 IP 地址的工作量和难度增加了。在使用自动配置技术获取地址时，部署及维护 DHCP 服务给网络管理增加了额外的负担，同时也带来了网络安全隐患。以上种种都需要 IP 能够提供一种更简单、更方便的地址自动配置技术，使用户免于手动配置地址及降低网络管理的难度。

同时，IPv4 协议中还存在诸如安全性差、QoS 功能弱等其他问题。用户在访问 Internet 资源时，很多私人信息是需要受到保护的，如收发 E-mail 或者访问网上银行。IPv4 协议本身并没有提供这种安全技术，需要使用额外的安全技术（如 IPSec、SSL 等）来提供这种保障。而大量涌现的新兴网络业务，如多媒体、IP 电话等，需要 IP 网络在时延、抖动、带宽、差错率等方面提供一定的服务质量保障。IPv4 协议在设计时已经考虑了对数据流提供一定的服务质量，但由于 IPv4 本身的一些缺陷，如 IPv4 地址层次结构不合理、路由不易聚合、路由选择效率不高、IPv4 报头不固定等，使得节点难以通过硬件来实现数据流识别，从而使得目前 IPv4 无法提供很好的服务质量。

所以，因特网工程任务组 IETF 在 20 世纪 90 年代开始着手下一代互联网协议的制定工作，IPv6 由此应运而生。

制定 IPv6 的专家们总结了早期制定 IPv4 的经验，以及互联网的发展和市场需求，认为下一代互联网协议应侧重于网络的容量和网络的性能，不应该仅仅以增加地址空间为唯一目标。IPv6 继承了 IPv4 的优点，摒弃了 IPv4 的缺点。IPv6 与 IPv4 是不兼容的，但 IPv6 同其他所有的 TCP/IP 协议族中的协议兼容，即 IPv6 完全可以取代 IPv4。

IPv6 协议最大的特点是几乎无限的地址空间。IPv4 地址的位数是 32 位，但在 IPv6 中，地址的位数增长到原来的 4 倍，达到 128 位。所以，IPv6 地址空间大得惊人。IPv4 中，理论上可编址的节点数是 232，也就是 4 294 967 296，按照目前的全世界人口数，大约每 3 个人有 2 个 IPv4 地址。而 IPv6 的 128 位长度的地址意味着 3.4×10^{38} 个地址，世界上的每个人都可以拥有 5.7×10^{28} 个 IPv6 地址，这个地址量是非常巨大的。有个夸张的说法——可以为地球上的每一粒沙子都分配一个 IPv6 地址。

同时，IETF 在制定 IPv6 时，还考虑了在 IPv6 中需要解决其他一些 IPv4 协议中存在的问题，如前文提到的配置不够简便、安全性差、QoS 功能弱等，从而使协议本身能够适应目前网络的发展需要。

2.8.2　IPv6 地址

在 IPv4 中，地址是用 192.168.1.1 这种点分十进制方式来表示的。但在 IPv6 中，地址共有 128 位，如果再用十进制表示就太长了。所以，IPv6 采用冒号十六进制表示法来表示地址。

IPv6 的 128 位地址被分成 8 段，每 16 位为一段，每段被转换为一个 4 位十六进制数，并用冒号隔开。

下面是一个二进制的 128 位 IPv6 地址。

```
0010000000000001000001000001000000000000000000000000000000000001
0000000000000000000000000000000000000000000000000100010111111111
```

将其划分为 8 段，每 16 位一段。

```
0010000000000001  0000010000010000  0000000000000000  0000000000000001
0000000000000000  0000000000000000  0000000000000000  0100010111111111
```

将每段转换为十六进制数，并用冒号隔开，就形成如下的 IPv6 地址。

```
2001：0410：0000：0001：0000：0000：0000：45FF
```

为了尽量缩短地址的书写长度，IPv6 地址可以采用压缩方式来表示。在压缩时，有以下几个规则。

（1）每段中的前导 0 可以去掉，但保证每段至少有一个数字。如：2001：0410：0000：0001：0000：0000：0000：45FF 就可以压缩为 2001：410：0：1：0：0：0：45FF。但有效 0 不能被压缩，所以上述地址不能压缩为：2001：41：0：1：0：0：0：45FF 或 21：410：0：1：0：0：0：45FF。

（2）一个或多个连续的段内各位全为 0 时，可用：：（双冒号）压缩表示，但一个 IPv6 地址中只允许有一个双冒号（：：）。如：2001：0410：0000：0001：0000：0000：0000：45FF 就可以压缩为：2001：410：0：1：：45FF 或 2001：410：：1：0：0：0：45FF。但不允许多个：：存在于一个地址中，所以上述地址不能压缩成 2001：410：：1：：45FF。

表 2-6 所示为更多的 IPv6 地址压缩表达方式示例。

表 2-6　IPv6 地址压缩表达方式示例

IPv6 地址	压缩后的表示
2001：DB8：0：0：8：800：200C：417A	2001：DB8：：8：800：200C：417A
FF01：0：0：0：0：0：0：101	FF01：：101
0：0：0：0：0：0：0：1	：：1
0：0：0：0：0：0：0：0	：：

　　IPv6 取消了 IPv4 的网络号、主机号和子网掩码的概念，代之以前缀、接口标识符、前缀长度；IPv6 也不再有 IPv4 地址中 A 类、B 类、C 类等地址分类的概念。

　　（1）前缀：前缀的作用与 IPv4 地址中的网络部分类似，用于标识这个地址属于哪个网络。

　　（2）接口标识符：与 IPv4 地址中的主机部分类似，用于标识这个地址在网络中的具体位置。

　　（3）前缀长度：作用类似于 IPv4 地址中的子网掩码，用于确定地址中哪一部分是前缀，哪一部分是接口标识符。

　　例如，地址 1234：5678：90AB：CDEF：ABCD：EF01：2345：6789/64，/64 表示此地址的前缀长度是 64 位，所以此地址的前缀就是 1234：5678：90AB：CDEF，接口标识符就是 ABCD：EF01：2345：6789 。

2.8.3　IPv6 地址分类

　　IPv4 地址包括单播、组播、广播等几种类型。与其类似，IPv6 地址也有不同类型，包括单播地址、组播地址和任播地址。IPv6 地址中没有广播地址，在 IPv4 协议中某些需要用到广播地址的服务或功能，IPv6 协议中都用组播地址来完成。

　　（1）单播地址：用来唯一标识一个接口，类似于 IPv4 的单播地址。单播地址只能分配给一个节点上的一个接口，发送到单播地址的数据报文将被传送给此地址所标识的接口。IPv6 单播地址根据其作用范围的不同，又可分为链路本地地址、站点本地地址、全球单播地址等；还包括一些特殊地址，如未指定地址和环回地址。

　　（2）组播地址：用来标识一组接口，类似于 IPv4 的组播地址。多个接口可配置相同的组播地址，发送到组播地址的数据报文被传送给此地址所标识的所有接口。IPv6 组播地址的范围是 FF00：：/8。

　　（3）任播地址：任播地址是 IPv6 中特有的地址类型，也用来标识一组接口。但与组播地址不同的是，发送到任播地址的数据报文被传送给此地址所标识的一组接口中距离源节点最近的一个接口。比如，移动用户在使用 IPv6 协议接入因特网时，根据地理位置的不同，接入距离用户最近的一个接收站。任播地址是从单播地址空间中分配的，并使用单播地址的格式。仅看地址本身，节点是无法区分任播地址与单播地址的。所以，必须在配置时明确指明它是一个任播地址。

IPv6 地址类型是由地址前面几位（称为格式前缀）来指定的，主要地址类型与格式前缀的对应关系如表 2-7 所示。

表 2-7　地址类型与格式前缀的对应关系

地址类型		格式前缀（二进制）	IPv6 前缀标识
单播地址	未指定地址	00…0（128 bit）	：：/128
	环回地址	00…1（128 bit）	：：1/128
	链路本地地址	1111111010	FE80：：/10
	站点本地地址	1111111011	FEC0：：/10
	全球单播地址	其他形式	—
组播地址		11111111	FF00：：/8
任播地址		从单播地址空间中进行分配，使用单播地址的格式	

（1）未指定地址：地址"：："称为未指定地址，不能分配给任何节点。在节点获得有效的 IPv6 地址之前，可在发送的 IPv6 报文的源地址字段填入该地址，表示目前暂无地址。未指定地址不能作为 IPv6 报文中的目的地址。

（2）环回地址：单播地址 0：0：0：0：0：0：0：1（简化表示为：：1）称为环回地址，不能分配给任何物理接口。它的作用与 IPv4 中的环回地址 127.0.0.1 相同，节点可通过给自己发送 IPv6 报文来测试协议是否工作正常。

（3）链路本地地址：用于链路本地节点之间的通信。在 IPv6 中，以路由器为边界的一个或多个局域网段称之为链路。使用链路本地地址作为目的地址的数据报文不会被转发到其他链路上。其前缀标识为 FE80：：/10。

（4）站点本地地址：与 IPv4 中的私有地址类似。使用站点本地地址作为目的地址的数据报文不会被转发到本站点（相当于一个私有网络）外的其他站点。其前缀标识为 FEC0：：/10。站点本地地址在实际应用中很少使用。

（5）全球单播地址：与 IPv4 中的公有地址类似。全球单播地址由 IANA 负责进行统一分配。全球单播地址前缀标识为 2000：：/3。

（6）组播地址：地址标识为 FF00：：/8。常用的预留组播地址有 FF02：：1（链路本地范围所有节点组播地址）、FF02：：2（链路本地范围所有路由器组播地址）等。另外，还有一类组播地址：被请求节点（Solicited-Node）地址。该地址主要用于获取同一链路上邻居节点的链路层地址及实现重复地址检测。每一个单播或任播 IPv6 地址都有一个对应的被请求节点地址。其格式为：

FF02：0：0：0：0：1：FFXX：XXXX

其中，FF02：0：0：0：0：1：FF 为 104 位固定格式；XX：XXXX 为单播或任播 IPv6 地址的后 24 位。

（7）任播地址：任播地址与单播地址没有区别，是从单播地址空间中分配的。

2.8.4　IEEE EUI-64 格式

构成 IPv6 单播地址的接口标识符用来在网络中唯一标识一个接口。目前 IPv6 单播地址基本上都要求接口标识符为 64 位。在 IPv6 协议中，接口标识符可以由管理员配置，也可以由设备自动生成。自动生成的好处是用户无须配置地址，降低了网络部署难度。如果由设备自动生成接口标识符，则需要符合 IEEE EUI-64 格式规范。

IEEE EUI-64 格式的接口标识符是从接口的链路层地址（MAC 地址）变化而来的。如图 2-28 所示，IPv6 地址中的接口标识符是 64 位，而 MAC 地址是 48 位，因此需要在 MAC 地址的中间位置（从高位开始的第 24 位后）插入十六进制数 FFFE（1111 1111 1111 1110）。为了确保这个从 MAC 地址得到的接口标识符是唯一的，还要将第 7 位（U/L 位）设置为"1"。最后得到的这组数就作为 EU1-64 格式的接口标识符。

MAC地址：　　　　　　　　　　0012-3400-ABCD

二进制表示：　　00000000 00010010 00110100 00000000 10101011 11001101

插入FFFE：　00000000 00010010 00110100 11111111 11111110 00000000 10101011 11001101

设置U/L位：00000010 00010010 00110100 11111111 11111110 00000000 10101011 11001101

EUI-64地址：　　　　　0212：34FF：FE00：ABCD

图 2-28　MAC 地址到 EUI-64 格式的转换过程

2.8.5　邻居发现协议

IPv6 邻居发现协议是 IPv6 中一个非常重要的协议。它实现了一系列功能，包括地址解析、路由器发现/前缀发现、地址自动配置、地址重复检测等。

在 IPv4 网络中，当一个节点想和另外一个节点通信时，它需要知道另外一个节点的链路层地址。比如，以太网共享网段上的两台主机通信时，主机需要通过 ARP 协议解析出另一台主机的 MAC 地址，从而知道如何封装报文。在 IPv6 网络中也有解析链路层地址的需要，就是由邻居发现协议来完成的。

而路由器发现/前缀发现、地址自动配置功能则是 IPv4 协议中所不具备的，是 IPv6 协议为了简化主机配置而对 IPv4 协议的改进。

路由器发现/前缀发现是指主机能够获得路由器及所在网络的前缀，以及其他配置参数。如果在共享网段上有若干台 IPv6 主机和一台 IPv6 路由器，通过路由器发现/前缀发现功能，IPv6 主机会自动发现 IPv6 路由器上所配置的前缀及链路 MTU 等信息。

地址自动配置功能是指主机根据路由器发现/前缀发现所获取的信息，自动配置 IPv6 地址。在主机发现了路由器上所配置的前缀及链路 MTU 等信息后，主机会用这些信息来自动生成 IPv6 地址，然后用此地址来与其他主机进行通信。

IPv6 中的地址自动配置具有与 IPv4 中的 DHCP 类似的功能。所以在 IPv6 中，DHCP 已不再是实现地址自动配置所必不可少的了。

邻居发现协议能够通过地址解析功能来获取同一链路上邻居节点的链路层地址。所谓"同一链路"是指节点之间处于同一链路层上，中间没有网络层设备隔离。通过以太网介质相连的两台主机、通过运行 PPP 协议的串口链路连接的两台路由器，都是属于同一链路上的邻居节点。

地址解析通过节点交互邻居请求消息和邻居通告消息来实现，如图 2-29 所示。

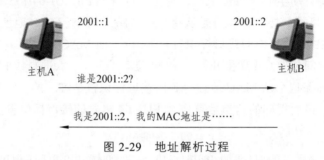

图 2-29　地址解析过程

（1）主机 A 想要与主机 B 通信，但不知道主机 B 的链路层地址，则会以组播方式发送邻居请求消息。邻居请求消息的目的地址是主机 B 的被请求节点组播地址。这样这个邻居请求消息就能够只被主机 B 所接收，其他主机会忽略这个消息。消息内容中包含了主机 A 的链路层地址。

（2）主机 B 收到邻居请求消息后，则会以单播方式返回邻居通告消息。以单播方式返回的目的是减少网络中的组播流量，节省带宽。邻居通告消息中包含了自己的链路层地址。

主机 A 从收到的邻居通告消息中就可获取到主机 B 的链路层地址。之后主机 A 用主机 B 的链路层地址来进行数据报文封装，双方即可通信了。

IPv6 地址自动配置包括路由器发现/前缀发现和地址自动配置。IPv6 地址自动配置通过路由器请求消息和路由器通告消息来实现，过程如图 2-30 所示。

（1）主机启动时，通过路由器请求消息向路由器发出请求，请求前缀和其他配置信息，以便用于主机的配置。路由器请求消息的目的地址是 FF02：：2（链路本地范围所有路由器组播地址），这样所有路由器都会收到这个消息。

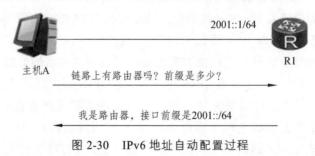

图 2-30　IPv6 地址自动配置过程

（2）路由器收到路由器请求消息后，会返回路由器通告消息，其中包括前缀和其他配置参数信息（路由器也会周期性地发布路由器通告消息）。路由器通告消息的目的地址是 FF02：：1（链路本地范围所有节点组播地址），以便所有节点都能收到这个消息。

主机利用路由器返回的路由器通告消息中的地址前缀及其他配置参数，自动配置接口的 IPv6 地址及其他信息，从而生成全球单播地址。

如图 2-27 所示，主机在启动时发送路由器请求消息，路由器收到后，会把接口前缀 2001：：/64 信息通过路由器通告消息通告给主机，然后主机以此前缀再加上 EUI-64 格式的接口标识符，生成一个全球单播地址。

2.8.6 IPv6 地址配置

在路由器上进行 IPv6 地址配置时，其步骤如下：

第 1 步：使能 IPv6 报文转发功能。

默认情况下，路由器只使能 IPv4 报文转发功能，并不能使能 IPv6 报文转发功能。所以，需要在路由器使能 IPv6 报文转发功能。否则即使在接口上配置了 IPv6 地址，仍无法转发 IPv6 的报文，造成 IPv6 网络无法互通。在系统视图下使能 IPv6 报文转发功能，需要使用以下命令。

[RTA] ipv6

第 2 步：配置 IPv6 链路本地地址或全球单播地址。

在接口配置链路本地地址时，可以手工指定，也可以自动生成。手工指定路由器接口 Ethernet0/1 的 IPv6 链路本地地址为 FE80：：1，需要使用以下命令。

[RTA-Ethemet0/1] ipv6 address FE80：：1 link-local

如果配置接口使用 EUI-64 格式自动生成的链路本地地址时，需要使用以下命令。

[RTA-Ethernet0/1] ipy6 address auto link-local

同样地，在配置全球单播地址时，可以手工指定地址，也可以仅指定前缀，接口标识符由 EUI-64 格式规范来自动生成。手工指定路由器接口 Ethemet0/1 的 IPv6 全球单播地址为 2001：：1/64 的命令如下：

[RTA-Ethernet0/1] ipv6 address 2001：：1/64

如果配置接口使用 EUI-64 格式的全球单播地址时，需要用以下命令。

[RTA-Ethernet0/1] ipv6 address 2000：：/64 eui-64

配置地址完成后，可以使用 display ipv6 interface 来查看地址。以下为命令输出信息。

[RTA] display ipv6 interface GigabitEthernet 0/0

GigabitEthernet0/0 current state：UP

Line protocol current state：UP

IPv6 is enabled，link-local address is FE80：：1

Global unicast address（es）：

2000：：2E0：FCFF：FE69：5EBA，subnet is 2000：：/64

2001：：1，subnet is 2001：：/64

Joined group address（es）：

```
FF02::1：FF69：5EBA
FF02::1：FF00：1
FF02::2
FF02::1
MTU is 1500 bytes
ND DAD is enabled，number of DAD attempts：1
ND reachable time is 30000 milliseconds
ND retransmit interval is 1000 milliseconds
Hosts use stateless autoconfig for addresses
```

由以上输出命令可以看到，此接口上配置了链路本地地址 FE80::1，全球单播地址 2001::1，并且系统根据配置的前缀 2000::/64 自动生成了 EUI-64 格式地址 2000::2E0：FCFF：FE69：5EBA。

思考题

1. Internet 的网络层含有 4 个重要的协议，分别为（　　　）。

    A. IP，ICMP，ARP，UDP   B. TCP，ICMP，UDP，ARP

    C. IP，ICMP，IGMP，RARP   D. UDP，IP，ICMP，RARP

2. 当一台计算机从 FTP 服务器下载文件时，在该 FTP 服务器上对数据进行封装的 5 个转换步骤是（　　　）。

    A. 比特，数据帧，数据包，数据段，数据

    B. 数据，数据段，数据包，数据帧，比特

    C. 数据包，数据段，数据，比特，数据帧

    D. 数据段，数据包，数据帧，比特，数据

3. 在 TCP/IP 协议簇中，UDP 协议工作在（　　　）。

    A. 应用层   B. 传输层   C. 网络互联层   D. 网络接口层

4. 在 OSI 中，为实现有效、可靠数据传输，必须对传输操作进行严格的控制和管理，完成这项工作的层次是（　　　）。

    A. 物理层   B. 数据链路层   C. 网络层   D. 运输层

5. TCP/IP 协议参考模型分为几层？分别是指什么？

6. IP 所提供的服务有哪些？

7. IP 包主要由哪两部分组成？

8. （　　　）协议是工作在传输层并且是面向无连接的。

    A. IP   B. ARP   C. TCP   D. UDP

9. （　　　）协议用于发现设备的硬件地址。

    A. RARP   B. ARP   C. IP   D. ICMP

10. 254.255.19/255.255.255.248 的广播地址是（　　　）。

    A. 10.254.255.23   B. 10.254.255.24

C. 10.254.255.255 D. 10.255.255.255

11. 172.16.99.99/255.255.192.0 的广播地址是（　　　　）。

  A. 172.16.99.255   B. 172.16.127.255

  C. 172.16.255.255   D. 172.16.64.127

12. 在一个 C 类地址的网段中要划分出 15 个子网，（　　　　）子网掩码比较适合。

  A. 255.255.255.252   B. 255.255.255.248

  C. 255.255.255.240   D. 255.255.255.255

13. TCP/UDP 中将被客户端程序使用的端口范围是（　　　　）。

  A. 1 ~ 1 023   B. 1024 及以上

  C. 1 ~ 256   D. 1 ~ 65 534

14. （　　　　）端口是通用端口。

  A. 1 ~ 1 023   B. 1 024 及以上

  C. 1 ~ 256   D. 1 ~ 65 534

15. 主机地址 10.10.10.10/255.255.254.0 的广播地址是（　　　　）。

  A. 10.10.10.255   B. 10.10.11.255

  C. 10.10.255.255   D. 10.255.255.255

16. 主机地址 192.168.210.5/255.255.255.252 的广播地址是（　　　　）。

  A. 192.168.210.255   B. 192.168.210.254

  C. 192.168.210.7   D. 192.168.210.15

17. 如果将一个 B 类地址网段精确地分为 512 个子网，那么子网掩码是（　　　　）。

  A. 255.255.255.252   B. 255.255.255.128

  C. 255.255.0.0   D. 255.255.255.192

18. IP 地址 127.0.0.1 表示（　　　　）。

  A. 本地 broadcast   B. 直接 multicast

  C. 本地 network   D. 本地 loopback

19. 当今世界上最流行的 TCP/IP 协议的层次并不是按 OSI 参考模型来划分的，相对应于 OSI 的七层网络模型，没有定义（　　　　）。

  A. 物理层与链路层   B. 链路层与网络层

  C. 网络层与传输层   D. 会话层与表示层

20. 使用子网规划的目的是（　　　　）。

  A. 将大的网络分为多个更小的网络   B. 提高 IP 地址的利用率

  C. 增强网络的可管理性   D. 以上都是

21. 一个 A 类地址的子网掩码是 255.255.240.0，则总共有（　　　　）位被用来划分子网。

  A. 4   B. 5   C. 9   D. 12

22. 在一个子网掩码为 255.255.240.0 的网络中,(　　　)不是合法的主机地址。

　　A. 150.150.37.2　　B. 150.150.16.2　　　　C. 150.150.8.12　　D. 150.150.47.255

23. 关于 IP 地址,以下说法正确的有(　　　)。

　　A. 34.45.67.111/8 是一个 A 类地址

　　B. 112.67.222.37 和 112.67.222.80 属于同一个 IP 子网

　　C. 145.48.29.255 是一个子网广播地址

　　D. 123.244.8.0 是一个子网网络地址

24. TCP/IP 协议中,基于 TCP 协议的应用程序包括(　　　)。

　　A. ICMP　　　　　　B. SMTP　　　　　　　C. RIP　　　　　　D. SNMP

25. 将一个 C 类网络划分为 3 个子网,每个子网最少要容纳 55 台主机,使用的子网掩码是(　　　)。

　　A. 255.255.255.248　　　　　　　　B. 255.255.255.240

　　C. 255.255.255.224　　　　　　　　D. 255.255.255.192

26. 某公司申请到一个 C 类 IP 地址,但要连接 6 个子公司,最大的一个子公司有 26 台计算机,每个子公司在一个网段中,则子网掩码应设为(　　　)。

　　A. 255.255.255.0　　　　　　　　　B. 255.255.255.128

　　C. 255.255.255.192　　　　　　　　D. 255.255.255.224

以太网技术

3.1 以太网卡

网络接口卡（Network Interface Card，NIC）通常也简称为"网卡"，它是计算机、交换机、路由器等网络设备与外部网络世界相连的关键部件。根据所使用的技术不同，网络接口卡分为很多种类型，如令牌环接口卡、FDDI（光纤分布式数据接口）卡、SDH（同步数字体系）接口卡、以太网接口卡等。本章我们关心的是以太网，所以本章所提及的网卡都是指以太网接口卡，简称以太网卡或以太卡。

3.1.1 计算机上的网卡

如图 3-1 所示，假设计算机上有一个网络接口（简称"网口"或"端口"），则在网口处会安装一块网卡。从逻辑上讲，网卡包含 7 个功能模块，分别是 CU（Control Unit，控制单元）、OB（Output Buffer，输出缓存）、IB（Input Buffer，输入缓存）、LC（Line Coder，线路编码器）、LD（Linc Decoder，线路解码器）、TX（Transmitter，发射器）、RX（Receiver，接收器）。

下面，我们来看看计算机是如何通过网卡发送信息的（见图 3-1）。

（1）首先，计算机上的应用软件会产生等待发送的原始数据，这些数据经过 TCP/IP 模型的应用层、传输层、网络层处理后，得到一个一个的数据包（Packet）。然后，网络层会将这些数据包逐个下传给网卡的 CU。

（2）CU 从网络层接收到数据包之后，会将每个数据包封装成帧（Frame）。因为本章所说的网卡都是指以太网卡，所以封装成的帧都是以太帧（Ethernet Frame）。然后，CU 会将这些帧逐个传递给 OB。

（3）OB 从 CU 接收到帧后，会按帧的接收顺序将这些帧排成一个队列，然后将队列中的帧逐个传递给 LC。先从 CU 接收到的帧会先被传递给 LC。

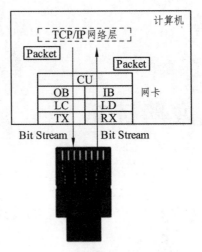

图 3-1　计算机上的网卡

（4）LC 从 OB 接收到帧后，会对这些帧进行线路编码。从逻辑上讲，一个帧就是长度有限的一串"0"和"1"。OB 中的"0"和"1"所对应的物理量（指电平、电流、电荷等）只适合于待在缓存中，而不适合于在线路（传输介质，如双绞线）上进行传输。LC 的作用就是将这些"0"和"1"所对应的物理量转换成适合于在线路上进行传输的物理信号（指电流/电压波形等），并将物理信号传递给 TX。

（5）TX 从 LC 接收到物理信号后，会对物理信号的功率等特性进行调整，然后将调整后的物理信号通过线路（如双绞线）发送出去。

再来看看计算机是如何通过网卡接收信息的（见图 3-1）。

（1）首先，RX 从传输介质（如双绞线）接收到物理信号（指电流/电压波形等），然后对物理信号的功率等特性进行调整，再将调整后的物理信号传递给 LD。

（2）LD 会对来自 RX 的物理信号进行线路解码。所谓线路解码，就是从物理信号中识别出逻辑上的"0"和"1"，并将这些"0"和"1"重新表达为适合于待在缓存中的物理量（指电平、电流、电荷等），然后将这些"0"和"1"以帧为单位逐个传递给 IB。

（3）IB 从 LD 接收到帧后，会按帧的接收顺序将这些帧排成一个队列，然后将队列中的帧逐个传递给 CU。先从 LD 接收到的帧会先被传递给 CU。

（4）CU 从 IB 接收到帧后，会对帧进行分析和处理。一个帧的处理结果有且只有两种可能：直接将这个帧丢弃，或者将这个帧的帧头和帧尾去掉，得到数据包，然后将数据包上传给 TCP/IP 模型的网络层。

（5）从 CU 上传到网络层的数据包会经过网络层、传输层、应用层逐层处理，处理后的数据被送达给应用软件使用。当然，数据也可能会在某一层的处理过程中被提前丢弃了，从而无法送达给应用软件。

3.1.2　交换机上的网卡

如图 3-2 所示，一台交换机上总是有多个用来转发数据的网络接口（简称"网口"或"端口"），每个转发数据的网口都有一块网卡与之相对应，不同的网口对应不同的网卡。本章我们关心的是以太网，所以这里所说的交换机是指以太网交换机，也就是说，交换机上每个转发数据的网口所使用的网卡都是以太网卡。比较图 3-2 和图 3-1 可以发现，交换机上的网卡和计算机上的网卡在组成结构上是完全一样的，都是由 CU、OB、IB、LC、LD、TX、RX 这 7 个功能模块组成。

下面，我们来看看交换机上的网卡是如何转发数据的。

转发数据分为转入数据和转出数据，先来看看网卡是如何转入数据的（见图 3-2 中中间的那块网卡）。

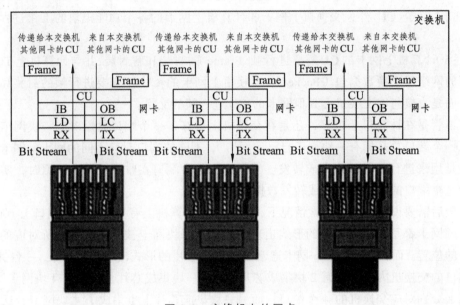

图 3-2　交换机上的网卡

（1）首先，RX 从传输介质（如双绞线）接收到物理信号（指电流/电压波形等），然后对物理信号的功率等特性进行调整，再将调整后的物理信号传递给 LD。这个过程与计算机上网卡的 RX 的工作过程完全一样。

（2）LD 的工作过程与计算机上网卡的 LD 的工作过程完全一样，这里不再赘述。

（3）IB 的工作过程与计算机上网卡的 IB 的工作过程完全一样，这里不再赘述。

（4）CU 从 IB 接收到帧后，会对帧进行分析和处理。一个帧的处理结果有且只有 3 种可能：被直接丢弃；或者被传递给本交换机的其他某一块网卡的 CU；或者被复制成 n 个帧，然后将这 n 个帧分别传递给本交换机的其他 n 个网卡的 CU，每个 CU 得到一个帧。

我们再来看看网卡是如何转出数据的（见图 3-2 中中间的那块网卡）。

（1）与计算机上网卡的 CU 不同，交换机上网卡的 CU 是直接从本交换机的其他网卡的 CU 接收到帧的，然后 CU 会将这些帧传递给 OB。

（2）OB 的工作过程与计算机上网卡的 OB 的工作过程完全一样，这里不再赘述。

（3）LC 的工作过程与计算机上网卡的 LC 的工作过程完全一样，这里不再赘述。

（4）TX 的工作过程与计算机上网卡的 TX 的工作过程完全一样，这里不再赘述。

至此，我们描述了计算机上的网卡是如何收发数据的，以及交换机上的网卡是如何转发数据的。从这些描述中，还可以总结出以下几个知识点。

（1）网卡工作在 TCP/IP 模型的数据链路层和物理层，同时具有数据链路层的功能和物理层的功能。

（2）计算机上的网卡是用来收发数据的，交换机上的网卡是用来转发数据的。

（3）交换机上的网卡和计算机上的网卡在组成结构上是完全一样的，都是由 CU、OB、IB、LC、LD、TX、RX 7 个功能模块组成。

（4）除了 CU 外，交换机上网卡和计算机上网卡的各个功能模块的工作过程完全一样。

（5）计算机上网卡的 CU 需要进行帧(Frame)的封装和解封装，并与计算机上 TCP/IP 模型的网络层交换数据包（Packet）。交换机上网卡的 CU 不需要进行帧的封装和解封装，而是直接与本交换机上其他网卡的 CU 进行帧的交换。

不管是在计算机上也好，还是在交换机上也好，一个端口总是对应一块网卡（或者说一个端口总是拥有一块属于自己的网卡），不同的端口对应不同的网卡。网卡的作用就是用来进行数据的收发或转发。当我们说某个端口在收发或转发数据时，实质上是指这个端口的网卡在收发或转发数据。

最后需要说明的是，通常情况下，如果一台计算机上有多个端口（网口），则这些端口的网卡都是以独立器件的形式出现的，并且每块网卡被安装在自己所对应的那个端口的位置。而在交换机上，网卡通常是以集成芯片的形式出现的。比如，一台拥有 8 个端口的交换机内可能只有 2 块集成芯片，其中一块集成芯片上集成了 4 块网卡，这 4 块网卡分别对应交换机的 4 个端口；而另一块集成芯片上也集成了 4 块网卡，这 4 块网卡分别对应交换机的另外 4 个端口。这 2 块集成芯片在交换机内的空间位置并不重要。

3.2　以太网帧

以太网技术使用的帧是以太网帧，令牌环技术使用的帧是令牌环帧，FR 技术使用的帧是 FR 帧，如此等等。本书中所提到的帧，如无特别说明，都是指以太网帧。

3.2.1　MAC 地址

1980 年 2 月，美国电气和电子工程师协会（IEEE）召开了一次会议，此次会议启动了一个庞大的技术标准化项目，称为 IEEE 802 项目（IEEE Project 802）。802 中的 "80"

是指 1980 年，"2" 是指 2 月份。

IEEE 802 项目旨在制定一系列关于局域网（LAN）的标准。以太网标准（IEEE 802.3）、令牌环网络标准（IEEE 802.5）、令牌总线网络标准（IEEE 802.4）等局域网标准都是 IEEE 802 项目的成果。我们把 IEEE 802 项目所制定的各种标准统称为 IEEE 802 标准。

MAC（Medium Access Control）地址是在 IEEE 802 标准中定义并规范的，凡是符合 IEEE 802 标准的网络接口卡（如以太网卡、令牌环网卡等）都必须拥有一个 MAC 地址。注意，不是任何一块网络接口卡都必须拥有 MAC 地址。例如，SDH 网络接口卡就没有 MAC 地址，因为这种接口并不遵从 IEEE 802 标准。顺便强调一下，以下所说的网卡，都是指以太网卡。

如同每个人都有一个身份证号码来标识自己一样，每块网卡也拥有一个用来标识自己的号码，这个号码就是 MAC 地址，其长度为 48 bit（6 字节）。不同的网卡，其MAC 地址也不相同。也就是说，一块网卡的 MAC 地址是具有全球唯一性的。

一个制造商在生产制造网卡之前，必须先向 IEEE 注册，以获取到一个长度为 24 bit（3 字节）的厂商代码，也称为 OUI（Organizationally-Unique Identifier，组织唯一标识符）。制造商在生产制造网卡的过程中，会往每一块网卡中的 ROM（Read Only Memory，只读存储器）中烧入一个 48 bit 的 BIA（Burned-In Address，固化地址），BIA 的前 3 字节就是该制造商的 OUI，后 3 字节由该制造商自己确定，但不同的网卡，其 BIA 的后 3 字节不能相同。烧入网卡的 BIA 是不能被更改的，只能被读取出来使用。图 3-3 所示为 BIA 地址的格式。

图 3-3　BIA 的格式

注意，BIA 只是 MAC 地址的一种，更准确地说，BIA 是一种单播 MAC 地址。MAC 地址共分为 3 种，分别为单播 MAC 地址、组播 MAC 地址和广播 MAC 地址（见图 3-4）。这 3 种 MAC 地址的定义分别如下：

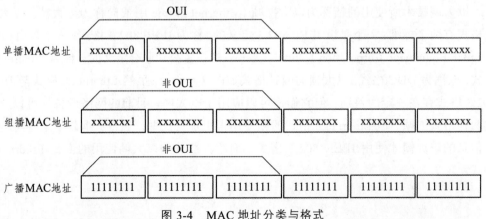

图 3-4　MAC 地址分类与格式

（1）单播 MAC 地址是指第一个字节的最低位是 0 的 MAC 地址。

（2）组播 MAC 地址是指第一个字节的最低位是 1 的 MAC 地址。

（3）广播 MAC 地址是指每个比特都是 1 的 MAC 地址。广播 MAC 地址是组播 MAC 地址的一个特例。

一个单播 MAC 地址（如 BIA）标识了一块特定的网卡；一个组播 MAC 地址标识的是一组网卡；广播 MAC 地址是组播 MAC 地址的一个特例，它标识了所有的网卡。

从图 3-4 中可以发现，并非任何一个 MAC 地址的前 3 字节都是 OUI，只有单播 MAC 地址的前 3 字节才是 OUI，而组播或广播 MAC 地址的前 3 字节一定不是 OUI。特别需要说明的是，OUI 第一个字节的最低位一定是 0。

一个 MAC 地址有 48 bit，为了方便起见，通常采用十六进制数的方式来表示一个 MAC 地址：每两位十六进制数 1 组（即 1 字节），一共 6 组，中间使用中划线连接；也可以每四位十六进制数 1 组（即 2 字节），一共 3 组，中间使用中划线连接。图 3-5 对这两种表示方法进行了举例说明。

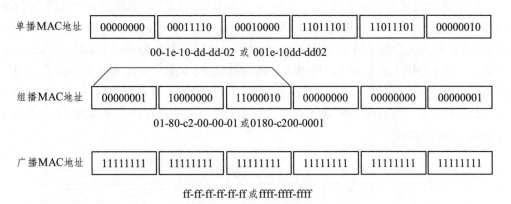

图 3-5　MAC 地址的表示方法

3.2.2　以太帧的格式

以太网技术所使用的帧称为以太网帧（Ethernet Frame），或简称为以太帧。以太帧的格式有两个标准：一个是由 IEEE 802.3 定义的，称为 IEEE 802.3 格式；一个是由 DEC（Digital Equipment Corporation）、Intel、Xerox 这三家公司联合定义的，称为 Ethernet II 格式，也称为 DDC 格式。以太帧的两种格式如图 3-6 所示。虽然 Ethernet II 格式与 IEEE 802.3 格式存在一定的差别，但它们都可以应用于以太网。目前的网络设备都可以兼容这两种格式的帧，但 Ethernet II 格式的帧使用得更加广泛些。通常，承载了某些特殊协议信息的以太帧才使用 IEEE 802.3 格式，而绝大部分的以太帧使用的都是 Ethernet II 格式。

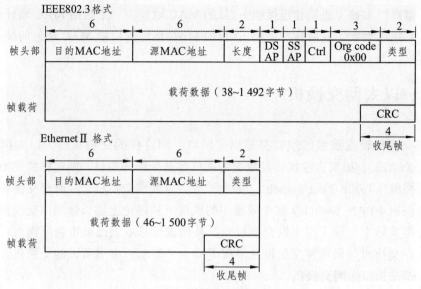

图 3-6　以太网帧的两种标准格式

下面是关于 EthernetⅡ格式的以太帧中各个字段的描述。

（1）目的 MAC 地址：该字段的长度为 6 字节，用来表示该帧的接收者（目的地）。目的 MAC 地址可以是一个单播 MAC 地址，或一个组播 MAC 地址，或一个广播 MAC 地址。

（2）源 MAC 地址：该字段的长度为 6 字节，用来表示该帧的发送者（出发地）。源 MAC 只能是一个单播 MAC 地址。

（3）类型：该字段的长度为 2 字节，用来表示载荷数据的类型。例如，如果该字段的值是 0x0800，则表示载荷数据是一个 IPv4 Packet；如果该字段的值是 0x86dd，则表示载荷数据是一个 IPv6 Packet；如果该字段的值是 0x0806，则表示载荷数据是一个 ARP Packet；如果该字段的值是 0x8848，则表示载荷数据是一个 MPLS 报文，如此等等。

（4）载荷数据：该字段的长度是可变的，最短为 46 字节，最长为 1 500 字节，它是该帧的有效载荷，载荷的类型由前面的类型字段表示。

（5）CRC 字段：该字段有 4 字节。CRC 的全称是 Cyclic Redundancy Check，其作用是对该帧进行检错校验，其具体的工作机制描述已超出了本书的知识范围，所以这里不再介绍。

IEEE 802.3 格式的以太帧中，目的 MAC 地址字段、源 MAC 地址字段、类型字段、载荷数据字段、CRC 字段的功能和作用与 EthernetⅡ格式是一样的，这里不再赘述。关于其他几个字段（长度字段、DSAP 字段等）的描述，已经超出了本书的知识范围，所以这里不再介绍。

需要特别说明的是，根据目的 MAC 地址的种类不同，以太帧可以分为以下 3 种不同的类型。

（1）单播以太帧（或简称单播帧）：目的 MAC 地址为一个单播 MAC 地址的帧。

（2）组播以太帧（或简称组播帧）：目的 MAC 地址为一个组播 MAC 地址的帧。

（3）广播以太帧（或简称广播帧）：目的 MAC 地址为广播 MAC 地址的帧。

3.3 以太网交换机

如果交换机转发数据的端口都是以太网口，则这样的交换机称为以太网交换机（Ethernet Switch）；如果交换机转发数据的端口都是令牌环端口，则这样的交换机称为令牌环交换机（Token Ring Switch），如此等等。以太网交换机、令牌环交换机等都是局域网交换机（LAN Switch）这个家庭中的成员。从理论上讲，局域网交换机的成员有很多，但实际上，除了以太网交换机外，其他成员基本上已被市场所淘汰。所以，目前以太网交换机与局域网交换机几乎成了同一个概念。本书所说的交换机，如无特别说明，都是指以太网交换机。

3.3.1 3 种转发操作

交换机会对通过传输介质进入其端口的每一个帧都进行转发操作，交换机的基本作用就是用来转发帧的。

如图 3-7 所示，交换机对于从传输介质进入其某一端口的帧的转发操作一共有 3 种：泛洪（Flooding）、转发（Forwarding）、丢弃（Discarding）。

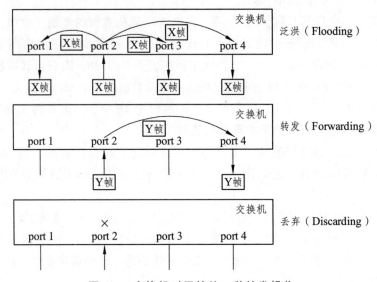

图 3-7　交换机对于帧的 3 种转发操作

（1）泛洪：交换机把从某一端口进来的帧通过所有其他的端口转发出去（注意，"所有其他的端口"是指除了这个帧进入交换机的那个端口以外的所有端口）。泛洪操作是一种点到多点的转发行为。

（2）转发：交换机把从某一端口进来的帧通过另一个端口转发出去（注意，"另一个端口"不能是这个帧进入交换机的那个端口）。这里的转发操作是一种点到点的转发行为。

（3）丢弃：交换机把从某一端口进来的帧直接丢弃。丢弃操作其实就是不进行转发。

图 3-7 中的箭头表示帧的运动轨迹。泛洪操作、转发操作、丢弃操作这 3 种转发行为经常被笼统地称为转发（即一般意义上的转发）操作，因此读者在遇到"转发"一词时，需要根据上下文搞清楚它究竟是一般意义上的转发，还是特指点到点转发。

3.3.2　交换机的工作原理

交换机的工作原理主要是指交换机对于从传输介质进入其端口的帧进行转发的过程。在下面的描述中，将出现诸如"MAC 地址表"等一些读者可能觉得完全陌生或不太明白的概念。读者先不用着急，随着学习的继续和深入，自然会熟悉和理解这些概念。

每台交换机中都有一个 MAC 地址表，它存放了 MAC 地址与交换机端口编号之间的映射关系。MAC 地址表存在于交换机的工作内存中，交换机刚上电时，MAC 地址表中没有任何内容，是一个空表。随着交换机不断地转发数据并进行地址学习，MAC 地址表的内容会逐步丰富起来。当交换机下电或重启时，MAC 地址表的内容会完全丢失。

交换机的基本工作原理（转发原理）可以概括地描述如下：

（1）如果从传输介质进入交换机的某个端口的帧是一个单播帧，则交换机会去 MAC 地址表中查找这个帧的目的 MAC 地址。

① 如果查不到这个 MAC 地址，则交换机将对该帧执行泛洪操作。

② 如果查到了这个 MAC 地址，则比较这个 MAC 地址在 MAC 地址表中对应的端口编号是不是这个帧从传输介质进入交换机的那个端口的端口编号。

a. 如果不是，则交换机将对该帧执行转发操作（将该帧送至该帧的目的 MAC 地址在 MAC 地址表中对应的那个端口，并从那个端口发送出去）。

b. 如果是，则交换机将对该帧执行丢弃操作。

（2）如果从传输介质进入交换机的某个端口的帧是一个广播帧，则交换机不会去查 MAC 地址表，而是直接对该广播帧执行泛洪操作。

（3）如果从传输介质进入交换机的某个端口的帧是一个组播帧，则交换机的处理行为比较复杂（超出了本书的知识范围，这里略去不讲）。

另外，交换机还具有 MAC 地址学习能力。当一个帧（无论是单播帧、组播帧，还是广播帧）从传输介质进入交换机后，交换机会检查这个帧的源 MAC 地址，并将该源 MAC 地址与这个帧进入交换机的那个端口的端口编号进行映射，然后将这个映射关系存放进 MAC 地址表。

以上是对交换机的转发原理的概括性描述，下面两小节将通过一些例子来展开对交换机转发原理的具体分析。

3.3.3 单交换机的数据转发示例

如图 3-8 所示，4 台计算机分别通过双绞线与同一台交换机相连。交换机有 4 个端口（Port），端口后面的阿拉伯数字就是端口编号（Port No.），分别为 1，2，3，4。注意，双绞线两端所连接的其实分别是计算机上的网卡和交换机上的网卡（详见 3.1 节的内容）。假设这 4 台计算机的网卡的 MAC 地址（即 BIA）分别是 MAC1、MAC2、MAC3、MAC4；另外，假设交换机的 MAC 地址表此刻为空。

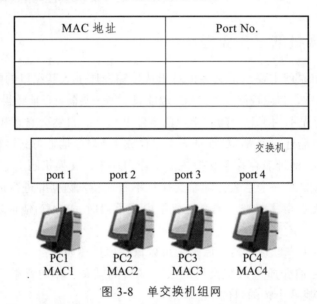

图 3-8　单交换机组网

现在，假设 PC 1 需要向 PC 3 发送一个单播帧 X（特别假设：PC 1 已经知道 PC 3 的网卡的 MAC 地址为 MAC3），因此把 PC 1 称为源主机，PC 3 称为目的主机。下面的步骤描述了 X 帧从 PC 1 运动到 PC 3 的全过程。

（1）PC1 的应用软件所产生的数据经 TCP/IP 模型的应用层、传输层、网络层处理后，得到数据包（Packet）。数据包下传给 PC 1 的网卡的 CU 后，CU 会将之封装成帧。假设封装的第一个帧叫 X 帧，CU 会将 MAC3 作为 X 帧的目的 MAC 地址，然后会从自己的 ROM 中读出 BIA（MAC1），并将 BIA（MAC1）作为 X 帧的源地址。关于 X 帧的其他字段的内容我们暂不关心。至此，X 帧已在 PCI 的网卡的 CU 中形成。

（2）X 帧接下来的运动轨迹如下：PC1 的网卡的 CU—PC 1 的网卡的 OB—PC 1 的网卡的 LC—PC 1 的网卡的 TX—双绞线—Port 1 的网卡的 RX —Port 1 的网卡的 LD—Port 1 的网卡的 IB—Port 1 的网卡的 CU。这一过程在 3.1 节中有详细的说明。

（3）X 帧到达 Port 1 的网卡的 CU 后，交换机会去 MAC 地址表中查找 X 帧的目的 MAC 地址 MAC3。由于此时 MAC 地址表是空表，所以在 MAC 地址表中查不到 MAC3。根据交换机的转发原理，交换机会对 X 帧执行泛洪操作。然后，交换机还要进行地址学习：因为 X 帧是从 Port1 进入交换机的，并且 X 帧的源 MAC 地址为 MAC1，所以，交换机会将 MAC1 映射到 Port 1，并将这一映射关系作为一个条目写进 MAC 地址表。

（4）X 帧被执行泛洪操作后，Port i（$i=2$，3，4）的网卡的 CU 都会从 Port 1 的网卡的 CU 那里获得一个 X 帧的拷贝。然后，这些拷贝的运动过程如下：Port i 的网卡的 CU—Port i 的网卡的 OB—Port i 的网卡的 LC—Port i 的网卡的 TX—双绞线—PCi 的网卡的 RX—PCi 的网卡的 LD—PCi 的网卡的 IB—PCi 的网卡的 CU。这一过程在 3.1 节中有详细的说明。

（5）PC2 的网卡的 CU 在收到 X 帧后，会检查 X 帧的目的 MAC 地址是不是自己的 MAC 地址。由于 X 帧的目的 MAC 地址是 MAC3，而自己的 MAC 地址是 MAC2，所以二者不一致。于是，X 帧将在 PC2 的网卡的 CU 中被直接丢弃。PC 4 的网卡的 CU 在收到 X 帧后，处理过程是一样的，其结果是，X 帧将在 PC 4 的网卡的 CU 中被直接丢弃。

（6）PC 3 的网卡的 CU 在收到 X 帧后，会检查 X 帧的目的 MAC 地址是不是自己的 MAC 地址。由于 X 帧的目的 MAC 地址是 MAC3，而自己的 MAC 地址也是 MAC3，所以二者是一致的。于是，PC3 的网卡的 CU 会将 X 帧中的数据包（Packet）抽取出来，并根据 X 帧的类型字段的值将数据包上送至 TCP/IP 模型的网络层的相应处理模块。最后，该数据经过网络层、传输层、应用层的处理后，到达相应的应用软件。

至此，网络的状态如图 3-9 所示。X 帧已经成功地从源主机 PC1 被送达目的主机 PC3，虽然非目的主机 PC 2 和 PC 4 也收到了 X 帧，但它们都会将 X 帧直接丢弃。X 帧在 PC 2 和 PC 4 的双绞线上产生的流量并没有实际的用处，这样的流量被称为垃圾流量。显然，这里的垃圾流量是因为交换机对 X 帧执行了泛洪操作而引起的。

MAC 地址	Port No.
MAC1	1

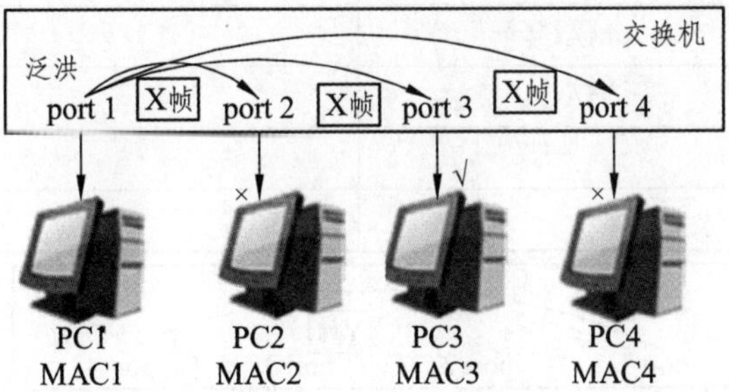

X 帧：目的 MAC 地址为 MAC3，源 MAC 地址为 MAC1

图 3-9　PC1 向 PC3 发一个单播帧

现在，在图 3-9 所示的网络状态下，假设 PC 4 需要向 PC 1 发送一个单播帧 Y（特别假设：PC4 已经知道 PC1 的网卡的 MAC 地址为 MAC1）。此时，PC4 为源主机，PC1 为目的主机。下面的步骤描述了 Y 帧从 PC4 运动到 PC1 的全过程。

（1）PC4 的应用软件所产生的数据经 TCP/IP 模型的应用层、传输层、网络层处理后，得到数据包（Packet）。数据包下传给 PC4 的网卡的 CU 后，CU 会将之封装成帧。假设封装的第一个帧叫 Y 帧，CU 会将 MAC1 作为 Y 帧的目的 MAC 地址，然后会从自己的 ROM 中读出 BIA（MAC4），并将 BIA（MAC4）作为 Y 帧的源地址。关于 Y 帧的其他字段的内容我们暂不关心。至此，Y 帧已在 PC 4 的网卡的 CU 中形成。

（2）Y 帧接下来的运动轨迹如下：PC4 的网卡的 CU—PC 4 的网卡的 OB—PC4 的网卡的 LC—PC 4 的网卡的 TX—双绞线—Port 4 的网卡的 RX—Port 4 的网卡的 LD—Port 4 的网卡的 IB—Port 4 的网卡的 CU。

（3）Y 帧到达 Port 4 的网卡的 CU 后，交换机会去 MAC 地址表中查找 Y 帧的目的 MAC 地址 MAC1。查表的结果是，MAC1 对应了 Port 1，而 Port 1 不是 Y 帧的入端口 Port 4。根据交换机的转发原理，交换机会对 Y 帧执行点到点转发操作，也就是将 Y 帧送至 Port 1 的网卡的 CU。然后，交换机还要进行地址学习：因为 Y 帧是从 Port 4 进入交换机的，并且 Y 帧的源 MAC 地址为 MAC4，所以，交换机会将 MAC4 映射到 Port4，并将这一映射关系作为一个新的条目写进 MAC 地址表。

（4）Y 帧到达 Port 1 的网卡的 CU 后，接下来的运动过程如下：Port 1 的网卡的 CU—Port 1 的网卡的 OB—Port 1 的网卡的 LC—Port 1 的网卡的 TX—双绞线—PC 1 的网卡的 RX—PC1 的网卡的 LD—PC1 的网卡的 IB—PC1 的网卡的 CU。

（5）PC1 的网卡的 CU 在收到 Y 帧后，会检查 Y 帧的目的 MAC 地址是不是自己的 MAC 地址。由于 Y 帧的目的 MAC 地址是 MAC1，而自己的 MAC 地址也是 MAC 1，所以二者是一致的。于是，PC 1 的网卡的 CU 会将 Y 帧中的数据包（Packet）抽取出来，并根据 Y 帧的类型字段的值将数据包上送至 TCP/IP 模型的网络层的相应处理模块。最后，该数据经过网络层、传输层、应用层的处理后，到达相应的应用软件。

至此，网络的状态如图 3-10 所示。Y 帧已经成功从源主机 PC 4 送达目的主机 PC1，并且这次没有产生任何垃圾流量（因为交换机对 Y 帧执行的是点对点转发操作）。

MAC 地址	Port No.
MAC1	1
MAC4	4

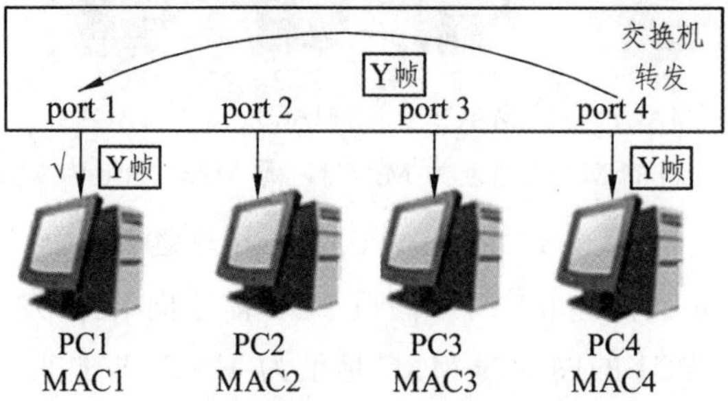

Y 帧：目的 MAC 地址为 MAC1，源 MAC 地址为 MAC4

图 3-10　PC4 向 PC1 发一个单播帧

现在，在图 3-10 所示的网络状态下，假设 PC1 将发送一个单播帧 Z。由于某种未知的原因（如存在 Bug），在 PC1 的网卡的 CU 中形成的 Z 帧的目的 MAC 地址为 MAC1，源 MAC 地址为 MAC5。下面的步骤描述了 Z 帧的运动轨迹。

（1）PC1 的网卡的 CU—PC1 的网卡的 OB—PC1 的网卡的 LC—PC1 的网卡的 TX—双绞线—Port1 的网卡的 RX—Port1 的网卡的 LD—Port1 的网卡的 IB—Port1 的网卡的 CU。

（2）Z 帧到达 Port1 的网卡的 CU 后，交换机会去 MAC 地址表中查找 Z 帧的目的 MAC 地址 MAC1。查表的结果是，MAC1 对应了 Port 1，而 Port 1 正是 Z 帧的入端口，根据交换机的转发原理，交换机会对 Z 帧执行丢弃操作。然后，交换机还要进行地址学习：因为 Z 帧是从 Port1 进入交换机的，并且 Z 帧的源 MAC 地址为 MAC5，所以，交换机会将 MAC5 映射到 Port 1，并将这一映射关系作为一个新的条目写进 MAC 地址表。

至此，网络的状态如图 3-11 所示。

MAC 地址	Port No.
MAC1	1
MAC4	4
MAC5	1

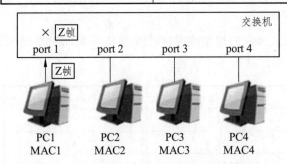

Z 帧：目的 MAC 地址为 MAC1，源 MAC 地址为 MAC5

图 3-11　PC1 发一个单播帧

图 3-9、图 3-10 和图 3-11 分别说明了交换机对计算机发送的单播帧执行泛洪操作、转发操作、丢弃操作的过程。现在，再来看看计算机发送广播帧的例子。假定目前的网络状态如图 3-11 所示，而 PC 3 将要发送一个广播帧 W。下面的步骤描述了 W 帧的运动轨迹。

（1）PC 3 希望把应用软件所产生的数据同时发送给所有其他的计算机。这些数据经 TCP/IP 模型的应用层、传输层、网络层处理后，得到数据包（Packet）。数据包下传给 PC 3 的网卡的 CU 后，CU 会将之封装成广播帧。假设封装的第一个帧叫 W 帧，CU 会将广播地址作为 W 帧的目的 MAC 地址，然后会从自己的 ROM 中读出 BIA（MAC3），并将 BIA（MAC3）作为 W 帧的源地址。关于 W 帧的其他字段的内容我们暂不关心。

至此，W 帧已在 PC 3 的网卡的 CU 中形成。

（2）W 帧接下来的运动轨迹如下：PC 3 的网卡的 CU—PC 3 的网卡的 OB—PC 3 的网卡的 LC—PC 3 的网卡的 TX—双绞线—Port 3 的网卡的 RX—Port 3 的网卡的 LD—Port 3 的网卡的 IB—Port 3 的网卡的 CU。

（3）W 帧到达 Port 3 的网卡的 CU 后，交换机不会去查 MAC 地址表，而是直接对 W 帧执行泛洪操作，这是因为交换机能判断出 W 帧是一个广播帧。然后，交换机还要进行地址学习：因为 W 帧是从 Port 3 进入交换机的，并且 W 帧的源 MAC 地址为 MAC3，所以，交换机会将 MAC3 映射到 Port 3，并将这一映射关系作为一个新的条目写进 MAC 地址表。

（4）W 帧被执行泛洪操作后，Port i（$i=1$，2，4）的网卡的 CU 都会从 Port 3 的网卡的 CU 获得一个 W 帧的拷贝。然后，这些拷贝的运动过程如下：Port$i$ 的网卡的 CU—Port$i$ 的网卡的 OB—Port$i$ 的网卡的 LC—Port$i$ 的网卡的 TX—双绞线—PC i 的网卡的 RX—PCi 的网卡的 LD—PCi 的网卡的 IB—PC i 的网卡的 CU。

（5）PCi（$i=1$，2，4）的网卡的 CU 在收到 W 帧后，判断出 W 帧是一个广播帧，于是会将 W 帧中的数据包（Packet）抽取出来，并根据 W 帧的类型字段的值将数据包上送至 TCP/IP 模型的网络层的相应处理模块。最后，该数据经过网络层、传输层、应用层的处理后，到达相应的应用软件。

至此，PC1，PC 2，PC 4 的应用软件都收到了同样的来自 PC 3 的应用软件的数据，网络的状态如图 3-12 所示。

通过前面这些例子，我们详细地描述了交换机是如何对单播帧和广播帧进行转发的。关于组播帧的情况，这里不作描述。

MAC 地址	Port No.
MAC1	1
MAC4	4
MAC5	1
MAC3	3

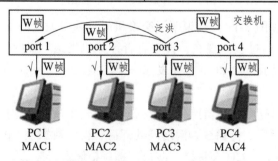

W 帧：目的 MAC 地址为 ff-ff-ff-ff-ff-ff，源 MAC 地址为 MAC3

图 3-12　PC3 发一个广播帧

下面我们还需要强调一个重要的知识点，内容如下：

（1）当计算机的网卡收到一个单播帧时，会将该单播帧的目的 MAC 地址与自己的 MAC 地址进行比较。如果二者相同，则网卡会根据该单播帧的类型字段的值将该单播中的载荷数据上送至网络层中的相应处理模块。如果二者不同，则网卡会将该单播帧直接丢弃。

（2）当计算机的网卡收到一个广播帧时，会直接根据该广播帧的类型字段的值将该广播中的载荷数据上送至网络层中的相应处理模块。

（3）当交换机的网卡收到一个单播帧时，不会将该单播帧的目的 MAC 地址与自己的 MAC 地址进行比较，而是直接去查 MAC 地址表，并根据查表的结果决定对该单播帧执行 3 种转发操作的哪一种。

（4）当交换机的网卡收到一个广播帧时，直接对该广播帧执行泛洪操作。

3.3.4 多交换机的数据转发示例

如图 3-13 所示，3 台交换机通过双绞线与 4 台计算机相连，形成了一个相对复杂的网络。假设交换机的 MAC 地址表此刻都为空。下面，我们就通过一些例子来说明帧在这个网络中的转发过程。由于上一小节已经对交换机的转发原理进行了详细的展示，所以下面的描述相对比较简洁。

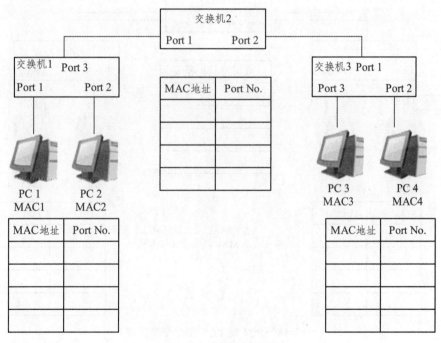

图 3-13 多交换机组网

现在，假设 PC 1 需要向 PC 3 发送一个单播帧 X（特别假设：PC 1 已经知道 PC 3 的网卡的 MAC 地址为 MAC3）。下面的步骤描述了 X 帧从 PC 1 运动到 PC 3 的全过程。

（1）PC 1 的 CU 完成 X 帧的封装；X 帧的目的 MAC 地址为 MAC3，源 MAC 地址为 MAC1。

（2）X 帧接下来的运动轨迹如下：PC1 的网卡的 CU—交换机 1 的 Port 1 的网卡的 CU。

（3）交换机 1 对 Port1 的网卡的 CU 中的 X 帧执行泛洪操作，一路通过交换机 1 的 Port 3 到达交换机 2 的 Port1，另一路通过交换机 1 的 Port 2 到达 PC 2。交换机 1 将 MAC1 与 Port 1 的对应关系写进自己的 MAC 地址表。

（4）交换机 2 对 Port 1 的网卡的 CU 中的 X 帧执行泛洪操作，X 帧通过交换机 2 的 Port 2 到达交换机 3 的 Port 1。交换机 2 将 MAC1 与 Port 1 的对应关系写进自己的 MAC 地址表。

（5）交换机 3 对 Port 1 的网卡的 CU 中的 X 帧执行泛洪操作，一路通过交换机 3 的 Port 3 到达 PC 3，另一路通过交换机 3 的 Port 2 到达 PC 4。交换机 3 将 MAC1 与 Port 1 的对应关系写进自己的 MAC 地址表。

（6）PC 2 和 PC 4 的网卡会将收到的 X 帧丢弃。PC 3 会将 X 帧的载荷数据上送给网络层。

至此，网络的状态如图 3-14 所示。X 帧已经成功从源主机 PC 1 送达目的主机 PC 3，虽然非目的主机 PC 2 和 PC 4 也收到了 X 帧，但它们都会将 X 帧直接丢弃。

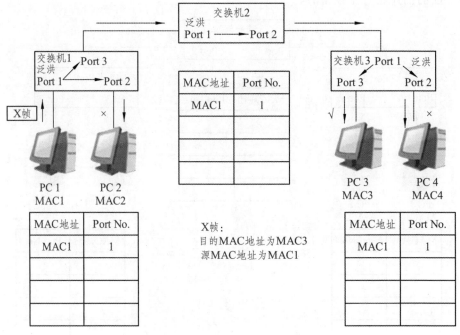

图 3-14　PC1 向 PC3 发一个单播帧

现在，在图 3-14 所示的网络状态下，假设 PC 4 需要向 PC1 发送一个单播帧 Y（特别假设：PC 4 已经知道 PC1 的网卡的 MAC 地址为 MAC1）。下面的步骤描述了 Y 帧从 PC 4 运动到 PC 1 的全过程。

（1）PC 4 的 CU 完成 Y 帧的封装：Y 帧的目的 MAC 地址为 MAC1，源 MAC 地址为 MAC4。

（2）Y 帧接下来的运动轨迹如下：PC 4 的网卡的 CU—交换机 3 的 Port 2 的网卡的 CU。

（3）交换机 3 对 Port 2 的网卡的 CU 中的 Y 帧执行点对点转发操作，Y 帧通过交换机 3 的 Port 1 到达交换机 2 的 Port 2。交换机 3 将 MAC4 与 Port 2 的对应关系写进自己的 MAC 地址表。

（4）交换机 2 对 Port 2 的网卡的 CU 中的 Y 帧执行点对点转发操作，Y 帧通过交换机 2 的 Port 1 到达交换机 1 的 Port 3。交换机 2 将 MAC4 与 Port 2 的对应关系写进自己的 MAC 地址表。

（5）交换机 1 对 Port 3 的网卡的 CU 中的 Y 帧执行点对点转发操作，Y 帧通过交换机 1 的 Port 1 到达 PC 1。交换机 1 将 MAC4 与 Port 3 的对应关系写进自己的 MAC 地址表。

（6）PC 1 会将收到的 Y 帧的载荷数据上送给网络层。

至此，网络的状态如图 3-15 所示。Y 帧已经成功从源主机 PC 4 送达目的主机 PC 1，并且这次没有产生任何垃圾流量。

接下来，我们假定网络的状态如图 3-16 所示，且 PC 2 需要向 PC 1 发送一个单播帧 Z（特别假设：PC 2 已经知道 PC 1 的网卡的 MAC 地址为 MAC1）。注意，此时交换机 1 的 MAC 地址表中并没有关于 MAC1 的条目，但交换机 2 的 MAC 地址表中存在关于 MAC 1 的条目。

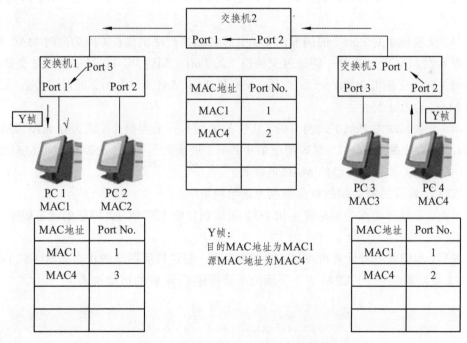

图 3-15　PC4 向 PC1 发一个单播帧

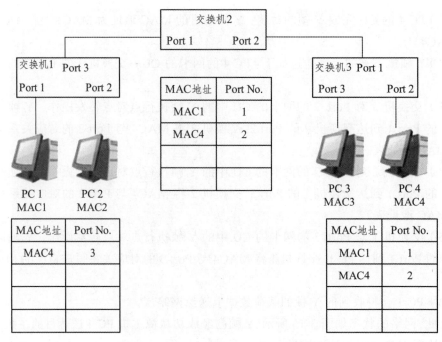

图 3-16 PC2 需要向 PC1 发一个单播帧

下面的步骤描述了 Z 帧从 PC 2 运动到 PC 1 的全过程。

（1）PC 2 的网卡的 CU 完成 Z 帧的封装：Z 帧的目的 MAC 地址为 MAC 1，源 MAC 地址为 MAC2。

（2）Z 帧接下来的运动轨迹如下：PC2 的网卡的 CU—交换机 1 的 Port 2 的网卡的 CU。

（3）交换机 1 对 Port 2 的网卡的 CU 中的 Z 帧执行泛洪操作（因为此时 MAC 地址表中查不到 MAC1）。Z 帧一路通过交换机 1 的 Port 1 到达 PC 1，另一路通过交换机 1 的 Port 3 到达交换机 2 的 Port 1。然后，交换机 1 将 MAC2 与 Port 2 的对应关系写进自己的 MAC 的地址表。

（4）交换机 2 对 Port 1 的网卡的 CU 中的 Z 帧执行丢弃操作（因为在 MAC 地址表中，MAC1 对应的是 Port 1，而 Z 帧正是从 Port 1 进来的）。然后，交换机 2 将 MAC2 与 Port 1 的对应关系写进自己的 MAC 地址表。

PC 1 会将收到的 Z 帧的载荷数据上送给网络层。

至此，Z 帧已经成功地从源主机 PC 2 运动到目的主机 PC1，网络的状态如图 3-17 所示。

最后，我们来看看计算机发送广播帧的例子。假定目前网络的状态如图 3-17 所示，而 PC 3 将要发送一个广播帧 W。下面的步骤描述了 W 帧的运动轨迹。

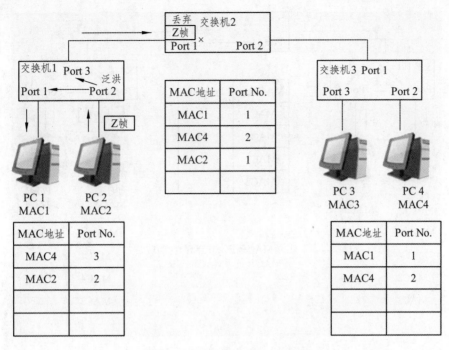

图 3-17   PC2 向 PC1 发一个单播帧

（1）PC 3 的网卡的 CU 完成 W 帧的封装；W 帧的目的 MAC 地址为 ff-ff-ff-ff-ff-ff，源 MAC 地址为 MAC3。

（2）W 帧接下来的运动轨迹如下：PC 3 的网卡的 CU—交换机 3 的 Port 3 的网卡的 CU。

（3）交换机 3 对 Port 3 的网卡的 CU 中的 W 帧执行泛洪操作，W 帧一路通过交换机 3 的 Port 1 到达交换机 2 的 Port 2，另一路通过交换机 3 的 Port 2 到达 PC 4。然后，交换机 3 将 MAC3 与 Port 3 的对应关系写进自己的 MAC 地址表。

（4）交换机 2 对 Port 2 的网卡的 CU 中的 W 帧执行泛洪操作，W 帧通过交换机 2 的 Port 1 到达交换机 1 的 Port 3。然后，交换机 2 将 MAC3 与 Port 2 的对应关系写进自己的 MAC 地址表。

（5）交换机 1 对 Port 3 的网卡的 CU 中的 W 帧执行泛洪操作，W 帧通过交换机 1 的 Port 1 和 Port 2 分别到达 PC 1 和 PC 2。然后，交换机 1 将 MAC3 与 Port 3 的对应关系写进自己的 MAC 地址表。

（6）PC 4、PC 2、PC 1 的网卡在收到 W 帧后，会将 W 帧的载荷数据上送到网络层。至此，PC1，PC 2，PC 4 都接收到了来自 PC 3 的广播帧 W，网络的状态如图 3-18 所示。

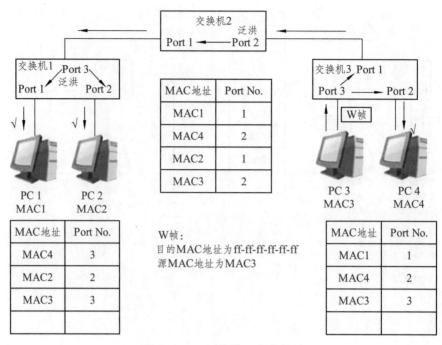

图 3-18　PC3 发送一个广播帧

3.3.5　MAC 地址表

交换机的 MAC 地址表也称为 MAC 地址映射表，其中的每一个条目也称为一个地址表项，地址表项反映了 MAC 地址与端口的映射关系。前面的两个小节已经描述了交换机是如何学习 MAC 地址与端口的映射关系，并将这种映射关系作为地址表项写进 MAC 地址表的。

在现实中，交换机或计算机在网络中的位置可能会发生变化。如果交换机或计算机的位置真的发生了变化，那么交换机的 MAC 地址表中某些原来的地址表项很可能会错误地反映当前 MAC 地址与端口的映射关系。另外，MAC 地址表中的地址表项如果太多，那么平均来说，交换机查表一次所需的时间就会太长（别忘了，交换机为了决定对单播帧执行何种转发操作，需要在 MAC 地址表中去查找该单播帧的目的 MAC 地址），也就是说，交换机的转发速度会受到一定的影响。鉴于上述两个主要原因，人们为 MAC 地址表设计了一种老化机制。

我们以 X 表示任何一个源 MAC 地址为 MACx 的帧（注意，X 可以是单播帧，也可以是组播帧或广播帧），并假设交换机的 W 个端口为 Port 1、Port 2、Port 3、…、Port N，则 MAC 地址表的老化机制可描述为以下两条原则。

（1）当 X 从 Port$k$（$1 \leqslant k \leqslant N$）进入交换机时，如果 MAC 地址表中不存在关于 MACx 的表项，则建立一条新的、内容为"MACx—Port k"的表项，同时将该表项的倒数计时器的值设置为缺省初始值 300 s；如果 MAC 地址表中存在一条关于 MACx 的表项，则该表项的内容更新为"MACX—Port k"，并将该表项的倒数计时器的值重置为缺省初始值 300 s。

MAC 地址表中的任何一个表项，一旦其倒数计时器的值降为 0 时，则该表项将立即被删除（也就是被老化掉了）。

从上可知，MAC 地址表的每一个地址表项都有一个与之对应的倒数计时器。MAC 地址表的内容是动态的，新的表项不断被建立，老的表项不断被更新或被删除。表 3-1 列出了某一时刻某台交换机的 MAC 地址表的内容。

表 3-1　MAC 地址表的内容示例

MAC 地址	Port No.	倒数计数器/s	说明
00-1e-10-00-00-02	3	240	该表项距建立或最近一次刷新已有 60 s
00-1e-10-00-0d-07	5	300	该表项刚被刷新或建立
			该表项已经被删除（老化掉）
00-1e-10-00-00-a8	2	95	该表项距建立或最近一次刷新已有 205 s
00-1e-10-00-00-05	1	10	该表项距建立或最近一次刷新已有 290 s
…	…	…	
…	…	…	

显然，倒数计时器的初始值越小，MAC 地址表的动态性就越强。标准规定的倒数计时器的缺省初始值为 300 s，但这个初始值通常是可以通过配置命令进行修改的。读者可以去思考一下，倒数计时器的初始值太大（比如 3 天）或太小（比如 1 s）的后果是什么？

在现实中，一台低档交换机的 MAC 地址表通常最多可以存放数千条地址表项，一台中档交换机的 MAC 地址表通常最多可以存放数万条地址表项，一台高档交换机的 MAC 地址表通常最多可以存放几十万条地址表项。

思考题

1. 以下说法正确的是（　　　）。

   A. LAN 交换机主要是根据数据包的 MAC 地址查找相应的 IP 地址，实现数据包的转发

   B. LAN 交换机可以不识别 MAC 地址，但是必须识别 IP 地址

   C. 和共享式 Hub 比较起来，LAN 交换机的一个端口可以说是一个单独的冲突域

   D. LAN 交换机在收到包含不能识别的 MAC 地址数据包时，将该数据包从所收到的端口直接送回去

2. MAC 地址是由（　　　）bit 构成，包括厂商编号和产品编号。

   A. 8　　　　　　　B. 16　　　　　　　C. 32　　　　　　　D. 48

3. 为了构建安全而高效的办公室网络，应优先选择（　　）设备作为网络接入设备。

　　A. 集线器　　　　　B. 交换机　　　　　C. 路由器　　　　　　D. 防火墙

4. 通常 Ethernet 交换机在（　　）情况下会对接收到的数据帧进行泛洪处理。

　　A. 已知单播帧　　　B. 未知单播帧　　　C. 广播帧　　　　　　D. 组播帧

5. 网络管理员在网络中捕获到了一个数据帧，其目的 MAC 地址是 01-005E-A0-B1-C3。关于该 MAC 地址的说法正确的是（　　）。

　　A. 它是一个单播 MAC 地址　　　　　B. 它是一个广播 MAC 地址

　　C. 它是一个组播 MAC 地址　　　　　D. 它是一个非法 MAC 地址

6. 简述 MAC 地址与 IP 地址的异同点。

7. 简述 EthernetⅡ帧各字段的含义。

8. 简述交换机转发单播帧的过程。

VLAN

4.1　VLAN 的作用

早期的局域网（LAN）技术是基于总线型结构的，它存在以下主要问题：

（1）若某时刻有多个节点同时试图发送消息，那么它们将产生冲突。

（2）从任意节点发出的消息都会被发送到其他节点，形成广播。

（3）所有主机共享一条传输通道，无法控制网络中的信息安全。

这种网络构成了一个冲突域，网络中计算机数量越多，冲突越严重，网络效率越低。同时，该网络也是一个广播域，当网络中发送信息的计算机数量越多时，广播流量将会耗费大量带宽，如图 4-1 所示。

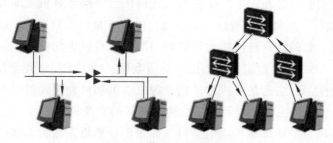

图 4-1　传统局域网问题

因此，传统局域网不仅面临冲突域太大和广播域太大两大难题，而且无法保障传输信息的安全。

为了扩展传统 LAN，以接入更多计算机，同时避免冲突的恶化，出现了网桥和二层交换机，它们能有效隔离冲突域。网桥和交换机采用交换方式将来自入端口的信息转发到出端口上，克服了共享网络中的冲突问题。但是，采用交换机进行组网时，广播域和信息安全问题依旧存在。

为限制广播域的范围，减少广播流量，需要在没有二层互访需求的主机之间进行隔离。路由器是基于三层 IP 地址信息来选择路由和转发数据的，其连接两个网段时可以有效抑制广播报文的转发，但成本较高。因此，人们设想在物理局域网上构建多个逻辑局域网，即 VLAN。

　　VLAN 技术可以将一个物理局域网在逻辑上划分成多个广播域，也就是多个 VLAN。VLAN 技术部署在数据链路层，用于隔离二层流量。同一个 VLAN 内的主机共享同一个广播域，它们之间可以直接进行二层通信。而 VLAN 间的主机属于不同的广播域，不能直接实现二层互通。这样，广播报文就被限制在各个相应的 VLAN 内，同时也提高了网络安全性。如图 4-2 所示，原本属于同一广播域的主机被划分到了两个 VLAN 中，即 VLAN1 和 VLAN2。VLAN 内部的主机可以直接在二层互相通信，VLAN1 和 VLAN2 之间的主机无法直接实现二层通信，只能进行三层通信来传递信息。

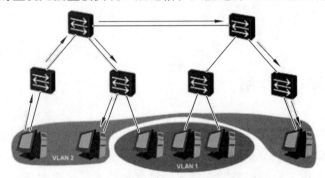

图 4-2　VLAN 划分隔离广播域

　　一个 VLAN 就是一个广播域，所以在同一个 VLAN 内部，计算机之间的通信就是二层通信。如果源计算机与目的计算机位于不同的 VLAN 中，那么它们之间是无法进行二层通信的，只能进行三层通信来传递信息。

　　特别需要说明的是，在一个广播域内，任何两台终端计算机之间都可以进行二层（数据链路层）通信。所谓二层通信，是指通信的双方是以直接交换帧的方式来传递信息的。也就是说，目的计算机所接收到的帧与源计算机发出的帧是一模一样的，帧的目的 MAC 地址、源 MAC 地址、类型值、载荷数据、CRC（循环冗余校验）等内容都没有发生任何改变。二层通信方式中，信息源发送的帧可能会通过交换机进行二层转发，但一定不会经过路由器（或具有三层转发功能的交换机）进行三层转发。

　　源计算机在向目的计算机传递信息时，如果源计算机发出的帧经过了路由器（或具有三层转发功能的交换机）的转发，那么目的计算机接收到的帧一定不再是源计算机发出的那个帧。至少，目的计算机接收到的帧的目的 MAC 地址和源 MAC 地址一定不同于源计算机发出的帧的目的 MAC 地址和源 MAC 地址。在这样的情况下，源计算机与目的计算机之间的通信就不再是二层通信，而只能称为三层通信。

4.2　VLAN 帧格式

　　IEEE 802.1D 定义了关于不支持 VLAN 特性的交换机的标准规范，IEEE 802.1Q 定义了关于支持 VLAN 特性的交换机的标准规范。IEEE 802.1Q 的内容覆盖了 IEEE 802.1D 的所有内容，并增加了有关 VLAN 特性的内容。IEEE 802.1Q 可以兼容 IEEE 802.1D。如无特别说明，接下来提到的交换机都是指能够支持 VLAN 特性的、遵从 802.1Q 标准的交换机。

　　交换机在识别一个帧是属于哪个 VLAN 的时候，可以根据这个帧是从哪个端口进入自己的来进行判定，也可能需要根据别的信息来进行判定。通常，交换机识别出某个帧是属于哪个 VLAN 后，会在这个帧的特定位置上添加上一个标签（Tag），这个 Tag 明确地表明了这个帧是属于哪个 VLAN 的。这样一来，别的交换机收到这个带 Tag 的帧后，就能轻而易举地直接根据 Tag 信息识别出这个帧是属于哪个 VLAN 的。IEEE 802.1Q 定义了这种带 Tag 的帧的格式，满足这种格式的帧被称为 IEEE 802.1Q 帧，如图 4-3 所示。

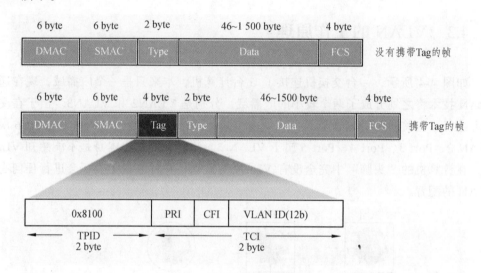

图 4-3　IEEE 802.1Q 帧格式

　　VLAN 标签长度为 4 字节，直接添加在以太网帧头中，IEEE 802.1Q 文档对 VLAN 标签作出了说明。

　　TPID（Tag Protocol Identifier）：2 字节，固定取值，0x8100，是 IEEE 定义的新类型，表明这是一个携带 802.1Q 标签的帧。如果不支持 802.1Q 的设备收到这样的帧，会将其丢弃。

　　TCI（Tag Control Information）：2 字节。帧的控制信息，详细说明如下：

　　（1）Priority：3 比特，表示帧的优先级，取值范围为 0~7，值越大优先级越高。当交换机阻塞时，优先发送优先级高的数据帧。

　　（2）CFI（Canonical Format Indicator）：1 比特。CFI 表示 MAC 地址是否是经典格式。CFI 为 0 说明是经典格式，CFI 为 1 表示为非经典格式。用于区分以太网帧、FDDI（Fiber Distributed Digital Interface）帧和令牌环网帧。在以太网中，CFI 的值为 0。

　　（3）VLAN ID（VLAN Identifier）：12 比特，在 X7 系列交换机中，可配置的 VLAN

ID 取值范围为 0 ~ 4 095，但是 0 和 4 095 在协议中规定为保留的 VLAN ID，不能给用户使用。

在现有的交换网络环境中，以太网的帧有两种格式：没有加上 VLAN 标记的标准以太网帧（Untagged Frame）；有 VLAN 标记的以太网帧（Tagged Frame）。

从图 4-3 中可以看出，如果一个帧的源 MAC 地址后面 2 字节的值是 0x8100，则说明这个帧是一个 Tagged 帧；如果一个帧的源 MAC 地址后面 2 字节的值不是 0x8100，则说明这个帧是一个传统的 Untagged 帧。

另外，需要再次指出的是，计算机的"头脑"中是没有任何关于 VLAN 的概念的。计算机不会产生并发送 Tagged 帧。如果计算机接收到了一个 Tagged 帧，由于它识别不出 0x8100 的含义，于是会直接将这个 Tagged 帧丢弃。

4.3　VLAN 的工作原理

如图 4-4 所示，一台交换机连接了 6 台计算机，本来只是一个广播域，现在通过 VLAN 技术将之划分成了两个较小的广播域，分别是 VLAN2 和 VLAN3。由于在交换机上进行了相关的 VLAN 配置，所以交换机知道了自己的 Port 1、Port 2、Port 6 属于 VLAN 2，Port 3、Port 4、Port 5 属于 VLAN 3。注意，计算机本身是不能感知 VLAN 的，在计算机的"头脑"中完全没有 VLAN 的概念，在计算机上也不会进行任何有关 VLAN 的配置。

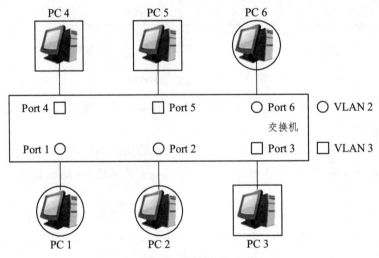

图 4-4　VLAN 基本工作原理之一

如图 4-5 所示，假设 PC 1 发送了一个广播帧 X。因为 X 帧是从属于 VLAN 2 的 Port 1 进入交换机的，所以交换机会判定 X 帧属于 VLAN 2，于是只会向同属于 VLAN 2 的 Port 2 和 Port 6 进行泛洪操作。最后，只有 PC 2 和 PC 6 能接收到 X 帧，而属于 VLAN3 的 PC 3、PC 4、PC 5 是接收不到 X 帧的。

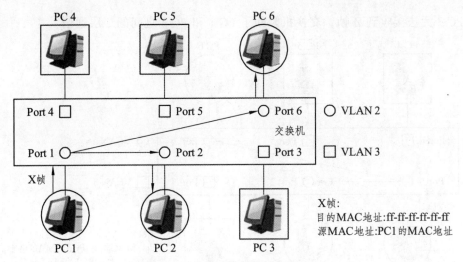

图 4-5　VLAN 基本工作原理之二

　　如图 4-6 所示，假设 PC1 向 PC6 发送了一个单播帧 Y，另假设交换机的 VLAN 2 的 MAC 地址表中存在关于 PC 6 的 MAC 地址的表项。因为 Y 帧是从属于 VLAN 2 的 Port 1 进入交换机的，所以交换机会判定 Y 帧属于 VLAN 2。交换机在查询了 VLAN 2 的 MAC 地址表后，会将 Y 帧点到点地向同属于 VLAN 2 的 Port 6 进行转发。最后，PC 6 便成功地接收到了 Y 帧（补充说明一下，如果交换机的 VLAN 2 的 MAC 地址表中不存在关于 PC 6 的 MAC 地址的表项，那么交换机会向 Port 2 和 Port 6 泛洪 Y 帧。PC 2 收到 Y 帧后会将之丢弃；PC 6 收到 Y 帧后不会将之丢弃，而是进行后续处理）。

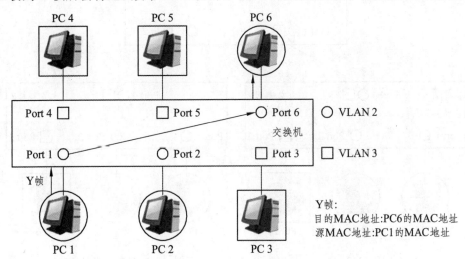

图 4-6　VLAN 基本工作原理之三

　　如图 4-7 所示，假设 PC 1 向 PC 3 发送了一个单播帧 Z。因为 Z 帧是从属于 VLAN 2 的 Port 1 进入交换机的，所以交换机会判定 Z 帧属于 VLAN 2。交换机的 VLAN 2 的 MAC 地址表中在正常情况下是不存在关于 PC 3 的 MAC 地址的表项的，所以交换机会向 Port 2 和 Port 6 泛洪 Z 帧。PC 2 和 PC 6 收到 Z 帧后会将之丢弃。最后的结果是，PC 3 无法接收到 Z 帧，交换机阻断了 PC 1 和 PC 3 之间的二层通信。

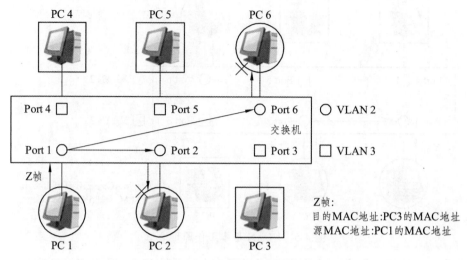

图 4-7　VLAN 基本工作原理之四

我们再来看一个比较复杂的例子。如图 4-8 所示，3 台交换机和 6 台计算机组成了一个交换网络，该网络现在被划分成了两个 VLAN，分别是 VLAN2 和 VLAN3。由于在每台交换机上都进行了 VLAN 配置，所以交换机知道自己的哪些端口属于 VLAN 2，哪些端口属于 VLAN3，哪些端口既属于 VLAN2，又属于 VLAN3。

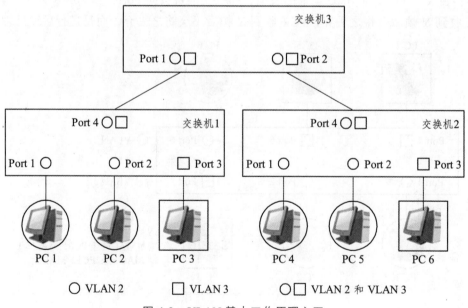

图 4-8　VLAN 基本工作原理之五

如图 4-9 所示，假设 PC 1 发送了一个广播帧 X。因为 X 帧是从交换机 1 的、属于 VLAN 2 的 Port 1 进入交换机 1 的，所以交换机 1 会判定 X 帧属于 VLAN 2，于是会向 Port 2 和 Port 4 进行泛洪。交换机 3 从其 Port 1 收到 X 帧后，会通过某种方法识别出 X

帧是属于 VLAN2 的，于是会向 Port 2 泛洪 X 帧。交换机 2 从其 Port4 收到 X 帧后，也会通过某种方法识别出 X 帧是属于 VLAN2 的，于是会向 Port1 泛洪 X 帧。最后，PC 2 和 PC 4 都会接收到 X 帧。

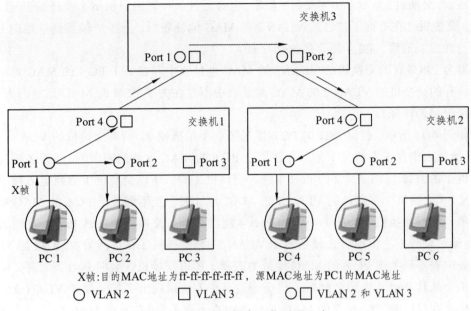

X帧：目的MAC地址为ff-ff-ff-ff-ff-ff，源MAC地址为PC1的MAC地址

○ VLAN 2　　　□ VLAN 3　　　○□ VLAN 2 和 VLAN 3

图 4-9　VLAN 基本工作原理之六

如图 4-10 所示，假设 PC1 向 PC4 发送了一个单播帧 Y，另假设所有交换机的 VLAN2 的 MAC 地址表中都存在关于 PC 4 的 MAC 地址的表项。因为 Y 帧是从交换机 1 的、属于 VLAN 2 的 Port 1 进入交换机 1 的，所以交换机 1 会判定 Y 帧属于 VLAN 2。交

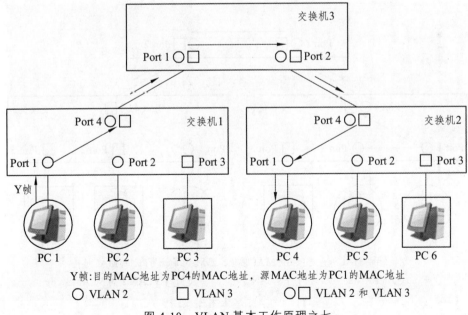

Y帧：目的MAC地址为PC4的MAC地址，源MAC地址为PC1的MAC地址

○ VLAN 2　　　□ VLAN 3　　　○□ VLAN 2 和 VLAN 3

图 4-10　VLAN 基本工作原理之七

换机 1 在查询了自己的 VLAN 2 的 MAC 地址表后，会将 Y 帧点到点地向 Port 4 进行转发。交换机 3 从其 Port 1 收到 Y 帧后，会通过某种方法识别出 Y 帧是属于 VLAN 2 的。交换机 3 在查询了自己的 VLAN 2 的 MAC 地址表后，会将 Y 帧点到点地向 Port 2 进行转发。交换机 2 从其 Port 4 收到 Y 帧后，也会通过某种方法识别出 Y 帧是属于 VLAN 2 的。交换机 2 在查询了自己的 VLAN 2 的 MAC 地址表后，会将 Y 帧点到点地向 Port 1 进行转发。最后，PC 4 便会接收到 Y 帧。

思考：如果有的交换机的 VLAN2 的 MAC 地址表中存在关于 PC 4 的 MAC 地址的表项，有的交换机的 VLAN 2 的 MAC 地址表中不存在关于 PC 4 的 MAC 地址的表项，那么情况会怎样呢？

如图 4-11 所示，假设 PC1 向 PC 6 发送了一个单播帧 Z。所有交换机的 VLAN2 的 MAC 地址表中在正常情况下是不存在关于 PC 6 的 MAC 地址的表项的。因为 Z 帧是从交换机 1 的、属于 VLAN 2 的 Port 1 进入交换机 1 的，所以交换机 1 会判定 Z 帧属于 VLAN 2。交换机 1 在自己的 VLAN 2 的 MAC 地址表中查不到关于 PC 6 的 MAC 地址的表项，所以交换机 1 会向 Port 2 和 Port 4 泛洪 Z 帧。交换机 3 从其 Port 1 收到 Z 帧后，会通过某种方法识别出 Z 帧是属于 VLAN 2 的。交换机 3 在自己的 VLAN2 的 MAC 地址表中查不到关于 PC 6 的 MAC 地址的表项，所以交换机 3 会向 Port 2 泛洪 Z 帧。交换机 2 从其 Port 4 收到 Z 帧后，也会通过某种方法识别出 Z 帧是属于 VLAN 2 的。交换机 2 在自己的 VLAN 2 的 MAC 地址表中查不到关于 PC 6 的 MAC 地址的表项，所以交换机 2 会向 Port 1 泛洪 Z 帧。最后，PC 2 和 PC 4 都会接收到 Z 帧，但都会将之丢弃。PC 6 并不能接收到 PC 1 发送给自己的 Z 帧，交换机阻断了 PC 1 和 PC 6 之间的二层通信。

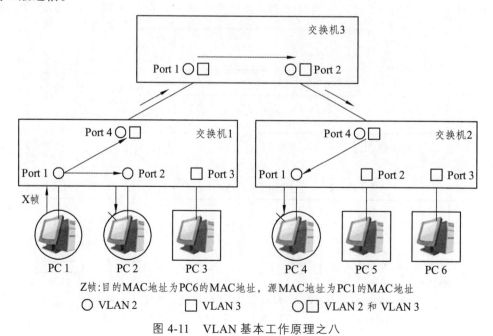

Z帧：目的MAC地址为PC6的MAC地址，源MAC地址为PC1的MAC地址
○ VLAN 2　　　□ VLAN 3　　　○□ VLAN 2 和 VLAN 3

图 4-11　VLAN 基本工作原理之八

4.4 VLAN 的类型

刚才说到，计算机发送的帧都是不带 Tag 的。对于一个支持 VLAN 特性的交换网络来说，当计算机发送的 Untagged 帧一旦进入交换机后，交换机必须通过某种划分原则把这个帧划分到某个特定的 VLAN 中去。根据划分原则的不同，VLAN 便有了不同的类型。

（1）基于端口的 VLAN（Port-based VLAN）。

其划分原则：将 VLAN 的编号（VLAN ID）配置影射到交换机的物理端口上，从某一物理端口进入交换机的、由终端计算机发送的 Untagged 帧都被划分到该端口的 VLAN ID 所表明的那个 VLAN。这种划分原则简单而直观，实现也很容易，并且也比较安全、可靠。注意，对于这种类型的 VLAN，当计算机接入交换机的端口发生了变化时，该计算机发送的帧的 VLAN 归属可能会发生改变。基于端口的 VLAN 通常也称为物理层 VLAN，或一层 VLAN。

（2）基于 MAC 地址的 VLAN（MAC-based VLAN）。

其划分原则：交换机内部建立并维护了一个 MAC 地址与 VLAN ID 的对应表，当交换机接收到计算机发送的 Untagged 帧时，交换机将分析帧中的源 MAC 地址，然后查询 MAC 地址与 VLAN ID 的对应表，并根据对应关系把这个帧划分到相应的 VLAN 中。这种划分原则实现起来稍显复杂，但灵活性得到了提高。例如，当计算机接入交换机的端口发生了变化时，该计算机发送的帧的 VLAN 归属并不会发生改变（因为计算机的 MAC 地址不会发生变化）。但需要指出的是，这种类型的 VLAN 的安全性不是很高，因为一些恶意的计算机是很容易伪造自己的 MAC 地址的。基于 MAC 地址的 VLAN 通常也称为二层 VLAN。

（3）基于协议的 VLAN（Protocol-based VLAN）。

其划分原则：交换机根据计算机发送的 Untagged 帧中的帧类型字段的值来决定帧的 VLAN 归属。例如，可以将类型值为 0x0800 的帧划分到一个 VLAN，将类型值为 0x86dd 的帧划分到另一个 VLAN；这实际上是将载荷数据为 IPv4 Packet 的帧和载荷数据为 IPv6 Packet 的帧分别划分到了不同的 VLAN。基于协议的 VLAN 通常也称为三层 VLAN。

（4）基于 IP 子网划分：交换机在收到不带标签的数据帧时，根据报文携带的 IP 地址给数据帧添加 VLAN 标签。

（5）基于策略划分：使用几个条件的组合来分配 VLAN 标签。这些条件包括 IP 子网、端口和 IP 地址等。只有当所有条件都匹配时，交换机才为数据帧添加 VLAN 标签。另外，针对每一条策略都是需要手工配置的。

以上介绍了 5 种不同类型的 VLAN。从理论上说，VLAN 的类型远远不止这些，因为划分 VLAN 的原则可以是灵活而多变的，并且某一种划分原则还可以是另外若干种划分原则的某种组合。在现实中，究竟该选择什么样的划分原则，需要根据网络的具体需求、实现成本等因素决定。就目前来看，基于端口的 VLAN 在实际的网络中应用最为广泛。如无特别说明，本书中所提到的 VLAN，均是指基于端口的 VLAN。

4.5 链路类型和端口类型

4.5.1 链路类型

VLAN 链路分为两种类型：Access 链路和 Trunk 链路。

接入链路（Access Link）：连接用户主机和交换机的链路称为接入链路。如图 4-12 所示，图中主机和交换机之间的链路都是接入链路。

干道链路（Trunk Link）：连接交换机和交换机的链路称为干道链路。图 4-12 中交换机之间的链路都是干道链路。

干道链路上通过的帧一般为带 Tagged 的 VLAN 帧。连接主机的是接入链路，接入链路上通过的帧一般为 UnTagged 的 VLAN 帧。

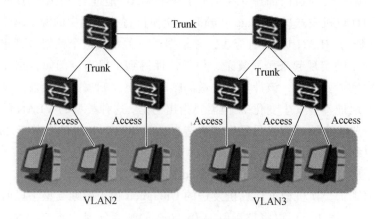

图 4-12　链路类型

4.5.2 端口类型

PVID 即 Port VLAN ID，代表端口的缺省 VLAN。交换机从对端设备收到的帧有可能是 Untagged 的数据帧，但所有以太网帧在交换机中都是以 Tagged 的形式来被处理和转发的，因此交换机必须给端口收到的 Untagged 数据帧添加上 Tag。为了实现此目的，必须为交换机配置端口的缺省 VLAN。当该端口收到 Untagged 数据帧时，交换机将给它加上该缺省 VLAN 的 VLAN Tag。PVID 示例如图 4-13 所示。

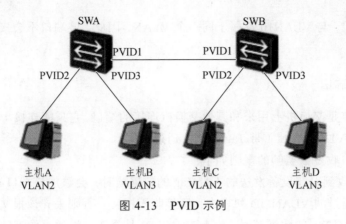

图 4-13　PVID 示例

1. Access 端口

Access 端口是交换机上用来连接用户主机的端口，它只能连接接入链路，并且只能允许唯一的 VLAN ID 通过本端口。

Access 端口收发数据帧的规则如下：

（1）如果该端口收到对端设备发送的帧是 Untagged（不带 VLAN 标签），交换机将强制加上该端口的 PVID。如果该端口收到对端设备发送的帧是 Tagged（带 VLAN 标签），交换机会检查该标签内的 VLAN ID。当 VLAN ID 与该端口的 PVID 相同时，接收该报文；当 VLAN ID 与该端口的 PVID 不同时，丢弃该报文。

（2）Access 端口发送数据帧时，总是先剥离帧的 Tag，然后再发送。Access 端口发往对端设备的以太网帧永远是不带标签的帧，如图 4-14 所示。

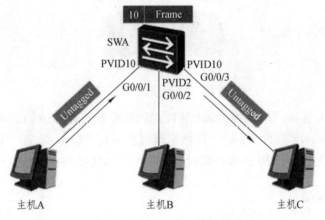

图 4-14　Access 端口数据转发

在图 4-14 中，交换机的 G0/0/1，G0/0/2，G0/0/3 端口分别连接三台主机，都配置为 Access 端口。主机 A 把数据帧（未加标签）发送到交换机的 G0/0/1 端口，再由交换机发往其他目的地。收到数据帧之后，交换机根据端口的 PVID 给数据帧打上 VLAN 标签 10，然后决定从 G0/0/3 端口转发数据帧。G0/0/3 端口的 PVID 也是 10，与 VLAN 标签中的 VLAN ID 相同，交换机移除标签，把数据帧发送到主机 C。连接主机 B 的端口的 PVID 是 2，与 VLAN10 不属于同一个 VLAN，因此，该端口不会接收到 VLAN10 的数据帧。

2. Trunk 端口

Trunk 端口是交换机上用来和其他交换机连接的端口，它只能连接干道链路。Trunk 端口允许多个 VLAN 的帧（带 Tag 标记）通过。

Trunk 端口收发数据帧的规则如下：

（1）当接收到对端设备发送的不带 Tag 的数据帧时，会添加该端口的 PVID，如果 PVID 在允许通过的 VLAN ID 列表中，则接收该报文，否则丢弃该报文。当接收到对端设备发送的带 Tag 的数据帧时，检查 VLAN ID 是否在允许通过的 VLAN ID 列表中，如果 VLAN ID 在接口允许通过的 VLAN ID 列表中，则接收该报文，否则丢弃该报文。

（2）端口发送数据帧时，当 VLAN ID 与端口的 PVID 相同，且是该端口允许通过的 VLAN ID 时，去掉 Tag，发送该报文。当 VLAN ID 与端口的 PVID 不同，且是该端口允许通过的 VLAN ID 时，保持原有 Tag，发送该报文。

在图 4-15 中，SWA 和 SWB 连接主机的端口为 Access 端口。

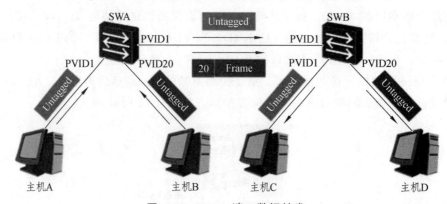

图 4-15　Trunk 端口数据转发

SWA 和 SWB 互连的端口为 Trunk 端口，PVID 都为 1，此 Trunk 链路允许所有 VLAN 的流量通过。当 SWA 转发 VLAN1 的数据帧时会剥离 VLAN 标签，然后发送到 Trunk 链路上。而在转发 VLAN20 的数据帧时，不剥离 VLAN 标签直接转发到 Trunk 链路上。

3. Hybrid 端口

Access 端口发往其他设备的报文，都是 Untagged 数据帧，而 Trunk 端口仅在一种特定情况下才能发出 untagged 数据帧，其他情况发出的都是 Tagged 数据帧。

Hybrid 端口是交换机上既可以连接用户主机，又可以连接其他交换机的端口。Hybrid 端口既可以连接接入链路又可以连接干道链路。Hybrid 端口允许多个 VLAN 的帧通过，并可以在出端口方向将某些 VLAN 帧的 Tag 剥掉，如图 4-16 所示。

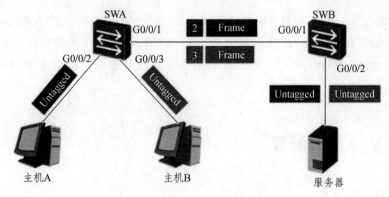

图 4-16　Hybrid 端口数据转发

如图 4-17 所示，要求主机 A 和主机 B 都能访问服务器，但是它们之间不能互相访问。此时交换机连接主机和服务器的端口，以及交换机互连的端口都配置为 Hybrid 类型。交换机连接主机 A 的端口的 PVID 是 2，连接主机 B 的端口的 PVID 是 3，连接服务器的端口的 PVID 是 100。

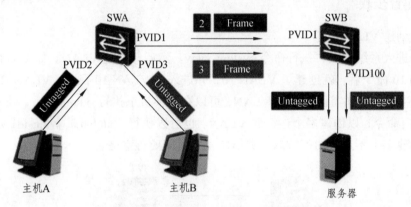

图 4-17　Hybrid 端口数据转发示例

Hybrid 端口收发数据帧的规则如下：

（1）当接收到对端设备发送的不带 Tag 的数据帧时，会添加该端口的 PVID，如果 PVID 在允许通过的 VLAN ID 列表中，则接收该报文，否则丢弃该报文。当接收到对端设备发送的带 Tag 的数据帧时，检查 VLAN ID 是否在允许通过的 VLAN ID 列表中，如果 VLAN ID 在接口允许通过的 VLAN ID 列表中，则接收该报文，否则丢弃该报文。

（2）Hybrid 端口发送数据帧时，将检查该接口是否允许该 VLAN 数据帧通过。如果允许通过，则可以通过命令配置发送时是否携带 Tag。

① 配置 port hybrid tagged vlan vlan-id 命令后，接口发送该 vlan-id 的数据帧时，不剥离帧中的 VLAN Tag，直接发送。该命令一般配置在连接交换机的端口上。

② 配置 port hybrid untagged vlan vlan-id 命令后，接口在发送 vlan-id 的数据帧时，会将帧中的 VLAN Tag 剥离掉再发送出去。该命令一般配置在连接主机的端口上。

图 4-17 介绍了主机 A 和主机 B 发送数据给服务器的情况。在 SWA 和 SWB 互连

的端口上配置了 port hybrid tagged vlan 2 3 100 命令后，SWA 和 SWB 之间的链路上传输的都是带 Tag 标签的数据帧。在 SWB 连接服务器的端口上配置了 port hybrid untagged vlan 2 3，主机 A 和主机 B 发送的数据会被剥离 VLAN 标签后转发到服务器。

4.6 VLAN 的配置

1. 配置思路

（1）在交换机上创建 VLAN。

（2）配置交换机上连接 PC 的端口为 Access 模式，并加入相应的 VLAN。

（3）配置交换机之间互连的端口为 Trunk 模式，并加入相应的 VLAN。

2. 配置步骤

（1）创建 VLAN。

首先进入系统视图，执行命令 system-view。然后，创建 VLAN。如图 4-18 所示，执行 vlan 10 命令后，就创建了 VLAN 10，并进入了 VLAN 10 视图。VLAN ID 的取值范围是 1~4 094。如需创建多个 VLAN，可以在交换机上执行 vlan batch { vlan-id1 [to vlan-id2] }命令，以创建多个连续的 VLAN。也可以执行 vlan batch {vlan-id1 vlan-id2 }命令，创建多个不连续的 VLAN，VLAN 号之间需要有空格。

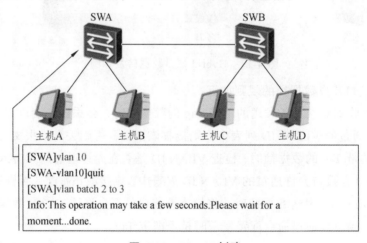

图 4-18　VLAN 创建

（2）验证创建配置结果。

创建 VLAN 后，可以执行 display vlan 命令验证配置结果，如图 4-19 所示，如果不指定任何参数，则该命令将显示所有 VLAN 的简要信息。

执行 display vlan [vlan-id [verbose]]命令，可以查看指定 VLAN 的详细信息，包

括 VLAN ID、类型、描述、VLAN 的状态、VLAN 中的端口及 VLAN 中端口的模式等。

执行 display vlan vlan-id statistics 命令，可以查看指定 VLAN 中的流量统计信息。

执行 display vlan summary 命令，可以查看系统中所有 VLAN 的汇总信息。

```
[SWA] display vlan
The total number of vlans is : 4
---------------------------------------
U:Up; D:Down; TG:Tagged; UT:Untagged; MP:Vlan-mapping;
ST:Vlan-stacking; #: ProtocolTransparent-vlan; *:Management-
vlan;
---------------------------------------
VID Type   Ports
---------------------------------------
1   common UT:GE0/0/1(U) ......
2   common
3   common
10  common
......
```

图 4-19　查看配置信息

（3）配置 Access 接口。

配置端口类型的命令是 port link-type access，如图 4-20 所示。需要注意的是，当修改端口类型时，必须先恢复端口的默认 VLAN 配置，使端口属于缺省的 VLAN 1。

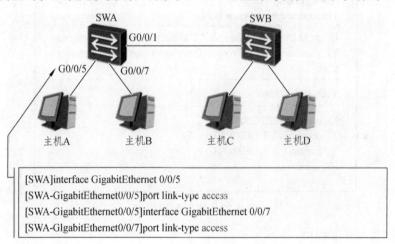

图 4-20　配置 Access 接口

（4）添加端口到 VLAN。

可以使用两种方法把端口加入 VLAN 中。

第一种方法是进入 VLAN 视图，执行 port <interface>命令，把端口加入 VLAN。

第二种方法是进入接口视图，执行 port default <vlan-id>命令，把端口加入 VLAN。
vlan-id 是指端口要加入的 VLAN，如图 4-21 所示。

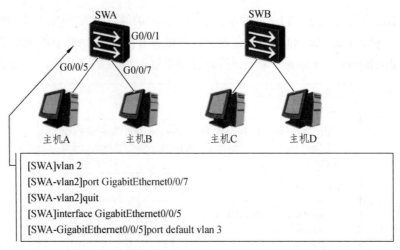

图 4-21　添加端口到 VLAN

执行 display vlan 命令，可以确认端口是否已经加入 VLAN 中，如图 4-22 所示。在本示例中，端口 GigabitEthernet0/0/5 和 GigabitEthernet0/0/7 分别加入了 VLAN 3 和 VLAN 2。UT 表明该端口发送数据帧时，会剥离 VLAN 标签，即此端口是一个 Access 端口或不带标签的 Hybrid 端口。U 或 D 分别表示链路当前是 Up 状态或 Down 状态。

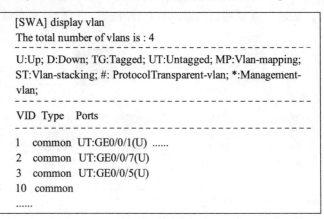

图 4-22　查看配置信息

（5）配置 Trunk 接口。

配置 Trunk 时，应先使用 port link-type trunk 命令修改端口的类型为 Trunk，然后再配置 Trunk 端口允许哪些 VLAN 的数据帧通过。执行 port trunk allow-pass vlan { { vlan-id1 [to vlan-id2] } | all }命令，可以配置端口允许的 VLAN，all 表示允许所有 VLAN 的数据帧通过。执行 port trunk pvid vlan vlan-id 命令，可以修改 Trunk 端口的 PVID。修改 Trunk 端口的 PVID 之后，需要注意：缺省 VLAN 不一定是端口允许通过的 VLAN。只有使用命令 port trunk allow-pass vlan { { vlan-id1 [to vlan-id2] } | all }允许缺省 VLAN 数据通过，才能转发缺省 VLAN 的数据帧。交换机的所有端口默认允许 VLAN1 的数据通过。在图 4-23 中，将 SWA 的 G0/0/1 端口配置为 Trunk 端口，该端口

PVID 默认为 1。配置 port trunk allow-pass vlan 2 3 命令之后，该 Trunk 允许 VLAN 2 和 VLAN 3 的数据流量通过。

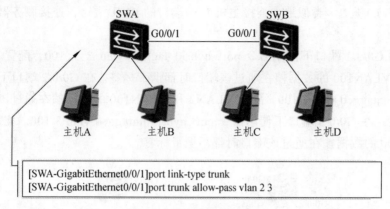

图 4-23   配置 Trunk 接口

执行 display vlan 命令可以查看修改后的配置，如图 4-24 所示。TG 表明该端口在转发对应 VLAN 的数据帧时，不会剥离标签，直接进行转发，该端口可以是 Trunk 端口或带标签的 Hybrid 端口。本示例中，GigabitEthernet0/0/1 在转发 VLAN 2 和 VLAN3 的流量时，不剥离标签，直接转发。

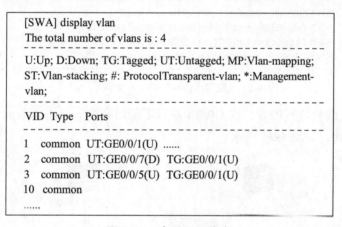

图 4-24   查看配置信息

（6）配置 Hybrid 接口。

port link-type hybrid 命令的作用是将端口的类型配置为 Hybrid。默认情况下，交换机的端口类型是 Hybrid。因此，只有在把 Access 口或 Trunk 口配置成 Hybrid 时，才需要执行此命令。

port hybrid tagged vlan{ { vlan-id1 [to vlan-id2] } | all }命令用来配置允许哪些 VLAN 的数据帧以 Tagged 方式通过该端口。

port hybrid untagged vlan { { vlan-id1 [to vlan-id2] } | all }命令用来配置允许哪些 VLAN 的数据帧以 Untagged 方式通过该端口。

在图 4-25 中，要求主机 A 和主机 B 都能访问服务器，但是它们之间不能互相访问。

此时通过命令 port link-type hybrid 配置交换机连接主机和服务器的端口，以及交换机互连的端口都为 Hybrid 类型。通过命令 porthybrid pvid vlan 2 配置交换机连接主机 A 的端口的 PVID 是 2。类似地，连接主机 B 的端口的 PVID 是 3，连接服务器的端口的 PVID 是 100。

通过在 G0/0/1 端口下使用命令 port hybrid tagged vlan 2 3 100，配置 VLAN2，VLAN3 和 VLAN100 的数据帧在通过该端口时都携带标签。在 G0/0/2 端口下使用命令 port hybrid untagged vlan 2 100，配置 VLAN2 和 VLAN100 的数据帧在通过该端口时都不携带标签。在 G0/0/3 端口下使用命令 port hybrid untagged vlan 3 100，配置 VLAN3 和 VLAN100 的数据帧在通过该端口时都不携带标签。

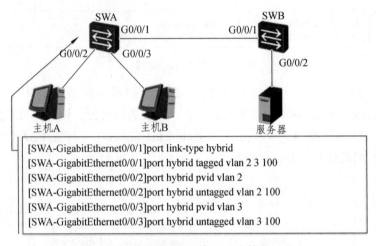

图 4-25　配置 hybrid 接口（交换机 A）

在 SWB 上继续进行配置，在 G0/0/1 端口下使用命令 port link-type hybrid 配置端口类型为 Hybrid，如图 4-26 所示。

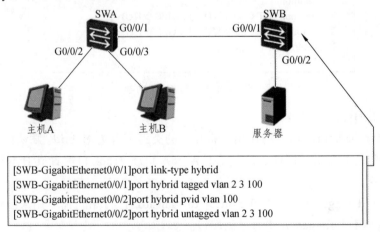

图 4-26　配置 hybrid 接口（交换机 B）

在 G0/0/1 端口下使用命令 port hybrid tagged vlan 2 3 100，配置 VLAN2，VLAN3 和 VLAN100 的数据帧在通过该端口时都携带标签。

在 G0/0/2 端口下使用命令 port hybrid untagged vlan 2 3 100，配置 VLAN2，VLAN3 和 VLAN100 的数据帧在通过该端口时都不携带标签。

在 SWA 上执行 display vlan 命令，可以查看 Hybrid 端口的配置，如图 4-27 所示。在本示例中，GigabitEthernet 0/0/2 在发送 VLAN2 和 VLAN100 的数据帧时会剥离标签，GigabitEthernet 0/0/3 在发送 VLAN3 和 VLAN100 的数据帧时会剥离标签，GigabitEthernet 0/0/1 允许 VLAN 2、VLAN 3 和 VLAN 100 带标签的数据帧通过。此配置满足了多个 VLAN 可以访问特定 VLAN，而其他 VLAN 间不允许互相访问的需求。

```
[SWA] display vlan
The total number of vlans is : 4
-------------------------------------------------
U:Up; D:Down; TG:Tagged; UT:Untagged; MP:Vlan-mapping;
ST:Vlan-stacking; #: ProtocolTransparent-vlan; *:Management-
vlan;
1    common  UT:GE0/0/1(U) ......
2    common  UT:GE0/0/2(U)
             TG:GE0/0/1(U)
3    common  UT:GE0/0/3(U)
             TG:GE0/0/1(U)
100  common  UT:GE0/0/2(U)        GE0/0/3(U)
             TG:GE0/0/1(U)
```

图 4-27　查看 Hybrid 端口的配置

思考题

1. 一个 Access 端口可以属于（　　　）个 VLAN。

　　A. 1　　　　　　　　B. 64　　　　　　　　C. 1 024　　　　　　　D. 4 094

2. 管理员设置交换机 VLAN 时，可用的 VLAN 号范围是（　　　）。

　　A. 0～4 096　　　　B. 1～4 096　　　　C. 0～4 095　　　　D. 1～4 094

3. 关于 VLAN，下面说法不正确的是（　　　）。

　　A. 隔离广播域

　　B. 相互间通信要通过三层设备

　　C. 可以限制网上计算机互相访问的权限

　　D. 只能在同一交换机上的主机进行逻辑分组

4. 当要使一个 VLAN 跨交换机时，需要（　　　）特性支持。

　　A. 用三层端口连接两台交换机　　　　B. 用 Trunk 端口连接两台交换机

　　C. 用路由器连接两台交换机　　　　　D. 两台交换机上 VLAN 的配置必须相同

5. IEEE 802.1Q 协议给以太网帧打上 VLAN 标签的方法是（　　　）。

　　A. 在以太网帧的前面插入 4 字节的 TAG

　　B. 在以太网帧的尾部插入 4 字节的 TAG

　　C. 在以太网帧的源地址和长度/类型字段之间插入 4 字节的 TAG

D. 在以太网帧的外部加入 802.1Q 封装

6. 交换机的 Access 端口和 Trunk 端口连接起来，默认情况下，Trunk 端口可以通过（　　　）数据帧。

A. VLAN1　　　　　　　　　　　　B. VLAN4094

C. 所有 VLAN　　　　　　　　　　D. NATIVE VLAN

7. 局域网内使用 VLAN 所带来的好处是（　　　）。

A. 可以简化网络管理的配置工作量

B. 广播可以得到控制

C. 局域网的容量可以扩大

8. VLAN 的划分不包括以下（　　　）方法。

A. 基于端口　　　　　　　　　　　B. 基于 MAC 地址

C. 基于协议　　　　　　　　　　　D. 基于物理位置

9. 一个 VLAN 可以看作是一个（　　　）。

A. 冲突域　　　　B. 广播域　　　　C. 管理域　　　　　D. 自治域

10. 网络管理员为了将某些经常变换办公位置，因而经常会从不同的交换机接入公司网络的用户规划到 VLAN10，则应使用（　　　）方式来划分 VLAN。

A. 基于端口　　　　　　　　　　　B. 基于协议

C. 基于 MAC 地址　　　　　　　　D. 基于子网

11. VLAN 的链路类型有哪几种？各有什么特点？

12. VLAN 的接口类型有哪几种？各有什么特点？

13. VLAN 的配置命令有哪些？

第
5
章

STP

5.1 环路问题

随着局域网规模的不断扩大，越来越多的交换机被用来实现主机之间的互连。如果交换机之间仅使用一条链路互连，则可能会出现单点故障，导致业务中断。为了解决此类问题，交换机在互连时一般都会使用冗余链路来实现备份。

冗余链路虽然增强了网络的可靠性，但是也会产生环路，如图 5-1 所示，而环路会带来一系列的问题，继而导致通信质量下降和通信业务中断等问题。

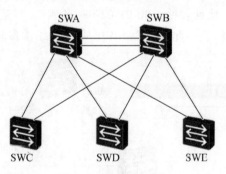

图 5-1　交换机环路

5.1.1 环路引起广播风暴

根据交换机的转发原则，如果交换机从一个端口上接收到的是一个广播帧，或者是一个目的 MAC 地址未知的单播帧，则会将这个帧向除源端口之外的所有其他端口转发。如果交换网络中有环路，则这个帧会被无限转发，此时便会形成广播风暴，网络中也会充斥着重复的数据帧。

如图 5-2 所示，主机 A 向外发送了一个单播帧，假设此单播帧的目的 MAC 地址在网络中所有交换机的 MAC 地址表中都暂时不存在。SWB 接收到此帧后，将其转发到

SWA 和 SWC，SWA 和 SWC 也会将此帧转发到除了接收此帧的其他所有端口，结果此帧又会被再次转发给 SWB，这种循环会一直持续，于是便产生了广播风暴，网络中的主机会收到重复的数据帧。交换机性能会因此急速下降，并最终会导致业务中断。

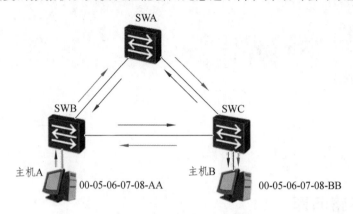

图 5-2　环路引起广播风暴

5.1.2　环路引起 MAC 地址表震荡

交换机是根据所接收到的数据帧的源地址和接收端口生成 MAC 地址表项的。

如图 5-3 所示，主机 A 向外发送一个单播帧，假设此单播帧的目的 MAC 地址在网络中所有交换机的 MAC 地址表中都暂时不存在。SWB 收到此数据帧之后，在 MAC 地址表中生成一个 MAC 地址表项，00-01-02-03-04-AA，对应端口为 G0/0/3，并将其从 G0/0/1 和 G0/0/2 端口转发。此例仅以 SWB 从 G0/0/1 端口转发此帧为例进行说明。

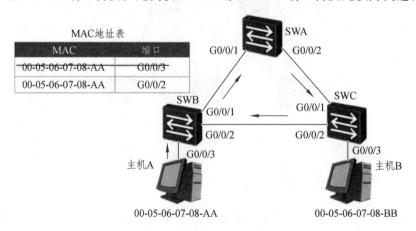

图 5-3　MAC 地址表震荡

SWA 接收到此帧后，由于 MAC 地址表中没有对应此帧目的 MAC 地址的表项，所以 SWA 会将此帧从 G0/0/2 转发出去。

SWC 接收到此帧后，由于 MAC 地址表中也没有对应此帧目的 MAC 地址的表项，所以 SWC 会将此帧从 G0/0/2 端口发送回 SWB，也会发给主机 B。

SWB 从 G0/0/2 接口接收到此数据帧之后，会在 MAC 地址表中删除原有的相关表项，生成一个新的表项，00-01-02-03-04-AA，对应端口为 G0/0/2。此过程会不断重复，从而导致 MAC 地址表震荡。

5.2 STP 的工作原理

5.2.1 STP 的作用

在以太网中，二层网络的环路会带来广播风暴、MAC 地址表震荡、重复数据帧等问题，为解决交换网络中的环路问题，提出了 STP（生成树协议）。

STP 的主要作用如图 5-4 所示。

（1）消除环路：通过阻断冗余链路来消除网络中可能存在的环路。

（2）链路备份：当活动路径发生故障时，激活备份链路，及时恢复网络连通性。

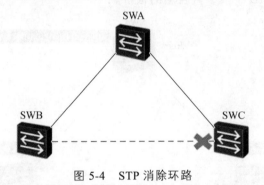

图 5-4　STP 消除环路

5.2.2 STP 的生成过程

STP 通过构造"一棵树"来消除交换网络中的环路。

每个 STP 网络中，都会存在一个根桥，其他交换机为非根桥。根桥或者根交换机位于整个逻辑树的根部，是 STP 网络的逻辑中心，非根桥是根桥的下游设备。当现有根桥产生故障时，非根桥之间会交互信息并重新选举根桥，交互的这种信息被称为 BPDU（网桥协议数据单元）。BPDU 中包含交换机在参加生成树计算时的各种参数信息，后面会有详细介绍。

STP 中定义了三种端口角色：指定端口、根端口和预备端口。

指定端口是交换机向所连网段转发配置 BPDU 的端口，每个网段有且只能有一个指定端口。一般情况下，根桥的每个端口总是指定端口。

根端口是非根交换机去往根桥路径最优的端口。在一个运行 STP 协议的交换机上最多只有一个根端口，但根桥上没有根端口。

如果一个端口既不是指定端口也不是根端口，则此端口为预备端口。预备端口将被阻塞。

1. 根桥选举

STP 中根桥选举的依据是桥 ID，STP 中的每个交换机都会有一个桥 ID（Bridge ID）。桥 ID 由 16 位的桥优先级（Bridge Priority）和 48 位的 MAC 地址构成。在 STP 网络中，桥优先级是可以配置的，取值范围是 0 ~ 65 535，默认值为 32 768。优先级最高的设备（桥 ID 最小）会被选举为根桥。如果优先级相同，则会比较 MAC 地址，MAC 地址越小则越优先，如图 5-5 所示。

交换机启动后就自动开始进行生成树收敛计算。默认情况下，所有交换机启动时都认为自己是根桥，自己的所有端口都为指定端口，这样 BPDU 报文就可以通过所有端口转发。对端交换机收到 BPDU 报文后，会比较 BPDU 中的根桥 ID 和自己的桥 ID。如果收到的 BPDU 报文中的桥 ID 优先级低，接收交换机会继续通告自己的配置 BPDU 报文给邻居交换机。如果收到的 BPDU 报文中的桥 ID 优先级高，则交换机会修改自己的 BPDU 报文的根桥 ID 字段，宣告新的根桥。

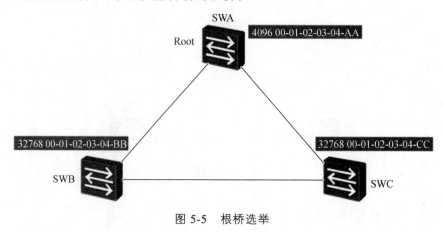

图 5-5　根桥选举

2. 确定根端口

非根交换机在选举根端口时分别依据该端口的根路径开销、对端 BID（Bridge ID）、对端 PID（Port ID）和本端 PID，如图 5-6 所示。

交换机的每个端口都有一个端口开销（Port Cost）参数，此参数表示该端口发送数据时的开销值，即出端口的开销。STP 认为从一个端口接收数据是没有开销的。端口的开销和端口的带宽有关，带宽越高，开销越小。从一个非根桥到达根桥的路径可能有多条，每一条路径都有一个总的开销值，此开销值是该路径上所有出端口的端口开销总和，即根路径开销 RPC（Root Path Cost）。非根桥根据根路径开销来确定到达根桥的最短路径，并生成无环树状网络。根桥的根路径开销是 0。

一般情况下，企业网络中会存在多厂商的交换设备。例如，有的交换机支持多种 STP 的路径开销计算标准，提供最大程度的兼容性，在缺省情况下使用 IEEE 802.1T 标准来计算路径开销。

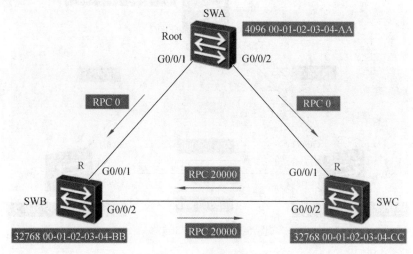

图 5-6　根端口选举

运行 STP 交换机的每个端口都有一个端口 ID，端口 ID 由端口优先级和端口号构成。端口优先级的取值范围是 0 ~ 240，步长为 16，即取值必须为 16 的整数倍。缺省情况下，端口优先级是 128。端口 ID（port ID）可以用来确定端口角色。

每个非根桥都要选举一个根端口。根端口是距离根桥最近的端口，这个最近的衡量标准是靠累计根路径开销来判定的，即累计根路径开销最小的端口就是根端口。端口收到一个 BPDU 报文后，抽取该 BPDU 报文中累计根路径开销字段的值，加上该端口本身的路径开销即为累计根路径开销。如果有两个或两个以上的端口计算得到的累计根路径开销相同，那么选择收到发送者 BID 最小的那个端口作为根端口。如果两个或两个以上的端口连接到同一台交换机上，则选择发送者 PID 最小的那个端口作为根端口。如果两个或两个以上的端口通过 Hub 连接到同一台交换机的同一个接口上，则选择本交换机的这些端口中 PID 最小的作为根端口。

3. 确定指定端口

在网段上抑制其他端口（无论是自己的还是其他设备的）发送 BPDU 报文的端口，就是该网段的指定端口。每个网段都应该有一个指定端口，根桥的所有端口都是指定端口（除非根桥在物理上存在环路），如图 5-7 所示。

指定端口的选举也是首先比较累计根路径开销，累计根路径开销最小的端口就是指定端口。如果累计根路径开销相同，则比较端口所在交换机的桥 ID，所在桥 ID 最小的端口被选举为指定端口。如果通过累计根路径开销和所在桥 ID 选举不出来，则比较端口 ID，端口 ID 最小的被选举为指定端口。

网络收敛后，只有指定端口和根端口可以转发数据。其他端口为预备端口，被阻塞，不能转发数据，只能够从所连网段的指定交换机接收到 BPDU 报文，并以此来监视链路的状态。

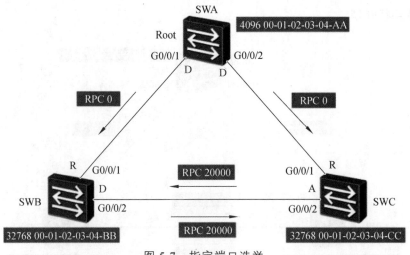

图 5-7　指定端口选举

4. 端口状态转换

图 5-8 所示为 STP 的端口状态迁移机制。运行 STP 的设备上端口状态有 5 种：

（1）Forwarding（转发状态）：端口既可转发用户流量也可转发 BPDU 报文，只有根端口或指定端口才能进入 Forwarding 状态。

（2）Learning（学习状态）：端口可根据收到的用户流量构建 MAC 地址表，但不转发用户流量。增加 Learning 状态是为了防止临时环路。

（3）Listening（侦听状态）：端口可以转发 BPDU 报文，但不能转发用户流量。

（4）Blocking（阻塞状态）：端口仅仅能接收并处理 BPDU，不能转发 BPDU，也不能转发用户流量。此状态是预备端口的最终状态。

（5）Disabled（禁用状态）：端口既不处理和转发 BPDU 报文，也不转发用户流量。

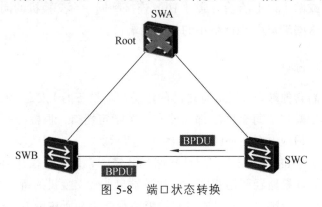

图 5-8　端口状态转换

5.3　STP 报文格式

STP 交换机通过交换 STP 协议帧来建立和维护 STP 树，并在网络的物理拓扑发生变化时重建新的 STP 树。

STP 协议帧由 STP 交换机产生、发送、接收和处理。STP 协议帧是一种组播帧，组播地址为 01-80-C0-00-00-00。

STP 协议帧采用了 IEEE 802.3 封装格式，其载荷数据被称为 BPDU。BPDU 有两种类型：Configuration（配置）BPDU 和 TCN （Topology Change Notificatio,拓扑变化）BPDU。

5.3.1 配置 BPDU

在初始形成 STP 树的过程中，各 STP 交换机都会周期性地（默认为 2 s）主动产生并发送 Configuration BPDU。在 STP 树形成后的稳定期，只有根桥才会周期性地（默认为 2 s）主动产生并发送 Configuration BPDU；相应地，非根交换机会从自己的根端口周期性地接收到 Configuration BPDU，并立即被触发而产生自己的 Configuration BPDU，且从自己的指定端口发送出去。这一过程看起来就像是根桥发出的 Configuration BPDU 逐跳地"经过"了其他的交换机。配置 BPDU 的格式如表 5-1 所示。

表 5-1　BPDU 的格式

字段	字节数	说明
Protocol Identifier	2	总是为 0x0000
Protocol Version Identifier	1	总是为 0x00
BPDU Type	1	BPDU 类型有两种。0x00：Configuration BPDU；0x80：TCN BPDU
Flags	1	网络拓扑变化标志：仅使用了最低位和最高位。最低位为 TC（Topology Change）标志；最高位为 TCA（TC Acknowledgment）标志
Root Identifier	8	当前根桥的 BID
Root Path Cost	4	发送该 BPDU 的端口的 RPC
Bridge Identifier	8	发送该 BPDU 的交换机的 BID
Port Identifier	2	发送该 BPDU 的端口的 PID
Message Age	2	该 BPDU 消息的年龄。如果 Configuration BPDU 是根桥发出的，则 Message Age 为 0。否则，Message Age 是从根桥发送到当前桥接收到 BPDU 的总时间，包括传输延时等。在实际实现中，Configuration BPDU 每"经过"一个桥，Message Age 增加 1
Max Age	2	BPDU 的最大生命周期，默认为 20 s
Hello Time	2	根桥发送 Configuration BPDU 的周期也相应地成为其他交换机发送 Configuration BPDU 的周期，默认为 2 s
Forward Delay	2	控制端 n Listening 和 Learning 状态的持续时间，默认为 15 s

5.3.2 TCN BPDU

TCN BPDU 的结构和内容非常简单,它只有表 5-1 中列出的前 3 个字段——协议标识、版本号和类型,其中类型字段的值是 0x80。

如果网络中某条链路发生了故障,导致工作拓扑发生了改变,则位于故障点的交换机可以通过端口状态直接感知到这种变化,但是其他的交换机是无法直接感知到这种变化的。这时,位于故障点的交换机会以 Hello Time 为周期通过其根端口不断向上游交换机发送 TCN BPDU,直到接收到从上游交换机发来的 TCA 标志置 1 的 Configuration BPDU。上游交换机在收到 TCN BPDU 后,一方面会通过其指定端口回复 TCA 标志置 1 的 Configuration BPDU,另一方面会以 Hello Time 为周期通过其根端口不断向它的上游交换机发送 TCN BPDU。此过程一直重复,直到根桥接收到 TCN BPDU。根桥接收到 TCN BPDU 后,会发送 TC 标志置 1 的 Configuration BPDU,通告所有交换机网络拓扑发生了变化。图 5-9 所示为网络拓扑变化通告过程。

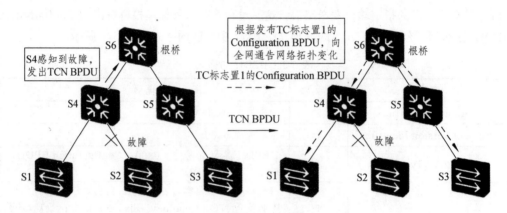

图 5-9 网络拓扑变化通告过程

交换机收到 TC 标志置 1 的 Configuration BPDU 后,便意识到网络拓扑已经发生了变化,这说明自己的 MAC 地址表的表项内容很可能已经不再是正确的了,这时交换机会将自己的 MAC 地址表的老化周期(默认为 300 s)缩短为 Forward Delay 的时间长度(默认为 15 s),以加速老化掉原来的地址表项。

STP 协议中包含一些重要的时间参数,这里举例说明如下:

(1)Hello Time:是指运行 STP 的设备发送配置 BPDU 的时间间隔,用于检测链路是否存在故障。交换机每隔 Hello Time 时间会向周围的交换机发送配置 BPDU 报文,以确认链路是否存在故障。当网络拓扑稳定后,该值只有在根桥上修改才有效。

(2)Message Age:如果配置 BPDU 是根桥发出的,则 Message Age 为 0。否则,Message Age 是从根桥发送到当前桥接收到 BPDU 的总时间,包括传输延时等。实际实现中,配置 BPDU 报文每经过一个交换机,Message Age 增加 1。

(3)Max Age:是指 BPDU 报文的老化时间,可在根桥上通过命令人为改动这个值。

Max Age 通过配置 BPDU 报文的传递，可以保证 Max Age 在整网中一致。非根桥设备收到配置 BPDU 报文后，会将报文中的 Message Age 和 Max Age 进行比较：如果 Message Age 小于等于 Max Age，则该非根桥设备会继续转发配置 BPDU 报文。如果 Message Age 大于 Max Age，则该配置 BPDU 报文将被老化掉。该非根桥设备将直接丢弃该配置 BPDU，并认为是网络直径过大，导致了根桥连接失败。

5.4　STP 拓扑变化

5.4.1　根桥故障

在稳定的 STP 拓扑里，非根桥会定期收到来自根桥的 BPDU 报文。如果根桥发生了故障，停止发送 BPDU 报文，下游交换机就无法收到来自根桥的 BPDU 报文，如图 5-10 所示。如果下游交换机一直收不到 BPDU 报文，Max Age 定时器就会超时（Max Age 的默认值为 20 s），从而导致已经收到的 BPDU 报文失效，此时，非根交换机会互相发送配置 BPDU 报文，重新选举新的根桥。根桥故障会导致 50 s 左右的恢复时间，恢复时间约等于 Max Age 加上两倍的 Forward Delay 收敛时间。

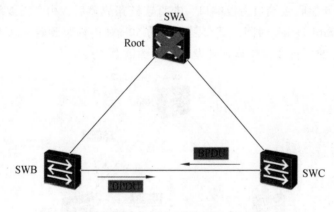

图 5-10　根桥的重新选举

5.4.2　直连链路故障

如图 5-11 所示，SWA 和 SWB 使用了两条链路互连，其中一条是主用链路，另外一条是备份链路。生成树正常收敛之后，如果 SWB 检测到根端口的链路发生物理故障，则其 Alternate 端口会迁移到 Listening、Learning、Forwarding 状态，经过 2 倍的 Forward Delay 后恢复到转发状态。（SWB 检测到直连链路物理故障后，会将预备端口转换为根端口，SWB 的预备端口会在 30 s 后恢复到转发状态）

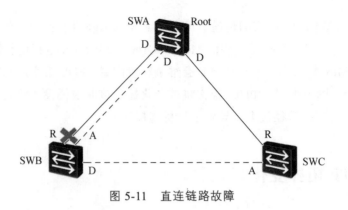

图 5-11　直连链路故障

5.4.3　非直连链路故障

如图 5-12 所示，SWB 与 SWA 之间的链路发生了某种故障（非物理层故障），SWB 因此一直收不到来自 SWA 的 BPDU 报文。此时，SWB 会认为根桥 SWA 不再有效，于是开始发送 BPDU 报文给 SWC，通知 SWC 自己作为新的根桥。SWC 也会继续从原根桥接收 BPDU 报文，因此会忽略 SWB 发送的 BPDU 报文。由于 SWC 的 Alternate 端口再也不能收到包含原根桥 ID 的 BPDU 报文。其 Max Age 定时器超时后，SWC 会切换 Alternate 端口为指定端口并且转发来自其根端口的 BPDU 报文给 SWB。SWB 放弃宣称自己是根桥并开始收敛端口为根端口。非直连链路故障后，由于需要等待 Max Age 加上两倍的 Forward Delay 时间，端口需要大约 50 s 才能恢复到转发状态。（非直连链路故障后，SWC 的预备端口恢复到转发状态大约需要 50 s）

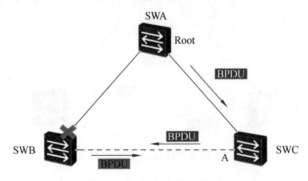

图 5-12　非直连链路故障

5.4.4　拓扑改变导致 MAC 地址表错误

在交换网络中，交换机依赖 MAC 地址表转发数据帧。缺省情况下，MAC 地址表项的老化时间是 300 s。如果生成树拓扑发生变化，交换机转发数据的路径也会随着发生改变，此时 MAC 地址表中未及时老化掉的表项会导致数据转发错误，因此在拓扑发生变化后需要及时更新 MAC 地址表项。

如图 5-13 所示，SWB 中的 MAC 地址表项定义了通过端口 GigabitEthernet 0/0/3

可以到达主机 A，通过端口 GigabitEthernet 0/0/1 可以到达主机 B。由于 SWC 的根端口产生故障，导致生成树拓扑重新收敛，在生成树拓扑完成收敛之后，从主机 A 到主机 B 的帧仍然不能到达目的地。这是因为 MAC 地址表项老化时间是 300 s，主机 A 发往主机 B 的帧到达 SWB 后，SWB 会继续通过端口 GigabitEthernet0/0/1 转发该数据帧。（MAC 地址表项的默认老化时间是 300 s，在这段时间内，SWB 无法将数据从 G0/0/2 端口转发给主机 B）

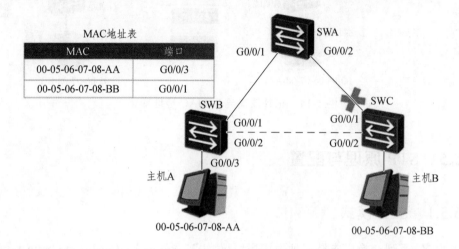

图 5-13　拓扑改变导致 MAC 地址表错误

5.4.5　拓扑改变导致 MAC 地址表变化

拓扑变化过程中，根桥通过 TCN BPDU 报文获知生成树拓扑里发生了故障。根桥生成 TC 用来通知其他交换机加速老化现有的 MAC 地址表项，如图 5-14 所示。

拓扑变更以及 MAC 地址表项更新的具体过程如下：

（1）SWC 感知到网络拓扑发生变化后，会不间断地向 SWB 发送 TCN BPDU 报文。

（2）SWB 收到 SWC 发来的 TCN BPDU 报文后，会把配置 BPDU 报文中的 Flags 的 TCA 位设置 1，然后发送给 SWC，告知 SWC 停止发送 TCN BPDU 报文。

（3）SWB 向根桥转发 TCNBPDU 报文。

（4）SWA 把配置 BPDU 报文中的 Flags 的 TC 位设置为 1 后发送，通知下游设备把 MAC 地址表项的老化时间由默认的 300 s 修改为 Forwarding Delay 的时间（默认为 15 s）。

（5）最多等待 15 s 之后，SWB 中的错误映射关系会被自动清除。此后，SWB 就能通过 G0/0/2 端口把从主机 A 到主机 B 的帧正确地进行转发。

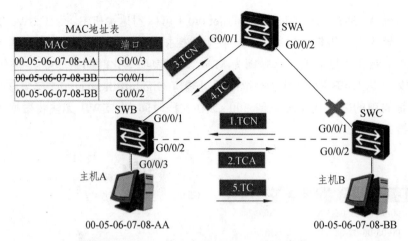

图 5-14　拓扑改变导致 MAC 地址变化

5.5　STP 原理与配置

5.5.1　STP 模式

华为 X7 系列交换机支持三种生成树协议模式。stp mode { mstp | stp | rstp }命令用来配置交换机的生成树协议模式。

缺省情况下，华为 X7 系列交换机工作在 MSTP 模式。在使用 STP 前，STP 模式必须重新配置，如图 5-15 所示。

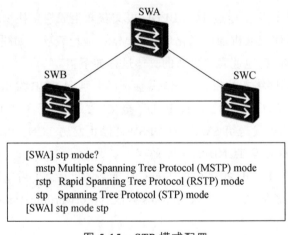

```
[SWA] stp mode?
   mstp Multiple Spanning Tree Protocol (MSTP) mode
   rstp   Rapid Spanning Tree Protocol (RSTP) mode
   stp    Spanning Tree Protocol (STP) mode
[SWAl stp mode stp
```

图 5-15　STP 模式配置

5.5.2　交换机优先级的配置

基于企业业务对网络的需求，一般建议手动指定网络中配置高、性能好的交换机为根桥。

可以通过配置桥优先级来指定网络中的根桥，以确保企业网络里面的数据流量使用最优路径转发。

stp priority priority 命令用来配置设备优先级值，如图 5-16 所示。priority 值为整数，取值范围为 0 ~ 61 440，步长为 4 096。缺省情况下，交换设备的优先级取值是 32 768。另外，可以通过 stp root primary 命令指定生成树里的根桥。

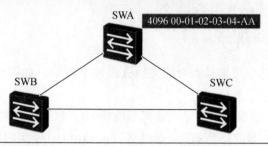

```
[SWA]stp priority 4096
Apr 15 2013 16:15:33-08:00 SWA DS/4/DATASYNC_CFGCHANGE:OID
1.3.6.1.4.1.2011.5.25.191.3.1 configurations have been
changed. The current change number is 4, the change loop
count is 0, and the maximum number of records is 4095.
```

图 5-16　交换机优先级的配置

5.5.3　路径开销配置

华为 X7 系列交换机支持三种路径开销标准，以确保和友商设备保持兼容。缺省情况下，路径开销标准为 IEEE 802.1T。

stp pathcost-standard { dot1d-1998 | dot1t | legacy }命令用来配置指定交换机上路径开销值的标准，如图 5-17 所示。

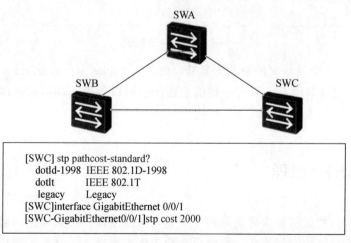

```
[SWC] stp pathcost-standard?
   dot1d-1998  IEEE 802.1D-1998
   dot1t       IEEE 802.1T
   legacy      Legacy
[SWC]interface GigabitEthernet 0/0/1
[SWC-GigabitEthernet0/0/1]stp cost 2000
```

图 5-17　路径开销配置

每个端口的路径开销也可以手动指定。此 STP 路径开销控制方法须谨慎使用，手动指定端口的路径开销可能会生成次优生成树拓扑。

stp cost cost 命令取决于路径开销计算方法：

（1）使用华为的私有计算方法时，cost 取值范围是 1～200 000。

（2）使用 IEEE 802.1D 标准方法时，cost 取值范围是 1～65 535。

（3）使用 IEEE 802.1T 标准方法时，cost 取值范围是 1～200 000 000。

5.5.4 验证配置

display stp 命令用来检查当前交换机的 STP 配置，如图 5-18 所示。命令输出中信息介绍如下：

CIST Bridge 参数标识指定交换机当前桥 ID，包含交换机的优先级和 MAC 地址。

Bridge Times 参数标识 Hello 定时器、Forward Delay 定时器、Max Age 定时器的值。

CIST Root/ERPC 参数标识根桥 ID 以及此交换机到根桥的根路径开销。

```
[SWA]display stp
------[CIST Global Info][Mode STP]------
CIST Bridge              :4096 .00-01-02-03-04-BB
Bridge Times             :Hello 2s MaxAge 20s FwDly 15s MaxHop 20
CIST Root/ERPC           :4096 .00-01-02-03-04-BB / 0
CIST RegRoot/IRPC        :4096 .00-01-02-03-04-BB / 0
CIST RootPortId          :0.0
BPDU-Protection          :Disabled
TC or TCN received       :37
TC count per hello       :0
STP Converge Mode        :Nomal
Share region-configuration :Enabled
Time since last TC       :0 days 0h:lm:29s
……
```

图 5-18   验证配置

display stp 命令显示交换机上所有端口信息；display stp interface interface 命令显示交换机上指定端口信息。其他一些信息还包括端口角色、端口状态以及使用的保护机制等。

5.6   RSTP 原理

STP 协议虽然能够解决环路问题，但是收敛速度慢，影响了用户通信质重。如果 STP 网络的拓扑结构频繁变化，网络也会频繁失去连通性，从而导致用户通信频繁中断。IEEE 于 2001 年发布的 802.1W 标准定义了快速生成树协议 RSTP（Rapid Spanning-

Tree Protocol），RSTP 在 STP 基础上进行了改进，实现了网络拓扑快速收敛。

STP 能够提供无环网络，但是收敛速度较慢。如果 STP 网络的拓扑结构频繁变化，网络也会随之频繁失去连通性，从而导致用户通信频繁中断。RSTP 使用了 Proposal/Agreement 机制保证链路及时协商，从而有效避免收敛计时器在生成树收敛前超时。如图 5-19 所示，在交换网络中，P/A 过程可以从根桥向下游级联传递。

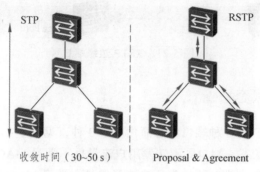

图 5-19　STP 不足

5.6.1　RSTP 端口角色

运行 RSTP 的交换机使用了两个不同的端口角色来实现冗余备份。当到根桥的当前路径出现故障时，作为根端口的备份端口，Alternate 端口提供了从一个交换机到根桥的另一条可切换路径。Backup 端口作为指定端口的备份，提供了另一条从根桥到相应 LAN 网段的备份路径。当一个交换机和一个共享媒介设备（如 Hub）建立两个或者多个连接时，可以使用 Backup 端口。同样，当交换机上两个或者多个端口和同一个 LAN 网段连接时，也可以使用 Backup 端口，如图 5-20 所示。

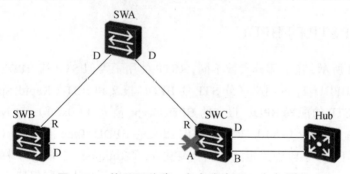

图 5-20　使用两种端口角色来实现冗余备份

在 RSTP 里，位于网络边缘的指定端口被称为边缘端口。边缘端口一般与用户终端设备直接连接，不与任何交换设备连接。边缘端口不接收配置 BPDU 报文，不参与 RSTP 运算，可以由 Disabled 状态直接转到 Forwarding 状态，且不经历时延，就像在端口上将 STP 禁用了一样，如图 5-21 所示。但是，一旦边缘端口收到配置 BPDU 报文，就丧失了边缘端口属性，成为普通 STP 端口，并重新进行生成树计算，从而引起网络震荡。

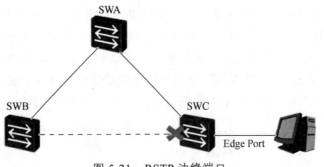

图 5-21　RSTP 边缘端口

5.6.2　端口状态

RSTP 把原来 STP 的 5 种端口状态简化成了 3 种，见表 5-2。

（1）Discarding 状态，端口既不转发用户流量也不学习 MAC 地址。

（2）Learning 状态，端口不转发用户流量但是会学习 MAC 地址。

（3）Forwarding 状态，端口既转发用户流量又学习 MAC 地址。

表 5-2　RSTP 与 STP 端口状态对比

STP	RSTP	端口角色
Disabled	Discarding	Disable
Blocking	Discarding	Alternate 端口、Backup 端口
Listening	Discarding	根端口、指定端口
Learning	Learning	根端口、指定端口
Forwarding	Forwarding	根端口、指定端口

5.6.3　RSTP 的 BPDU

如图 5-22 所示，除了部分参数不同，RSTP 使用了类似 STP 的 BPDU 报文，即 RST BPDU 报文。BPDU Type 用来区分 STP 的 BPDU 报文和 RST（Rapid Spanning Tree）BPDU 报文。STP 的配置 BPDU 报文的 BPDU Type 值为 0（0x00），TCN BPDU 报文的 BPDU Type 值为 128（0x80），RST BPDU 报文的 BPDU Type 值为 2（0x02）。STP 的 BPDU 报文的 Flags 字段中只定义了拓扑变化 TC（Topology Change）标志和拓扑变化确认 TCA（Topology Change Acknowledgment）标志，其他字段保留。在 RST BPDU 报文的 Flags 字段里，还使用了其他字段。包括 P/A 进程字段和定义端口角色以及端口状态的字段。Forwarding，Learning 与 Port Role 表示发出 BPDU 的端口的状态和角色。

STP 中，当网络拓扑稳定后，根桥按照 Hello Timer 规定的时间间隔发送配置 BPDU 报文，其他非根桥设备在收到上游设备发送过来的配置 BPDU 报文后，才会触发发出配置 BPDU 报文，此方式使得 STP 计算复杂且缓慢。RSTP 对此进行了改进，即在拓扑稳定后，无论非根桥设备是否接收到根桥传来的配置 BPDU 报文，非根桥设备都会仍然按照 Hello Timer 规定的时间间隔发送配置 BPDU，该行为完全由每台设备自主进行，如图 5-23 所示。

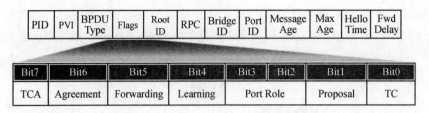

PID	PVI	BPDU Type	Flags	Root ID	RPC	Bridge ID	Port ID	Message Age	Max Age	Hello Time	Fwd Delay

Bit7	Bit6	Bit5	Bit4	Bit3	Bit2	Bit1	Bit0
TCA	Agreement	Forwarding	Learning	Port Role		Proposal	TC

Port Role =00　Unknown
　　　　 01　Alternate/Backup Port
　　　　 10　Root Port
　　　　 11　Designated Port

图 5-22　RSTP 的 BPDU

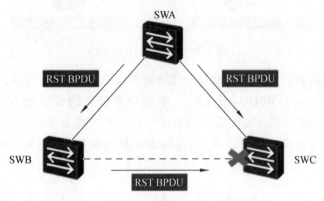

图 5-23　RSTP 的 BPDU 的发送

5.6.4　RSTP 的收敛过程

RSTP 收敛遵循 STP 基本原理。网络初始化时，网络中所有的 RSTP 交换机都认为自己是"根桥"，如图 5-24 所示，并设置每个端口为指定端口。此时，端口为 Discarding 状态。

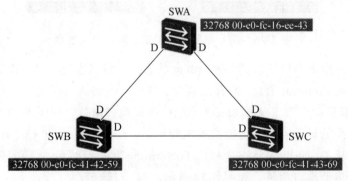

图 5-24　RSTP 的初始阶段

每个认为自己是"根桥"的交换机生成一个 RST BPDU 报文来协商指定网段的端口状态如图 5-25 所示，此 RST BPDU 报文的 Flags 字段里面的 Proposal 位需要置位。当一个端口收到 RST BPDU 报文时，此端口会比较收到的 RST BPDU 报文和本地的 RST BPDU 报文。如果本地的 RST BPDU 报文优于接收的 RST BPDU 报文，则端口会丢弃接收的 RST BPDU 报文，并发送 Proposal 置位的本地 RST BPDU 报文来回复对端设备。

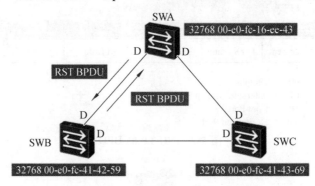

图 5-25 发送 RST BPDU

交换机使用同步机制来实现端口角色协商管理，如图 5-26 所示。当收到 Proposal 置位并且优先级高的 BPDU 报文时，接收交换机必须设置所有下游指定端口为 Discarding 状态。如果下游端口是 Alternate 端口或者边缘端口，则端口状态保持不变。本例说明了下游指定端口暂时迁移到 Discarding 状态的情形，因此，P/A 进程中任何帧转发都将被阻止。

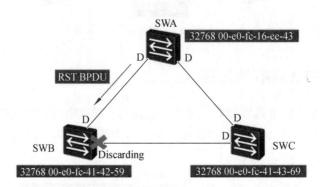

图 5-26 同步机制来实现端口角色协商管理

当确认下游指定端口迁移到 Discarding 状态后，设备发送 RST BPDU 报文回复上游交换机发送的 Proposal 消息。在此过程中，端口已经确认为根端口，因此 RST BPDU 报文 Flags 字段里面设置了 Agreement 标记位和根端口角色，如图 5-27 所示。

在 P/A 进程的最后阶段，上游交换机收到 Agreement 置位的 RST BPDU 报文后，指定端口立即从 Discarding 状态迁移为 Forwarding 状态。然后，下游网段开始使用同样的 P/A 进程协商端口角色，如图 5-28 所示。

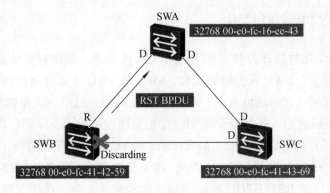

图 5-27　确定根端口角色

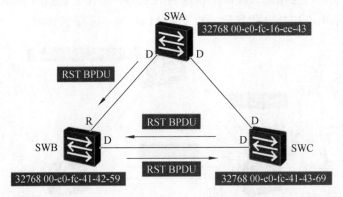

图 5-28　指定端口从 Discarding 状态迁移为 Forwarding 状态

5.6.5　链路故障

在 STP 中,当出现链路故障或根桥失效导致交换机收不到 BPDU 时,交换机需要等待 Max Age 时间后才能确认出现了故障。而在 RSTP 中,如果交换机的端口在连续 3 次 Hello Timer 规定的时间间隔内没有收到上游交换机发送的 RST BPDU(见图 5-29),便会确认本端口和对端端口的通信失败,从而需要初始化 P/A 进程去重新调整端口角色。

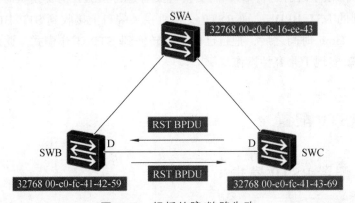

图 5-29　根桥故障/链路失败

5.6.6　RSTP 拓扑变化

RSTP 拓扑变化的处理类似于 STP 拓扑变化的处理，但也有细微差别。

如图 5-30 所示，SWC 发生链路故障，SWA 和 SWC 立即检测到链路故障并清除连接此链路的所有端口上的地址表项。在接下来的 P/A 进程中，交换机发送 RST BPDU 报文开始协商端口状态，拓扑变化通知报文也会随着 Agreement 置位的 RST BPDU 报文一起转发。RST BPDU 报文里，Agreement 和 TC 比特位都设置为 1，通知上游交换机清除所有其他端口上的 MAC 地址表项，除了接收到 TC 置位的 RST BPDU 报文的端口。设置了 TC 位的 RST BPDU 报文周期性地转发给上游，在此周期时间内，所有相关接口上地址表项将会清除，接口上根据新的 RSTP 拓扑生成新的 MAC 地址表项。图中的"×"表示由于拓扑变化导致端口上的 MAC 地址表项被清除。

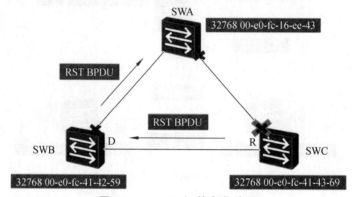

图 5-30　RSTP 拓扑变化处理

5.6.7　与 STP 的兼容

RSTP 是可以与 STP 实现后向兼容的，但在实际中，并不推荐这样的做法，原因是 RSTP 会失去其快速收敛的优势，而 STP 慢速收敛的缺点会暴露出来。

当同一个网段里既有运行 STP 的交换机又有运行 RSTP 的交换机时，STP 交换机会忽略接收到的 RST BPDU，而 RSTP 交换机在某端口上接收到 STP BPDU 时，会等待两个 Hello Time 时间之后，把自己的端口转换到 STP 工作模式，此后便发送 STP BPDU，这样就实现了兼容性操作。

5.7　RSTP 配置

5.7.1　配置 RSTP 模式

在 Sx7 交换机上，可以使用 stp mode rstp 命令来配置交换机工作在 RSTP 模式。stp mode rstp 命令在系统视图下执行，此命令必须在所有参与快速生成树拓扑计算的交换机上配置。

display stp 命令可以显示 RSTP 配置信息和参数。根据显示信息可以确认交换机是否工作在 RSTP 模式。

5.7.2 配置边缘端口

边缘端口完全不参与 STP 或 RSTP 计算。边缘端口的状态要么是 Disabled，要么是 Forwarding；终端上电工作后，它就直接由 Disabled 状态转到 Forwarding 状态，终端下电后，它就直接由 Forwarding 状态转到 Disabled 状态。

交换机所有端口默认为非边缘端口。

stp edged-port enable 命令用来配置交换机的端口为边缘端口，它是一个针对某一具体端口的命令。

stp edged-port default 命令用来配置交换机的所有端口为边缘端口。

stp edged-port disable 命令用来将边缘端口的属性去掉，使之成为非边缘端口。它也是一个针对某一具体端口的命令。

需要注意的是，华为 Sx7 系列交换机运行 STP 时也可以使用边缘端口设置。

5.7.3 根保护

由于错误配置根交换机或网络中的恶意攻击，根交换机有可能会收到优先级更高的 BPDU 报文，使得根交换机变成非根交换机，从而引起网络拓扑结构的变动。这种不合法的拓扑变化，可能会导致原来应该通过高速链路的流量被牵引到低速链路上，造成网络拥塞。交换机提供了根保护功能来解决此问题。根保护功能通过维持指定端口角色从而保护根交换机。一旦启用了根保护功能的指定端口收到了优先级更高的 BPDU 报文时，端口会停止转发报文并且进入 Listening 状态。经过一段时间后，如果端口一直没有再收到优先级较高的 BPDU 报文，端口就会自动恢复到原来的状态。根保护功能仅在指定端口生效，不能配置在边缘端口或者使能了环路保护功能的端口上。使用命令[SWA] interface GigabitEthernet 0/0/1 [SWA-GigabitEthernet0/0/1]stp root-protection。

5.7.4 BPDU 保护

正常情况下，边缘端口是不会收到 BPDU 的。但是，如果有人发送 BPDU 来进行恶意攻击，边缘端口就会收到这些 BPDU，并自动变为非边缘端口，且开始参与网络拓扑计算，从而会增加整个网络的计算工作量，并可能引起网络震荡。

为防止上述情况的发生，我们可以使用 BPDU 保护功能。使能 BPDU 保护功能后的交换机的边缘端口在收到 BPDU 报文时，会立即关闭该端口，并通知网络管理系统。被关闭的边缘端口只能通过管理员手动进行恢复。

如需使能 BPDU 保护功能，可在系统视图下执行 stp bpdu-protection 命令，如图 5-31 所示。

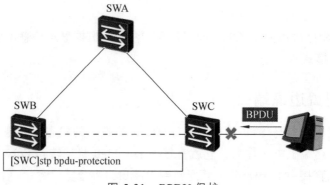

图 5-31　BPDU 保护

5.7.5　环路保护

交换机通过从上游交换机持续收到 BPDU 报文来维护根端口和阻塞端口的状态。

当由于链路拥塞或者单向链路故障时，交换机不能收到上游交换机发送的 BPDU 报文，交换机重新选择根端口。最初的根端口会变成指定端口，阻塞端口进入 Forwarding 状态，这就有可能导致网络环路。

交换机提供了环路保护功能来避免这种环路的产生。环路保护功能使能后，如果根端口不能收到上游交换机发送的 BPDU 报

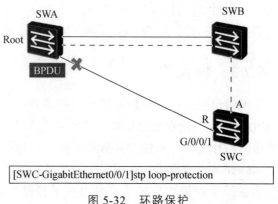

图 5-32　环路保护

文，则向网管发出通知信息。根端口会被阻塞，阻塞端口仍然将保持阻塞状态，这样就避免了可能发生的网络环路。

如需使能环路保护功能，可在接口视图下执行 stp loop-protection 命令，如图 5-32 所示。

display stp interface <interface>命令可以显示端口的 RSTP 配置情况，包括端口状态、端口优先级、端口开销、端口角色、是否为边缘端口等。

5.8　MSTP 的配置

5.8.1　原理概述

RSTP 在 STP 基础上进行了改进，实现了网络拓扑快速收敛。但 RSTP 和 STP 还

存在同一个缺陷，即由于局域网内所有的 VLAN 共享一棵生成树，链路被阻塞后将不承载任何流量，造成带宽浪费，因此无法在 VLAN 间实现数据流量的负载均衡，还有可能造成部分 VLAN 的报文无法转发。

通过 MSTP 把一个交换网络划分成多个域，每个域内形成多棵生成树，生成树之间彼此独立。每个域叫作一个 MST 域（Multiple Spanning Tree Region），每棵生成树叫作一个多生成树实例 MSTI（Multiple Spanning Tree Instance）。

实例内可以包含多个 VLAN。通过将多个 VLAN 映射到同一个实例内，可以节省通信开销和资源占用率。MSTP 各个实例拓扑的生成树计算相互独立，通过这些实例可以实现负载均衡。把多个相同拓扑结构的 VLAN 映射到一个实例里，这些 VLAN 在端口上的转发状态取决于端口在对应 MSTP 实例的状态。

MSTP 通过设置 VLAN 映射表（即 VLAN 和 MSTI 的对应关系表），把 VLAN 和 MSTI 联系起来。每个 VLAN 只能对应一个 MSTI，即同一 VLAN 的数据只能在一个 MSTI 中传输，而一个 MSTI 可能对应多个 VLAN。

5.8.2　配置实例

1. 配置要求

某公司二层网络由三台交换机 S1、S2、S3 组成。交换机 S1 与 S2 在一个楼层，S3 在另一楼层。PC-1 与 PC-2 属于 HR 部门，划入 VLAN10，PC-3 与 PC-4 属于 IT 部门，划入 VLAN20。当使用普通 STP 时，STP 将会阻塞一条链路来防止环路产生，导致该链路闲置。为了保证所有链路都能充分利用，使流量负载能够分担，网络管理员将通过配置 MSTP 来实现。

2. 拓扑结构（见图 5-33）

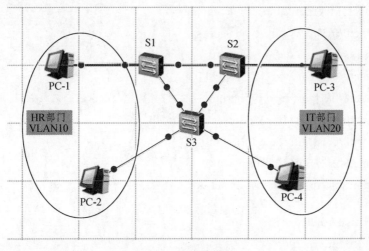

图 5-33　拓扑结构

3. 配置编址（见表5-3）

表5-3 配置编址

设备	接口	IP 地址	子网掩码	默认网关
PC-1	Ethernet 0/0/1	192.168.10.1	255.255.255.0	N/A
PC-2	Ethernet 0/0/1	192.168.10.2	255.255.255.0	N/A
PC-3	Ethernet 0/0/1	192.168.20.1	255.255.255.0	N/A
PC-4	Ethernet 0/0/1	192.168.20.2	255.255.255.0	N/A

4. MAC 地址（见表5-4）

表5-4 MAC 地址

设备	全局 MAC 地址
S1 （S3700）	4clf-cc4d-0fcf
S2 （S3700）	4clf-cc5e-3ea9
S3 （S3700）	4clf-ccfB-067c

5. 配置步骤

（1）基础配置。

根据编址表，在各台 PC 上配置 IP 地址。

在交换机 S1、S2、S3 上创建 VLAN 10 与 VLAN20，并将连接 PC 的端口配置成为 Access 类型接口，划入相应 VLAN。交换机间的接口配置成为 Trunk 接口，允许所有 VLAN 通过。

```
[S1]vlan batch 10 20
[Sl] interface Ethernet0/0/3
[S1-Ethemet0/0/3] port link-type access
[Sl-Ethcmet0/0/3]port default vlan 10
[S1-Ethemct0/0/3] interface Ethernet0/0/1
[S1-Ethemet0/0/l ]port link-type trunk
[S1-Ethemet0/0/1 ]port trunk allow-pass vlan all
[S1-Ethemet0/0/1 ] interface Ethernet0/0/2
[S1-Ethemet0/0/2] port link-type trunk
[S1-Ethemet0/0/2]port trunk allow-pass vlan all

[S2]vlan batch 10 20
[S2]interface Ethernet0/0/3
[S2-Ethemct0/0/3]port link-type access
[S2-Ethemct0/0/3]port default vlan 20
```

```
[S2-Ethemct0/0/3] interface Ethernet0/0/2
[S2-Ethemet0/0/2]port link-type trunk
[S2-Ethemet0/0/2]port trunk allow-pass vlan all
[S2-Ethemet0/0/2] interface Ethernet 0/0/1
[S2-Ethemet0/0/l ]port link-type trunk
[S2-Ethcmet0/0/1]port trunk allow-pass vlan all

[S3]vlan batch 10 20
[S3]interface Ethernet0/0/3
[S3-Ethemet0/0/3]port link-type access
[S3-Ethemet0/0/3 ]port default vlan 10
[S3-Ethemet0/0/3]interface Ethernet0/0/4
[S3-Ethemet0/0/4]port link-type access
[S3-Ethemet0/0/4]port default vlan 20
[S3-Ethemet0/0/4] interface Ethernet0/0/1
[S3-Ethemet0/0/l ]port link-type trunk
[S3-Ethemet0/0/l ]port trunk allow-pass vlan all
[S3-Ethemct0/0/l ] interface Ethernet0/0/2
[S3-Ethemet0/0/2]port link-type trunk
[S3-Ethemet0/0/2]port trunk allow-pass vlan all
```

（2）MSTP 的运行机制。

当网络管理员按照设计搭建完公司二层网络后，启动设备（在华为交换机上默认即运行 MSTP 协议）。

在 S1 上使用 display stp 命令查看生成树的状态和统计信息。

```
<s1>display stp
-------[CIST Global Info][Mode MSTP]-------
CIST Bridge             : 32768. 4c 1 f-cc4d-0fcf
Config Times            : Hello 2s MaxAge 20s FwDly 15s MaxHop 20
Active Times            : Hello 2s MaxAge 20s FwDly 15s MaxHop 20
CIST Root/ERPC          : 32768. 4c 1 f-cc4d-0fcf/0
CIST RegRoot/IRPC       : 32768. 4c 1 f-cc4d-0fcf / 0
CIST RootPortId         : 0.0
BPDU-Protection         : Disabled
TC or TCN received      : 5
TC count per hello      : 0
STP Converge Mode       : Normal
Time since last TC      : 0 days 0h: 24m: 48s
```

```
Number of TC              : 8
Last TC occurred          : Ethernet0/0/1
----[Port1(Ethernet0/0/1)][FORWARDING]----
 Port Protocol            : Enabled
```

可以观察到，在 CIST 全局信息中，显示目前 STP 模式为 MSTP，根交换机为 S1，另外还有交换机各个接口上的 STP 信息。

使用 display stp brief 命令可以查看 S1、S2、S3 上生成树的状态和统计的摘要信息。

```
<s1>display stp brief
  MSTID   Port              Role      STP State       Protection
   0      Ethernet0/0/1     DESI      FORWARDING      NONE
   0      Ethernet0/0/2     DESI      FORWARDING      NONE
   0      Ethernet0/0/3     DESI      FORWARDING      NONE

<s2>display stp brief
  MSTID   Port              Role      STP State       Protection
   0      Ethernet0/0/1     DESI      FORWARDING      NONE
   0      Ethernet0/0/2     ROOT      FORWARDING      NONE
   0      Ethernet0/0/3     DESI      FORWARDING      NONE

<s3>display stp brief
  MSTID   Port              Role      STP State       Protection
   0      Ethernet0/0/1     ROOT      FORWARDING      NONE
   0      Ethernet0/0/2     ALTE      DISCARDING      NONE
   0      Ethernet0/0/3     DESI      FORWARDING      NONE
   0      Ethernet0/0/4     DESI      FORWARDING      NONE
```

可以观察到，此时 S1 上的端口都为指定端口，且都处于转发状态，为根交换机。S3 上的 E 0/0/2 为替代端口，处于丢弃状态。MSTID，即 MSTP 的实例 ID，三台交换机上目前都为 0，即在默认情况下，所有 VLAN 都处于 MSTP 实例 0 中。

假如网络管理员配置 STP 模式为 RSTP，最终选举出来的根交换机及被阻塞的端口等结果将和目前 MSTP 的选举结果一致，即在 MSTP 的单个实例中，选举规则与 RSTP 一致，端口角色和状态与 RSTP 也一致。

在 HR 部门的 PC-2 上持续发送 ping 包至 PC-1，在 IT 部门的 PCM 上持续发送 ping 包至 PC-3，如图 5-34 所示。

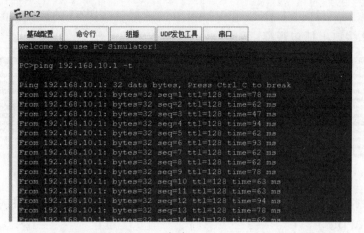

（a）

（b）

图 5-34　发送 ping 包

同时，在 S3 的 E 0/0/1 接口上抓包观察，如图 5-35 所示。

3 0.078000	192.168.10.2	192.168.10.1	ICMP	Echo (ping) request	(id=0xf9fb, seq(be/le)=459/51969, ttl=128)
4 0.125000	192.168.10.1	192.168.10.2	ICMP	Echo (ping) reply	(id=0xf9fb, seq(be/le)=459/51969, ttl=128)
5 1.092000	192.168.20.2	192.168.20.1	ICMP	Echo (ping) request	(id=0xfafb, seq(be/le)=414/40449, ttl=128)
6 1.123000	192.168.20.1	192.168.20.2	ICMP	Echo (ping) reply	(id=0xfafb, seq(be/le)=414/40449, ttl=128)
7 1.154000	192.168.10.2	192.168.10.1	ICMP	Echo (ping) request	(id=0xfafb, seq(be/le)=460/52225, ttl=128)
8 1.170000	HuaweiTe_40:47:b0	Spanning-tree-(for-STP	MST. Root = 32768/0/4c:1f:cc:40:47:b0 Cost = 0 Port = 0x8001
9 1.201000	192.168.10.1	192.168.10.2	ICMP	Echo (ping) reply	(id=0xfafb, seq(be/le)=460/52225, ttl=128)
10 2.168000	192.168.20.2	192.168.20.1	ICMP	Echo (ping) request	(id=0xfbfb, seq(be/le)=415/40705, ttl=128)
11 2.184000	192.168.20.1	192.168.20.2	ICMP	Echo (ping) reply	(id=0xfbfb, seq(be/le)=415/40705, ttl=128)
12 2.199000	192.168.10.2	192.168.10.1	ICMP	Echo (ping) request	(id=0xfbfb, seq(be/le)=461/52481, ttl=128)
13 2.262000	192.168.10.1	192.168.10.2	ICMP	Echo (ping) reply	(id=0xfbfb, seq(be/le)=461/52481, ttl=128)
14 3.213000	192.168.20.2	192.168.20.1	ICMP	Echo (ping) request	(id=0xfcfb, seq(be/le)=416/40961, ttl=128)
15 3.229000	192.168.20.1	192.168.20.2	ICMP	Echo (ping) reply	(id=0xfcfb, seq(be/le)=416/40961, ttl=128)
16 3.291000	192.168.10.2	192.168.10.1	ICMP	Echo (ping) request	(id=0xfcfb, seq(be/le)=462/52737, ttl=128)
17 3.338000	192.168.10.1	192.168.10.2	ICMP	Echo (ping) reply	(id=0xfcfb, seq(be/le)=462/52737, ttl=128)
18 3.401000	HuaweiTe_40:47:b0	Spanning-tree-(for-STP	MST. Root = 32768/0/4c:1f:cc:40:47:b0 Cost = 0 Port = 0x8001
19 4.259000	192.168.20.2	192.168.20.1	ICMP	Echo (ping) request	(id=0xfdfb, seq(be/le)=417/41217, ttl=128)
20 4.274000	192.168.20.1	192.168.20.2	ICMP	Echo (ping) reply	(id=0xfdfb, seq(be/le)=417/41217, ttl=128)
21 4.368000	192.168.10.2	192.168.10.1	ICMP	Echo (ping) request	(id=0xfdfb, seq(be/le)=463/52993, ttl=128)
22 4.399000	192.168.10.1	192.168.10.2	ICMP	Echo (ping) reply	(id=0xfdfb, seq(be/le)=463/52993, ttl=128)
23 5.319000	192.168.20.2	192.168.20.1	ICMP	Echo (ping) request	(id=0xfefb, seq(be/le)=418/41473, ttl=128)
24 5.335000	192.168.20.1	192.168.20.2	ICMP	Echo (ping) reply	(id=0xfefb, seq(be/le)=418/41473, ttl=128)
25 5.444000	192.168.10.2	192.168.10.1	ICMP	Echo (ping) request	(id=0xfefb, seq(be/le)=464/53249, ttl=128)
26 5.475000	192.168.10.1	192.168.10.2	ICMP	Echo (ping) reply	(id=0xfefb, seq(be/le)=464/53249, ttl=128)

图 5-35　抓包 1

可以观察到，目前 VLAN10 和 VLAN20 的数据包都从 S3 的接口 E 0/0/1 转发。在 S3 的 E 0/0/2 接口上抓包观察，如图 5-36 所示。

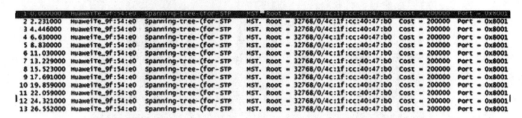

图 5-36　抓包 2

可以观察到，在 S3 的 E 0/0/2 接口上，没有任何数据包转发，只接收到上行接口周期发送的 BPDU。

此时 S2 与 S3 间的链路完全处于闲置状态，造成了资源的浪费，也导致了 S1 与 S3 间链路上数据转发任务繁重，易引起拥塞丢包。为了能够有效地利用链路资源，可以通过配置 MSTP 多实例来实现。

关闭 PC 上的 ping 测试。

（3）MSTP 的运行机制。

MSTP 网络由一个或者多个 MST 域组成，每个 MST 域中可以包含一个或多个 MSTI，即 MST 实例。MST 域中含有一张 VLAN 映射表，描述了 VLAN 与 MSTI 之间的映射关系，默认情况下所有 VLAN 都映射到 MSTI0 中。MSTI 之间彼此独立。

在 S1 上配置 MSTP 多实例。使用 **stp region-configuration** 命令进入 MST 域视图。

[s1]stp region-configuration

[s1-mst-region]

使用 region-name 命令配置 MST 域名为 huawei。

[S1-mst-region] region-name huawei

使用 **revision-level** 命令配置 MSTP 的修订级别为 1。

[S1 -mst-region]revision-level 1

使用 instance 命令指定 VLAN 10 映射到 MSTI 1，指定 VLAN 20 映射到 MSTI 2。

[S1-mst-region] instance 1 vlan 10

[S1 -mst-region] instance 2 vlan 20

使用 **active region-configuration** 命令激活 MST 域配置。

[S1 -mst-region]active region-configuration

Info：This operation may take a few seconds. Please wait for a moment…done.

在 S2、S3 上做同样配置，但是需要注意的是，在同一 MST 域中，必须具有相同域名、修订级别以及 VLAN 到 MSTI 的映射关系。

[S2] stp region-configuration

[S2-mst-region]region-name huawei

[S2-mst-region] revision-level 1

```
[S2-mst-region] instance 1 vlan 10
[S2-mst-region]instance 2 vlan 20
[S2-mst-region]active region-configuration

[S3] stp region-configuration
[S3-mst-region]region-name huawei
[S3-mst-region] revision-level 1
[S3-mst-region]instance 1 vlan 10
[S3-mst-region]instance 2 vlan 20
[S3-mst-region]active region-configuration
```

配置完成后，在 S1、S2、S3 上使用 display stp region-configuration 命令查看交换机上当前生效的 MST 域配置信息，如图 5-37 所示。

```
<s1>display stp region-configuration
 Oper configuration
  Format selector    :0
  Region name        :huawei
  Revision level     :1

  Instance   VLANs Mapped
    0        1 to 9, 11 to 19, 21 to 4094
    1        10
    2        20
```

（a）S1

```
<s2>display stp region-configuration
 Oper configuration
  Format selector    :0
  Region name        :huawei
  Revision level     :1

  Instance   VLANs Mapped
    0        1 to 9, 11 to 19, 21 to 4094
    1        10
    2        20
```

（b）S2

```
<s3>display stp region-configuration
 Oper configuration
  Format selector    :0
  Region name        :huawei
  Revision level     :1

  Instance   VLANs Mapped
    0        1 to 9, 11 to 19, 21 to 4094
    1        10
    2        20
```

（c）S3

图 5-37　配置信息

可以观察到，所有交换机上的 MST 域名都为 huawei，修订版本号都为 1，且 VLAN 与实例间的映射关系相同，其中除 VLAN 10 与 VLAN 20 之外，其余 VLAN 都属于实例 0 中。

MSTP 多实例配置完成后，在 HR 部门的 PC-2 上持续发送 ping 包至 PC-1（使用 ping 192.168.10.1-t 命令），在 IT 部门的 PC4 上持续发送 ping 包至 PC-3（使用 ping 192.168.20.1-t 命令）。同时，在 S3 的 E 0/0/1 接口上抓包观察，如图 5-38 所示。

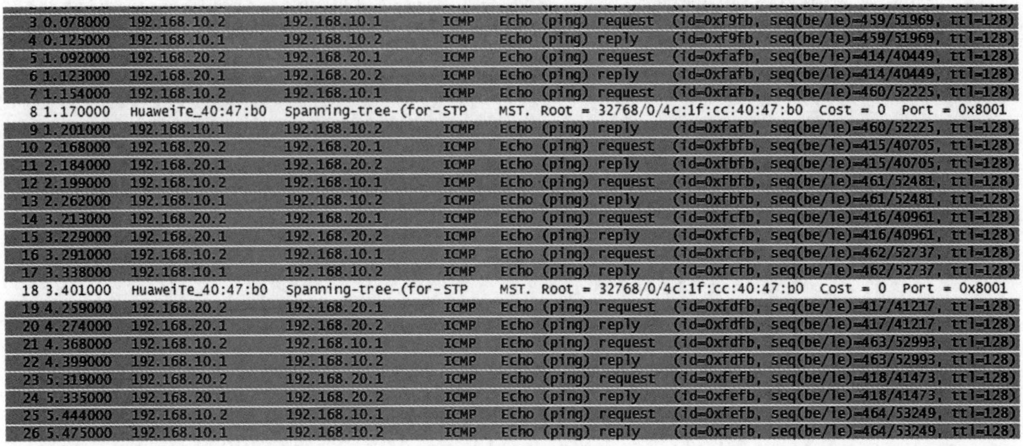

```
3  0.078000   192.168.10.2          192.168.10.1          ICMP   Echo (ping) request  (id=0xf9fb, seq(be/le)=459/51969, ttl=128)
4  0.125000   192.168.10.1          192.168.10.2          ICMP   Echo (ping) reply    (id=0xf9fb, seq(be/le)=459/51969, ttl=128)
5  1.092000   192.168.20.2          192.168.20.1          ICMP   Echo (ping) request  (id=0xfafb, seq(be/le)=414/40449, ttl=128)
6  1.123000   192.168.20.1          192.168.20.1          ICMP   Echo (ping) reply    (id=0xfafb, seq(be/le)=414/40449, ttl=128)
7  1.154000   192.168.10.2          192.168.10.1          ICMP   Echo (ping) request  (id=0xfafb, seq(be/le)=460/52225, ttl=128)
8  1.170000   HuaweiTe_40:47:b0     Spanning-tree-(for-STP  MST. Root = 32768/0/4c:1f:cc:40:47:b0  Cost = 0  Port = 0x8001
9  1.201000   192.168.10.1          192.168.10.1          ICMP   Echo (ping) reply    (id=0xfafb, seq(be/le)=460/52225, ttl=128)
10 2.168000   192.168.20.2          192.168.20.1          ICMP   Echo (ping) request  (id=0xfbfb, seq(be/le)=415/40705, ttl=128)
11 2.184000   192.168.20.1          192.168.20.1          ICMP   Echo (ping) reply    (id=0xfbfb, seq(be/le)=415/40705, ttl=128)
12 2.199000   192.168.10.2          192.168.10.1          ICMP   Echo (ping) request  (id=0xfbfb, seq(be/le)=461/52481, ttl=128)
13 2.262000   192.168.10.1          192.168.10.2          ICMP   Echo (ping) reply    (id=0xfbfb, seq(be/le)=461/52481, ttl=128)
14 3.213000   192.168.10.2          192.168.10.1          ICMP   Echo (ping) request  (id=0xfcfb, seq(be/le)=416/40961, ttl=128)
15 3.229000   192.168.20.1          192.168.20.1          ICMP   Echo (ping) reply    (id=0xfcfb, seq(be/le)=416/40961, ttl=128)
16 3.291000   192.168.20.2          192.168.20.1          ICMP   Echo (ping) request  (id=0xfcfb, seq(be/le)=462/52737, ttl=128)
17 3.338000   192.168.10.1          192.168.10.2          ICMP   Echo (ping) reply    (id=0xfcfb, seq(be/le)=462/52737, ttl=128)
18 3.401000   HuaweiTe_40:47:b0     Spanning-tree-(for-STP  MST. Root = 32768/0/4c:1f:cc:40:47:b0  Cost = 0  Port = 0x8001
19 4.259000   192.168.20.2          192.168.20.1          ICMP   Echo (ping) request  (id=0xfdfb, seq(be/le)=417/41217, ttl=128)
20 4.274000   192.168.20.1          192.168.20.1          ICMP   Echo (ping) reply    (id=0xfdfb, seq(be/le)=417/41217, ttl=128)
21 4.368000   192.168.10.2          192.168.10.1          ICMP   Echo (ping) request  (id=0xfdfb, seq(be/le)=463/52993, ttl=128)
22 4.399000   192.168.10.1          192.168.10.2          ICMP   Echo (ping) reply    (id=0xfdfb, seq(be/le)=463/52993, ttl=128)
23 5.319000   192.168.20.2          192.168.20.1          ICMP   Echo (ping) request  (id=0xfefb, seq(be/le)=418/41473, ttl=128)
24 5.335000   192.168.20.1          192.168.20.1          ICMP   Echo (ping) reply    (id=0xfefb, seq(be/le)=418/41473, ttl=128)
25 5.444000   192.168.20.2          192.168.20.1          ICMP   Echo (ping) request  (id=0xfefb, seq(be/le)=464/53249, ttl=128)
26 5.475000   192.168.10.1          192.168.10.2          ICMP   Echo (ping) reply    (id=0xfefb, seq(be/le)=464/53249, ttl=128)
```

图 5-38   抓包 3

可以观察到，目前 VLAN 10 和 VLAN 20 的数据包仍然从 E 0/0/1 接口转发。在 S3 的 E 0/0/2 接口上抓包观察，如图 5-39 所示。

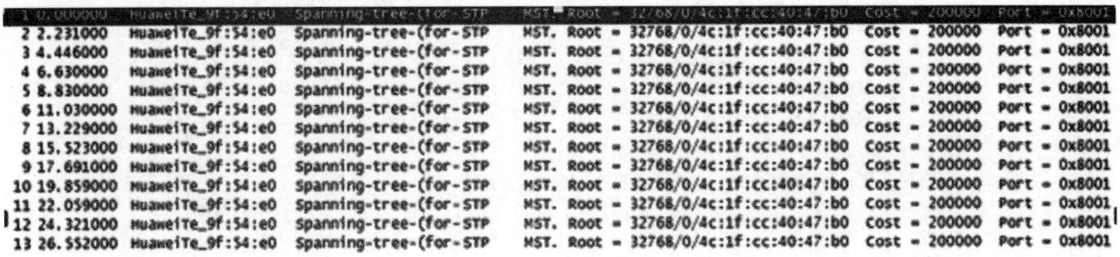

```
1  0.000000   HuaweiTe_9f:54:e0    Spanning-tree-(for-STP  MST. Root = 32768/0/4c:1f:cc:40:47:b0  Cost = 200000  Port = 0x8001
2  2.231000   HuaweiTe_9f:54:e0    Spanning-tree-(for-STP  MST. Root = 32768/0/4c:1f:cc:40:47:b0  Cost = 200000  Port = 0x8001
3  4.446000   HuaweiTe_9f:54:e0    Spanning-tree-(for-STP  MST. Root = 32768/0/4c:1f:cc:40:47:b0  Cost = 200000  Port = 0x8001
4  6.630000   HuaweiTe_9f:54:e0    Spanning-tree-(for-STP  MST. Root = 32768/0/4c:1f:cc:40:47:b0  Cost = 200000  Port = 0x8001
5  8.830000   HuaweiTe_9f:54:e0    Spanning-tree-(for-STP  MST. Root = 32768/0/4c:1f:cc:40:47:b0  Cost = 200000  Port = 0x8001
6  11.030000  HuaweiTe_9f:54:e0    Spanning-tree-(for-STP  MST. Root = 32768/0/4c:1f:cc:40:47:b0  Cost = 200000  Port = 0x8001
7  13.229000  HuaweiTe_9f:54:e0    Spanning-tree-(for-STP  MST. Root = 32768/0/4c:1f:cc:40:47:b0  Cost = 200000  Port = 0x8001
8  15.523000  HuaweiTe_9f:54:e0    Spanning-tree-(for-STP  MST. Root = 32768/0/4c:1f:cc:40:47:b0  Cost = 200000  Port = 0x8001
9  17.691000  HuaweiTe_9f:54:e0    Spanning-tree-(for-STP  MST. Root = 32768/0/4c:1f:cc:40:47:b0  Cost = 200000  Port = 0x8001
10 19.859000  HuaweiTe_9f:54:e0    Spanning-tree-(for-STP  MST. Root = 32768/0/4c:1f:cc:40:47:b0  Cost = 200000  Port = 0x8001
11 22.059000  HuaweiTe_9f:54:e0    Spanning-tree-(for-STP  MST. Root = 32768/0/4c:1f:cc:40:47:b0  Cost = 200000  Port = 0x8001
12 24.321000  HuaweiTe_9f:54:e0    Spanning-tree-(for-STP  MST. Root = 32768/0/4c:1f:cc:40:47:b0  Cost = 200000  Port = 0x8001
13 26.552000  HuaweiTe_9f:54:e0    Spanning-tree-(for-STP  MST. Root = 32768/0/4c:1f:cc:40:47:b0  Cost = 200000  Port = 0x8001
```

图 5-39   抓包 4

可以观察到，在 E 0/0/2 接口上，仍然没有任何数据包转发，只有接收到的上行接口周期发送的 BPDU。

关闭 PC 上的 ping 测试。

现在在已经配置了 MSTP 多实例，但由于每个 MSTP 实例都进行独立的生成树计算，所以在默认不改变任何生成树参数的情况下，其实每棵生成树的选举结果是一致的。

在 S1、S2、S3 上使用 display stp instance 0 brief 命令查看默认实例 0 中的生成树状态和统计的摘要信息。

`<s1>display stp instance 0 brief`				
MSTID	Port	Role	STP State	Protection
0	Ethernet0/0/1	DESI	FORWARDING	NONE

MSTID	Port	Role	STP State	Protection
0	Ethernet0/0/2	DESI	FORWARDING	NONE
0	Ethernet0/0/3	DESI	FORWARDING	NONE

`<s2>display stp instance 0 brief`

MSTID	Port	Role	STP State	Protection
0	Ethernet0/0/1	DESI	FORWARDING	NONE
0	Ethernet0/0/2	ROOT	DISCARDING	NONE
0	Ethernet0/0/3	DESI	FORWARDING	NONE

`<s3>display stp instance 0 brief`

MSTID	Port	Role	STP State	Protection
0	Ethernet0/0/1	ROOT	FORWARDING	NONE
0	Ethernet0/0/2	ALTE	FORWARDING	NONE
0	Ethernet0/0/3	DESI	DISCARDING	NONE
0	Ethernet0/0/4	DESI	FORWARDING	NONE

在 S1、S2、S3 上使用 display stp instance 1 brief 命令查看实例 1 中的生成树状态和统计的摘要信息。

`<s1>display stp instance 1 brief`

MSTID	Port	Role	STP State	Protection
1	Ethernet0/0/1	DESI	FORWARDING	NONE
1	Ethernet0/0/2	DESI	FORWARDING	NONE
1	Ethernet0/0/3	DESI	FORWARDING	NONE

`<s2>display stp instance 1 brief`

MSTID	Port	Role	STP State	Protection
1	Ethernet0/0/1	DESI	FORWARDING	NONE
1	Ethernet0/0/2	ROOT	DISCARDING	NONE

`<s3>display stp instance 1 brief`

MSTID	Port	Role	STP State	Protection
2	Ethernet0/0/1	ROOT	FORWARDING	NONE
2	Ethernet0/0/2	ALTE	DISCARDING	NONE
2	Ethernet0/0/3	DESI	FORWARDING	NONE

在 S1、S2、S3 上使用 display stp instance 2 brief 命令查看实例 2 中的生成树状态和统计的摘要信息。

`<s1>display stp instance 2 brief`

MSTID	Port	Role	STP State	Protection
2	Ethernet0/0/1	DESI	FORWARDING	NONE
2	Ethernet0/0/2	DESI	FORWARDING	NONE

`<s2>display stp instance 2 brief`

MSTID	Port	Role	STP State	Protection

2	Ethernet0/0/1	DESI	FORWARDING	NONE
2	Ethernet0/0/2	ROOT	DISCARDING	NONE
2	Ethernet0/0/3	DESI	FORWARDING	NONE

\<s3\>display stp instance 2 brief

MSTID	Port	Role	STP State	Protection
2	Ethernet0/0/1	ROOT	FORWARDING	NONE
2	Ethernet0/0/2	ALTE	DISCARDING	NONE
2	Ethernet0/0/4	DESI	DISCARDING	NONE

可以观察到，在以上 3 个实例中，选举结果是一致的，都是 S3 的 E0/0/2 接口处于 Discarding 状态。

现在要实现 S2 与 S3 间的链路被利用，可以在实例 1 中，保持目前生成树的选举结果不变，即使得 VLAN 10 中 HR 部门内的流量通过 S1 与 S3 间的链路转发。在实例 2 中，配置使得 S2 成为根交换机，阻塞 S1 与 S3 间的链路，即使得 VLAN 20 中 IT 部门的流量通过 S2 与 S3 间的链路转发。

在 S2 上使用 stp instance priority 命令配置其成为实例 2 中的根交换机。

```
[S2]stp instance 2 priority 0
```

配置完成后，在 S1、S2、S3 上使用 display stp instance 2 brief 命令查看实例 2 中的生成树状态和统计的摘要信息。

\<s1\>display stp instance 2 brief

MSTID	Port	Role	STP State	Protection
2	Ethernet0/0/1	ROOT	FORWARDING	NONE
2	Ethernet0/0/2	DESI	FORWARDING	NONE

\<s2\>display stp instance 2 brief

MSTID	Port	Role	STP State	Protection
2	Ethernet0/0/1	DESI	FORWARDING	NONE
2	Ethernet0/0/2	DESI	FORWARDING	NONE
2	Ethernet0/0/3	DESI	FORWARDING	NONE

\<s3\>display stp instance 2 brief

MSTID	Port	Role	STP State	Protection
2	Ethernet0/0/1	ALTE	DISCARDING	NONE
2	Ethernet0/0/2	ROOT	FORWARDING	NONE
2	Ethernet0/0/4	DESI	FORWARDING	NONE

可以观察到，此时 S2 成了实例 2 中的根交换机，所有端口都为指定端口，而 S3 的 E0/0/1 接口为替代端口，即 S1 与 S3 间的链路现已阻塞。

在 HR 部门的 PC-2 上持续发送 ping 包至 PC-1（使用 ping 192.168.10.1-t 命令），在 IT 部门的 PCM 上持续发送 ping 包至 PC-3（使用 ping 192.168.20.1-t 命令）。同时，在 S3 的 E 0/0/1 接口上抓包观察，如图 5-40 所示。

1	0.000000	192.168.10.2	192.168.10.1	ICMP	Echo (ping) request (id=0xa433, seq(be/le)=80/20480, ttl=128)
2	0.016000	192.168.10.1	192.168.10.2	ICMP	Echo (ping) reply (id=0xa433, seq(be/le)=80/20480, ttl=128)
3	0.624000	HuaweiTe_40:47:b0	Spanning-tree-(for-	STP	MST. Root = 32768/0/4c:1f:cc:40:47:b0 Cost = 0 Port = 0x8002
4	1.061000	192.168.10.2	192.168.10.1	ICMP	Echo (ping) request (id=0xa533, seq(be/le)=81/20736, ttl=128)
5	1.077000	192.168.10.1	192.168.10.2	ICMP	Echo (ping) reply (id=0xa533, seq(be/le)=81/20736, ttl=128)
6	2.122000	192.168.10.2	192.168.10.1	ICMP	Echo (ping) request (id=0xa633, seq(be/le)=82/20992, ttl=128)
7	2.153000	192.168.10.1	192.168.10.2	ICMP	Echo (ping) reply (id=0xa633, seq(be/le)=82/20992, ttl=128)
8	2.871000	HuaweiTe_40:47:b0	Spanning-tree-(for-	STP	MST. Root = 32768/0/4c:1f:cc:40:47:b0 Cost = 0 Port = 0x8002
9	3.214000	192.168.10.2	192.168.10.1	ICMP	Echo (ping) request (id=0xa833, seq(be/le)=83/21248, ttl=128)
10	3.230000	192.168.10.1	192.168.10.2	ICMP	Echo (ping) reply (id=0xa833, seq(be/le)=83/21248, ttl=128)
11	4.290000	192.168.10.2	192.168.10.1	ICMP	Echo (ping) request (id=0xa933, seq(be/le)=84/21504, ttl=128)
12	4.306000	192.168.10.1	192.168.10.2	ICMP	Echo (ping) reply (id=0xa933, seq(be/le)=84/21504, ttl=128)

图 5-40　抓包 5

可以观察到，目前 VLAN 10 的流量都从 S3 的 E0/0/1 接口转发。在 S3 的 E 0/0/2 接口上抓包观察，如图 5-41 所示。

3	1.014000	192.168.20.2	192.168.20.1	ICMP	Echo (ping) request (id=0xc237, seq(be/le)=8/2048, ttl=128)
4	1.014000	192.168.20.1	192.168.20.2	ICMP	Echo (ping) reply (id=0xc237, seq(be/le)=8/2048, ttl=128)
5	1.763000	HuaweiTe_df:31:39	Spanning-tree-(for-	STP	MST. Root = 32768/0/4c:1f:cc:df:31:39 Cost = 0 Port = 0x8001
6	2.075000	192.168.20.2	192.168.20.1	ICMP	Echo (ping) request (id=0xc337, seq(be/le)=9/2304, ttl=128)
7	2.075000	192.168.20.1	192.168.20.2	ICMP	Echo (ping) reply (id=0xc337, seq(be/le)=9/2304, ttl=128)
8	3.105000	192.168.20.2	192.168.20.1	ICMP	Echo (ping) request (id=0xc437, seq(be/le)=10/2560, ttl=128)
9	3.120000	192.168.20.1	192.168.20.2	ICMP	Echo (ping) reply (id=0xc437, seq(be/le)=10/2560, ttl=128)
10	3.931000	HuaweiTe_df:31:39	Spanning-tree-(for-	STP	MST. Root = 32768/0/4c:1f:cc:df:31:39 Cost = 0 Port = 0x8001
11	4.150000	192.168.20.2	192.168.20.1	ICMP	Echo (ping) request (id=0xc537, seq(be/le)=11/2816, ttl=128)
12	4.150000	192.168.20.1	192.168.20.2	ICMP	Echo (ping) reply (id=0xc537, seq(be/le)=11/2816, ttl=128)
13	5.179000	192.168.20.2	192.168.20.1	ICMP	Echo (ping) request (id=0xc637, seq(be/le)=12/3072, ttl=128)
14	5.179000	192.168.20.1	192.168.20.2	ICMP	Echo (ping) reply (id=0xc637, seq(be/le)=12/3072, ttl=128)

图 5-41　抓包 6

可以观察到，目前 VLAN 20 的流量都从 E 0/0/2 接口转发。

至此，完成了 MSTP 多实例的配置，并达到了流量负载分担的目的，有效地利用了网络资源，同时使得 S3 的两条上行链路可以互相备份。

思考题

1. STP 是通过（　　）来构造一个无环路拓扑的。

   A. 阻塞根网桥　　B. 阻塞根端口

   C. 阻塞指定端口　　D. 阻塞非根非指定端口

2. （　　）端口拥有从非根网桥到根网桥的最低成本路径。

   A. 根端口　　B. 指定端口　　C. 阻塞端口　　D. 非根非指定端口

3. 对于一个监听状态的端口，以下正确的是（　　）。

   A. 可以接收和发送 BPDU，但不能转发学习 MAC 地址

   B. 既可以接收和发送 BPDU，也可以学习 MAC 地址

   C. 可以学习 MAC 地址，但不能转发数据帧

   D. 不能学习 MAC 地址，但可以转发数据帧

4. STP 中选择根端口时，如果根路径成本相同，则会比较（　　）。

   A. 发送网桥的转发延时　　B. 发送网桥的型号

   C. 发送网桥的 ID　　D. 发送端口 ID

5. RSTP 中的（　　）状态等同于 STP 中的监听状态。

   A. 阻塞　　B. 监听　　C. 丢弃　　D. 转发

6. 在 RSTP 活动拓扑中包含的端口角色有（　　）。

A. 根端口　　　　　　　　　　B. 替代端口

C. 指定端口　　　　　　　　　　D. 备份端口　　　　　E. 阻塞端口

7. 定义 RSTP（快速生成树）的是（　　　）。

A. IEEE 802.1Q　　　　　　　　B. IEEE 802.2D

C. IEEE 802.1.W　　　　　　　　D. IEEE 802.3

8. 管理员希望手动指定某一交换机为生成树中的根交换机，则下列说法正确的是
（　　　）。

A. 修改该交换机优先级的值，使其比网络中其他交换机优先级的值小

B. 修改该交换机 MAC 地址，使其比网络中其他交换机 MAC 地址的值小

C. 修改该交换机 MAC 地址，使其比网络中其他交换机 MAC 地址的值大

D. 修改该交换机优先级的值，使其比网络中其他交换机优先级的值大

9. 在 STP 协议中，假设所有交换机所配置的优先级相同，交换机 1 的 MAC 地址
00-e0-4c-00-00-40，交换机 2 的 MAC 地址为 00-e0-4c-00-00-10，交换机 3 的 MAC 地
址为 00-e0-fc-00-00-20，交换机 4 的 MAC 地址为 00-e0-fc-00-00-80，则根交换机应当
为（　　　）。

A. 交换机 1　　　　B. 交换机 2　　　　C. 交换机 3　　　　D. 交换机 4

10. 华为 Sx7 系列交换机运行 STP 时，缺省情况下交换机的优先级为（　　　）。

A. 4096　　　　　B. 8192　　　　　C. 16384　　　　　D. 32768

11. 简述 STP 拓扑更新工作过程。

12. 简述 RSTP 做了哪些改进从而缩短了收敛时间。

13. 比较 STP 与 RSTP 的区别，RSTP 增加了哪些端口？

14. 路由环路会引起哪些现象或问题？

15. STP 如何选举根交换机？

16. 简述 STP 选举过程。

其他交换技术

6.1　GVRP 的原理与配置

6.1.1　原理概述

GVRP（GARP VLAN Registration Protocol，GARP VLAN 注册协议），是 GARP（Generic Attribute Registration Protocol，通用属性注册协议）的一种应用，用于注册和注销 VLAN 属性，使得交换机之间能够相互交换 VLAN 配置信息，动态创建和管理 VLAN。用户只需要对少数交换机进行 VLAN 配置即可动态地传播 VLAN 信息。

手工配置的 VLAN 称为静态 VLAN，通过 GVRP 协议创建的 VLAN 称为动态 VLAN。GVRP 有 3 种注册模式，不同的模式对静态 VLAN 和动态 VLAN 的处理方式也不同。

Normal 模式：允许该接口动态注册、注销 VLAN，传播动态 VLAN 和静态 VLAN 信息。

Fixed 模式：禁止该接口动态注册、注销 VLAN，只传播静态 VLAN 信息，即被设置成该模式下的 Trunk 接口，即使允许所有 VLAN 通过，实际通过的 VLAN 也只能是手动配置的那部分。

Forbidden 模式：禁止该接口动态注册、注销 VLAN，不传播任何除 VLAN 1 以外的 VLAN 信息，即被设置成该模式下的 Trunk 接口，即使允许所有 VLAN 通过，实际通过的 VLAN 也只能是 VLAN 1。

6.1.2　基本配置

1. 实例应用背景

本实例模拟企业网络场景。S1 和 S4 是接入层交换机，分别连接到汇聚层交换机

S2 和 S3，公司不同部门员工通过接入层交换机连接到网络。现在需要在交换机上划分 VLAN 隔离不同部门，但考虑到部门较多，随着发展网络情况可能会越来越复杂，采用手工配置 VLAN 的方式工作量会非常大，而且容易导致配置错误。此时可以通过 GVRP 的 VLAN 自动注册功能完成 VLAN 的配置。

2. 实例拓扑结构

GVRP 基础配置拓扑结构如图 6-1 所示。

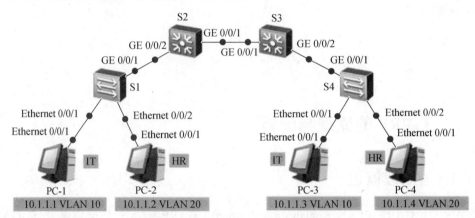

图 6-1　GVRP 基础配置拓扑结构

3. 实例编址

实例编址见表 6-1。

表 6-1　实例编址

设备	接口	IP 地址	子网掩码	默认网关
PC-1	Ethernet 0/0/1	10.1.1.1	255.255.255.0	N/A
PC-2	Ethernet 0/0/1	10.1.1.2	255.255.255.0	N/A
PC-3	Ethernet 0/0/1	10.1.1.3	255.255.255.0	N/A
PC-4	Ethernet 0/0/1	10.1.1.4	255.255.255.0	N/A

4. 配置步骤

（1）基本配置。

根据实例编址表进行相应的基本 IP 地址配置，并使用 ping 命令检测各直连链路的连通性，在没有完成划分 VLAN 之前各 PC 都属于默认的 VLAN 1，之间都能互通。测试 PC-1 与 PC-2 间的连通性。

```
PC>ping 10.1.1.2
Ping 10.1.1.2：32 data bytes，Press Ctrl_C to break
From 10.1.1.2：bytes=32 seq=1 ttl=128 time=47 ms
```

```
From 10.1.1.2：bytes=32 seq=2 ttl=128 time=47 ms
From 10.1.1.2：bytes=32 seq=3 ttl=128 time=31 ms
From 10.1.1.2：bytes=32 seq=4 ttl=128 time=31 ms
From 10.1.1.2：bytes=32 seq=5 ttl=128 time=47 ms

--- 10.1.1.2 ping statistics ---
5 packet(s) transmitted
5 packet(s) received
0.00% packet loss
round-trip min/avg/max = 31/40/47 ms
```

（2）配置 GVRP 单向注册。

在公司的二层网络中，有 IT 和 HR 两个不同的部门，需要将它们划分到不同的 VLAN 中去。如果按照常规配置方法，要手工在所有交换机上都创建相应的 VLAN。后续如果有新的部门需要新增 VLAN，或者二层网络整改，都要随之修改 VLAN 配置，配置量非常大且易出错，现网络管理员可以采用 GVRP 来完成 VLAN 配置。

将 4 台交换机之间所互连的接口（连接 PC 的接口除外）的类型都配置为 Trunk，并允许所有 VLAN 通过。

```
[S1]interface GigabitEthernet 0/0/1
[S1-GigabitEthernet0/0/1]port link-type trunk
[S1-GigabitEthernet0/0/1]port trunk allow-pass vlan all

[S2]interface GigabitEthernet 0/0/1
[S2-GigabitEthernet0/0/1]port link-type trunk
[S2-GigabitEthernet0/0/1]port trunk allow-pass vlan all
[S2-GigabitEthernet0/0/1]interface GigabitEthernet 0/0/2
[S2-GigabitEthernet0/0/2]port link-type trunk
[S2-GigabitEthernet0/0/2]port trunk allow-pass vlan all

[S3]interface GigabitEthernet 0/0/1
[S3-GigabitEthernet0/0/1]port link-type trunk
[S3-GigabitEthernet0/0/1]port trunk allow-pass vlan all
[S3-GigabitEthernet0/0/1]interface GigabitEthernet 0/0/2
[S3-GigabitEthernet0/0/2]port link-type trunk
[S3-GigabitEthernet0/0/2]port trunk allow-pass vlan all

[S4]interface GigabitEthernet 0/0/1
[S4-GigabitEthernet0/0/1]port link-type trunk
[S4-GigabitEthernet0/0/1]port trunk allow-pass vlan all
```

在 S1 上创建 VLAN 10 和 VLAN 20，并把连接 PC 的接口类型配置为 Access，划入相应的 VLAN 中。

```
[S1]vlan 10
[S1-vlanl0]vlan 20
[S1-vlan20]interface Ethernet0/0/1
[S1-Ethemet0/0/1 ]port link-type access
[S1-Ethemet0/0/1 ]port default vlan 10
[S1-Ethemet0/0/1 ]interface Ethernet0/0/2
[S1-Ethemet0/0/2]port link-type access
[S1-Ethemet0/0/2]port default vlan 20
```

在所有交换机上都开启 GVRP 功能，并在所有交换机两两互连的接口下也开启 GVRP 功能。GVRP 注册模式默认为 Normal 模式。

```
[S1]gvrp
[S1]interface GigabitEthernet0/0/1
[S1-GigabitEthernet0/0/1]gvrp

[S2]gvrp
[S2]interface GigabitEthernet0/0/1
[S2-GigabitEthernet0/0/1]gvrp
[S2-GigabitEthernet0/0/1]interface GigabitEthernet0/0/2
[S2-GigabitEthernet0/0/2]gvrp

[S3]gvrp
[S3]interface GigabitEthernet0/0/1
[S3-GigabitEthernet0/0/1]gvrp
[S3-GigabitEthernet0/0/1]interface GigabitEthernet0/0/2
[S3-GigabitEthernet0/0/2]gvrp

[S4]gvrp
[S4]interface GigabitEthernet0/0/1
[S4-GigabitEthernet0/0/1]gvrp
```

配置完成后，在 S2、S3、S4 上使用 display vlan 命令查看所有 VLAN 的相关信息。

```
<S2>display vlan
The total number of vlans is: 3
--------------------------------------------------------------------------
U: Up;            D: Down;             TG: Tagged;        UT: Untagged;
MP: Vlan-mapping;                      ST: Vlan-stacking;
```

#: ProtocolTransparent-vlan;   *: Management-vlan;

VID   Type   Ports

----

1   common   UT: GE0/0/1(U)   GE0/0/2(U)   GE0/0/3(D)   GE0/0/4(D)
                   GE0/0/5(D)   GE0/0/6(D)   GE0/0/7(D)   GE0/0/8(D)
                   GE0/0/9(D)   GE0/0/10(D)   GE0/0/11(D)   GE0/0/12(D)
                   GE0/0/13(D)   GE0/0/14(D)   GE0/0/15(D)   GE0/0/16(D)
                   GE0/0/17(D)   GE0/0/18(D)   GE0/0/19(D)   GE0/0/20(D)
                   GE0/0/21(D)   GE0/0/22(D)   GE0/0/23(D)   GE0/0/24(D)

10   dynamic TG: GE0/0/2(U)

20   dynamic TG: GE0/0/2(U)

VID   Status   Property   MAC-LRN Statistics Description

----

1   enable   default   enable   disable   VLAN 0001
10   enable   default   enable   disable   VLAN 0010
20   enable   default   enable   disable   VLAN 0020
<S3>display vlan
The total number of vlans is: 3

U: Up;   D: Down;   TG: Tagged;   UT: Untagged;
MP: Vlan-mapping;   ST: Vlan-stacking;
#: ProtocolTransparent-vlan;   *: Management-vlan;

VID   Type   Ports

----

1 common   UT: GE0/0/1(U)   GE0/0/2(U)   GE0/0/3(D)   GE0/0/4(D)
                 GE0/0/5(D)   GE0/0/6(D)   GE0/0/7(D)   GE0/0/8(D)
                 GE0/0/9(D)   GE0/0/10(D)   GE0/0/11(D)   GE0/0/12(D)
                 GE0/0/13(D)   GE0/0/14(D)   GE0/0/15(D)   GE0/0/16(D)
                 GE0/0/17(D)   GE0/0/18(D)   GE0/0/19(D)   GE0/0/20(D)
                 GE0/0/21(D)   GE0/0/22(D)   GE0/0/23(D)   GE0/0/24(D)

10   dynamic TG: GE0/0/1(U)

20   dynamic TG: GE0/0/1(U)

VID	Status	Property	MAC-LRN	Statistics	Description
1	enable	default	enable	disable	VLAN 0001
10	enable	default	enable	disable	VLAN 0010
20	enable	default	enable	disable	VLAN 0020

\<S4\>display vlan

The total number of vlans is: 3

U: Up;	D: Down;	TG: Tagged;	UT: Untagged;
MP: Vlan-mapping;		ST: Vlan-stacking;	
#: ProtocolTransparent-vlan;		*: Management-vlan;	

VID	Type	Ports			
1	common	UT: Eth0/0/1(U)	Eth0/0/2(U)	Eth0/0/3(D)	Eth0/0/4(D)
		Eth0/0/5(D)	Eth0/0/6(D)	Eth0/0/7(D)	Eth0/0/8(D)
		Eth0/0/9(D)	Eth0/0/10(D)	Eth0/0/11(D)	Eth0/0/12(D)
		Eth0/0/13(D)	Eth0/0/14(D)	Eth0/0/15(D)	Eth0/0/16(D)
		Eth0/0/17(D)	Eth0/0/18(D)	Eth0/0/19(D)	Eth0/0/20(D)
		Eth0/0/21(D)	Eth0/0/22(D)	GE0/0/1(U)	GE0/0/2(D)

10   dynamic TG: GE0/0/1(U)

20   dynamic TG: GE0/0/1(U)

VID	Status	Property	MAC-LRN	Statistics	Description
1	enable	default	enable	disable	VLAN 0001
10	enable	default	enable	disable	VLAN 0010
20	enable	default	enable	disable	VLAN 0020

可以观察到，S2、S3、S4 都动态获得了 VLAN 10 和 VLAN 20。但是，在 S2 上

只有 GE 0/0/2 加入了这两个 VLAN，在 S3 上只有 GE 0/0/1 加入这两个 VLAN，在 S4 上只有 GE 0/0/1 加入了这两个 VLAN。这是因为此时在 S2、S3、S4 上只有左侧的端口收到 GVRP 的注册消息，此时只完成了单向注册。

由于 PC-1 与 PC-3 同属于 IT 部门，即 VLAN 10 内，现验证它们之间的连通性。

```
PC>ping 10.1.1.3
Ping 10.1.1.3: 32 data bytes，Press Ctrl_C to break
From 10.1.1.1: Destination host unreachable
From 10.1.1.1: Destination host unreachable
From 10.1.1.1: Destination host unreachable
From 10.1.1.1: Destination host unreachable
From 10.1.1.1: Destination host unreachable
```

发现无法通信，再次验证了此时只完成了单向注册。

（3）配置 GVRP 双向注册。

需要在 S4 上也手工创建 VLAN 10 和 VLAN 20，把连接 PC 的接口的模式配置为 Access，划入相应 VLAN 中。

```
[S4]vlan 10
[S4-vlanl0]vlan 20
[S4-vlan20]interface Ethernet0/0/1
[S4-Ethemet0/0/1 ]port link-type access
[S4-Ethemet0/0/1 ]port default vlan 10
[S4-Ethemet0/0/1 ]interface Ethernet0/0/2
[S4-Ethemet0/0/2]port link-type access
[S4-Ethemet0/0/2]port default vlan 20
```

配置完成后，在 S2、S3 上再次使用 display vlan 命令查看相关信息。

```
<S2>display vlan
The total number of vlans is：3
--------------------------------------------------------------------------------
U: Up;            D: Down;              TG: Tagged;            UT: Untagged;
MP: Vlan-mapping;                       ST: Vlan-stacking;
#: ProtocolTransparent-vlan;      *: Management-vlan;
--------------------------------------------------------------------------------

VID   Type    Ports
--------------------------------------------------------------------------------

1   common   UT: GE0/0/1(U)    GE0/0/2(U)    GE0/0/3(D)    GE0/0/4(D)
                  GE0/0/5(D)    GE0/0/6(D)    GE0/0/7(D)    GE0/0/8(D)
```

		GE0/0/9(D)	GE0/0/10(D)	GE0/0/11(D)	GE0/0/12(D)
		GE0/0/13(D)	GE0/0/14(D)	GE0/0/15(D)	GE0/0/16(D)
		GE0/0/17(D)	GE0/0/18(D)	GE0/0/19(D)	GE0/0/20(D)
		GE0/0/21(D)	GE0/0/22(D)	GE0/0/23(D)	GE0/0/24(D)

10　dynamic TG：GE0/0/1(U)　　　GE0/0/2(U)

20　dynamic TG：GE0/0/1(U)　　　GE0/0/2(U)

S3、S4 操作步骤相同（省略）。

可以观察到，此时两台汇聚交换机的右侧接口也加入了 VLAN 10 和 VLAN 20。这是因为从右侧收到了 S4 的 GVRP 注册消息，此时完成了双向注册。

验证 PC-1 与 PC-3 之间的连通性。

```
PC>ping 10.1.1.3
Ping 10.1.1.3：32 data bytes，Press Ctrl_C to break
From 10.1.1.3：bytes=32 seq=1 ttl=128 time=235 ms
From 10.1.1.3：bytes=32 seq=2 ttl=128 time=125 ms
From 10.1.1.3：bytes=32 seq=3 ttl=128 time=125 ms
From 10.1.1.3：bytes=32 seq=4 ttl=128 time=219 ms
From 10.1.1.3：bytes=32 seq=5 ttl=128 time=140 ms
```

此时可以正常通信，PC-2 与 PC-4 的连通性测试相同（省略）。

（4）配置 GVRP 的 Fixed 模式。

在 S3 的 GE 0/0/1 接口下将 GVRP 的注册模式修改为 Fixed 模式。

```
[S3]interface GigabitEthernet 0/0/1
[S3-GigabitEthernet0/0/1]gvrp registration fixed
```

在 S3 上使用 display vlan 命令查看相关信息。

```
<S3>display vlan
The total number of vlans is：3
--------------------------------------------------------------------------------
U: Up;          D: Down;          TG: Tagged;          UT: Untagged;
MP: Vlan-mapping;                 ST: Vlan-stacking;
#: ProtocolTransparent-vlan;      *: Management-vlan;
--------------------------------------------------------------------------------

VID  Type   Ports
--------------------------------------------------------------------------------
1    common UT: GE0/0/1(U)    GE0/0/2(U)     GE0/0/3(D)     GE0/0/4(D)
                GE0/0/5(D)     GE0/0/6(D)     GE0/0/7(D)     GE0/0/8(D)
                GE0/0/9(D)     GE0/0/10(D)    GE0/0/11(D)    GE0/0/12(D)
                GE0/0/13(D)    GE0/0/14(D)    GE0/0/15(D)    GE0/0/16(D)
```

```
          GE0/0/17(D)    GE0/0/18(D)    GE0/0/19(D)    GE0/0/20(D)
          GE0/0/21(D)    GE0/0/22(D)    GE0/0/23(D)    GE0/0/24(D)
10    dynamic TG: GE0/0/2(U)
20    dynamic TG: GE0/0/2(U)
```

发现 GE 0/0/1 接口已经无法动态学习到 VLAN 信息，这是由于 Fixed 模式下不允许动态 VLAN 在接口上注册，相应地，同部门内跨交换机的两台 PC 就无法通信。

这时的解决办法有两种，一种是在 S3 上手工创建 VLAN10 和 VLAN20，另一种是恢复 GE 0/0/1 接口下 GVRP 注册模式为 Normal 模式，做相应配置即可。

（5）配置 GVRP 的 Forbidden 模式。

在 S2 的 GE 0/0/1 接口下将 GVRP 的注册模式修改为 Forbidden 模式。

```
[S2]interface GigabitEthernet 0/0/1
[S2-GigabitEthernet0/0/1]gvrp registration forbidden
```

在 S2 上使用 display vlan 命令查看相关信息。

```
<S2>display vlan
The total number of vlans is: 3
--------------------------------------------------------------------------------
U: Up;           D: Down;              TG: Tagged;           UT: Untagged;
MP: Vlan-mapping;                      ST: Vlan-stacking;
#: ProtocolTransparent-vlan;      *: Management-vlan;

--------------------------------------------------------------------------------

VID  Type     Ports
--------------------------------------------------------------------------------
1 common    UT: GE0/0/1(U)      GE0/0/2(U)      GE0/0/3(D)      GE0/0/4(D)
            GE0/0/5(D)      GE0/0/6(D)      GE0/0/7(D)      GE0/0/8(D)
            GE0/0/9(D)      GE0/0/10(D)     GE0/0/11(D)     GE0/0/12(D)
            GE0/0/13(D)     GE0/0/14(D)     GE0/0/15(D)     GE0/0/16(D)
            GE0/0/17(D)     GE0/0/18(D)     GE0/0/19(D)     GE0/0/20(D)
            GE0/0/21(D)     GE0/0/22(D)     GE0/0/23(D)     GE0/0/24(D)

10    dynamic TG: GE0/0/2(U)
20    dynamic TG: GE0/0/2(U)
```

可以观察到，此时 VLAN 10、VLAN 20 中都没有 GE 0/0/1 接口加入。在 S2 上手工创建 VLAN 10 和 VLAN 20，并使用 display vlan 命令查看相关信息。

```
[S2]vlan batch 10 20
[S2]display VLAN
The total number of vlans is: 3
```

```
-------------------------------------------------------------------
U: Up;          D: Down;          TG: Tagged;          UT: Untagged;
MP: Vlan-mapping;                 ST: Vlan-stacking;
#: ProtocolTransparent-vlan;      *: Management-vlan;
-------------------------------------------------------------------

VID   Type    Ports
-------------------------------------------------------------------
1     common  UT: GE0/0/1(U)   GE0/0/2(U)   GE0/0/3(D)   GE0/0/4(D)
                  GE0/0/5(D)   GE0/0/6(D)   GE0/0/7(D)   GE0/0/8(D)
                  GE0/0/9(D)   GE0/0/10(D)  GE0/0/11(D)  GE0/0/12(D)
                  GE0/0/13(D)  GE0/0/14(D)  GE0/0/15(D)  GE0/0/16(D)
                  GE0/0/17(D)  GE0/0/18(D)  GE0/0/19(D)  GE0/0/20(D)
                  GE0/0/21(D)  GE0/0/22(D)  GE0/0/23(D)  GE0/0/24(D)

10    common  TG: GE0/0/2(U)
20    common  TG: GE0/0/2(U)
```

结果还是一样，接口 GE 0/0/1 仍然没有加入 VLAN 10 或 VLAN 20 中。这是因为在 GE 0/0/1 接口下注册模式配置成了 Forbidden 模式后，将只允许 VLAN 1 通过；而在 S3 上使用[S3]vlan batch 10 20   [S3]display VLAN 命令，可以观察到此时 VLAN 10、VLAN 20 中都再次加入了 GE 0/0/1 接口。

6.2　Eth-Trunk 链路聚合的配置

6.2.1　原理概述

在没有使用 Eth-Trunk 之前，百兆以太网的双绞线在两个互联的网络设备间的带宽仅为 100 Mb/s。若想达到更高的数据传输速率，则需要更换传输媒介，使用千兆光纤或升级成为千兆以太网。但是，这样的解决方案成本较高。如果采用 Eth-Trunk 技术把多个接口捆绑在一起，则可以以较低的成本满足提高接口带宽的需求。例如，把 3 个 100 Mb/s 的全双工接口捆绑在一起，就可以达到 300 Mb/s 的最大带宽。

Eth-Trunk 是一种捆绑技术，它将多个物理接口捆绑成一个逻辑接口，这个逻辑接口就称为 Eth-Trunk 接口，捆绑在一起的每个物理接口称为成员接口。Eth-Trunk 只能由以太网链路构成。Trunk 的优势在于：

（1）负载分担：在一个 Eth-Trunk 接口内，可以实现流量负载分担。

（2）提高可靠性：当某个成员接口连接的物理链路出现故障时，流量会切换到其他可用的链路上，从而提高整个 Trunk 链路的可靠性。

（3）增加带宽：Trunk 接口的总带宽是各成员接口带宽之和。

Eth-Trunk 在逻辑上把多条物理链路捆绑等同于一条逻辑链路，对上层数据透明传输。所有 Eth-Trunk 中物理接口的参数必须一致，Eth-Trunk 链路两端要求一致的物理参数有 Eth-Trunk 链路两端相连的物理接口类型、物理接口数量、物理接口的速率、物理接口的双工方式以及物理接口的流控方式。

6.2.2 基本配置

1. 实例应用背景

本实例模拟企业网络环境。S1 和 S2 为企业核心交换机，PC-1 属于 A 部门终端设备，PC-2 属于 B 部门终端设备。根据企业规划，S1 和 S2 之间线路原由一条光纤线路相连，但出于带宽和冗余角度考虑需要对其进行升级，可使用 Eth-Trunk 实现此需求。

2. 实例拓扑结构

Eth-Trunk 链路聚合的拓扑结构如图 6-2 所示。

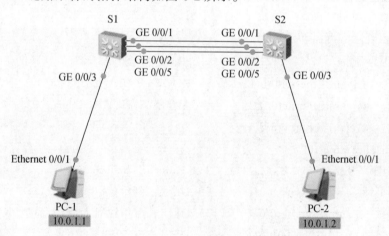

图 6-2 Eth-Trunk 链路聚合的拓扑结构

3. 实例编址

实例编址见表 6-2。

表 6-2 实例编址

设备	接口	IP 地址	子网掩码	默认网关
PC-1	Ethernet 0/0/1	10.0.1.1	255.255.255.0	N/A
PC-2	Ethernet 0/0/1	10.0.1.2	255.255.255.0	N/A

4. 配置步骤

（1）基本配置。

配置设备 PC1 和 PC2 的 IP 地址，如图 6-3 所示。

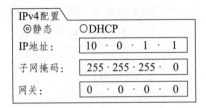

图 6-3 PC1 和 PC2 的 IP 地址

（2）未配置 Eth-Trunk 时的现象验证。

在原有的网络环境中，公司在两台核心交换机间只部署了一条链路。但随着业务增长，数据量的增大，带宽出现了瓶颈，已经无法满足公司的业务需求，也无法实现冗余备份。考虑以上问题，公司网络管理员决定通过增加链路的方式来提升带宽。原链路只有一条，带宽为 1 Gb/s，在原有的网络基础上再增加一条链路，将带宽增加到 2 Gb/s。模拟链路增加一条，开启 S1 和 S2 上的 GE0/0/2 接口，关闭 S1 和 S2 上的 GE0/0/5 接口。

```
<S1>display stp brief
   MSTID   Port                        Role   STP State    Protection
     0     GigabitEthernet0/0/1        ROOT   FORWARDING   NONE
     0     GigabitEthernet0/0/2        ALTE   DISCARDING   NONE
     0     GigabitEthernet0/0/3        DESI   FORWARDING   NONE
<S2>display stp brief
   MSTID   Port                        Role   STP State    Protection
     0     GigabitEthernet0/0/1        DESI   FORWARDING   NONE
     0     GigabitEthernet0/0/2        DESI   FORWARDING   NONE
     0     GigabitEthernet0/0/3        DESI   FORWARDING   NONE
```

可以观察到 S1 的 GE 0/0/2 接口处于丢弃状态。如果要实质性地增加 S1 和 S2 之间的带宽，显然单靠增加链路条数是不够的。生成树会阻塞多余接口，使得目前 S1 与 S2 之间的数据仍然仅通过 GE 0/0/1 接口传输。

（3）配置 Eth-Trunk 实现链路聚合（手工负载分担模式）。

通过上一步，发现仅靠简单增加互联的链路，不但无法解决目前带宽不够用的问题，还会在切换时带来断网的问题，显然是不合理的。此时网络管理员通过配置 Eth-Tnmk 链路聚合来增加链路带宽，可以确保冗余链路。

Eth-Trunk 的工作模式可以分为两种。

① 手工负载分担模式：需要手动创建链路聚合组，并配置多个接口加入所创建的

Eth-Trunk 中。

② 静态 LACP 模式：通过 LACP 协商 Eth-Trunk 参数后自主选择活动接口。

在 S1 和 S2 上配置链路聚合，创建 Eth-Trunk 1 接口，并指定为手工负载分担模式。

```
[Sl]interface Eth-Trunk 1
[S1 -Eth-Trunk 1 ]mode manual load-balance
[S2]interface Eth-Trunk 1
[S2-Eth-Trunk 1 ]mode manual load-balance
```

将 S1 和 S2 的 GE 0/0/1 和 GE 0/0/2 分别加入 Eth-Tnmk 1 接口。

```
[Sl]interface GigabitEthemet 0/0/1
[S1-GigabitEthemet0/0/1]eth-trunk 1
[S1-GigabitEthemet0/0/1]interface GigabitEthemet 0/0/2
[S1 -GigabitEthemet0/0/2]eth-trunk 1
[S2]interface GigabitEthemet 0/0/1
[S2-GigabitEthemet0/0/l]eth-trunk 1
[S2-GigabitEthemet0/0/l]interface GigabitEthemet0/0/2
[S2-GigabitEthemet0/0/2]eth-trunk 1
```

配置完成后，使用 display eth-trunk 1 命令查看 S1 和 S2 的 Eth-Tnmk 1 接口状态。

```
<S1>display eth-trunk 1
Eth-Trunk1's state information is:
WorkingMode: NORMAL      Hash arithmetic: According to SIP-XOR-DIP
Least Active-linknumber：1   Max Bandwidth-affected-linknumber: 8
Operate status: up           Number Of Up Port In Trunk: 2
--------------------------------------------------------------------------------
PortName                    Status        Weight
GigabitEthernet0/0/1          Up             1
GigabitEthernet0/0/2          Up             1
<S2>display eth-trunk 1
Eth-Trunk1's state information is：
WorkingMode: NORMAL          Hash arithmetic：According to SIP-XOR-DIP
Least Active-linknumber：1    Max Bandwidth-affected-linknumber: 8
Operate status：up           Number Of Up Port In Trunk: 2
--------------------------------------------------------------------------------
PortName                    Status        Weight
GigabitEthernet0/0/1          Up             1
GigabitEthernet0/0/2          Up             1
```

可以观察到，S1 与 S2 的工作模式为 NORMAL （手工负载分担方式），GE 0/0/1 与 GE 0/0/2 接口已经添加到 Eth-Trunk 1 中，并且处于 UP 状态。

使用 display interface eth-trunk 1 命令查看 S2 的 Eth-Trunk 1 接口信息。

```
<S2>display interface eth-trunk 1
Eth-Trunk1 current state: UP
Line protocol current state: UP
Description:
Switch Port，PVID: 1,Hash arithmetic: According to SIP-XOR-DIP,
Maximal BW: 2G, Current BW: 2G， The Maximum Frame Length is 9216
IP Sending Frames' Format is PKTFMT_ETHNT_2, Hardware address is 4c1f-cc52-74a6
Current system time: 2018-01-21 19: 09: 25-08: 00
    Input bandwidth utilization :      0%
    Output bandwidth utilization:      0%
----------------------------------------------------------
PortName                          Status        Weight
----------------------------------------------------------
GigabitEthernet0/0/1              UP            1
GigabitEthernet0/0/2              UP            1
----------------------------------------------------------
The Number of Ports in Trunk: 2
The Number of UP Ports in Trunk: 2
```

可以观察到，目前该接口的总带宽是 GE 0/0/1 和 GE0/0/2 接口带宽之和。查看 S1 接口的生成树状态。

```
<S1>display stp brief
 MSTID   Port                    Role      STP State           Protection
   0     GigabitEthernet0/0/3    DESI      FORWARDING          NONE
   0     Eth-Trunk1              ROOT      FORWARDING          NONE
```

可以观察到，S1 的 2 个接口被捆绑成一个 Eth-Trunk 接口，并且该接口正处于转发状态。

使用 ping 命令持续测试，同时将 S1 的 GE 0/0/1 或者 GE 0/0/2 接口关闭，模拟故障发生。

```
PC>ping 10.0.1.2 -t

Ping 10.0.1.2: 32 data bytes，Press Ctrl_C to break
From 10.0.1.2: bytes=32 seq=1 ttl=128 time=78 ms
From 10.0.1.2: bytes=32 seq=2 ttl=128 time=109 ms
From 10.0.1.2: bytes=32 seq=3 ttl=128 time=94 ms
From 10.0.1.2: bytes=32 seq=4 ttl=128 time=110 ms
```

```
Request timeout!
Request timeout!
Request timeout!
Request timeout!
From 10.0.1.2: bytes=32 seq=87 ttl=128 time=78 ms
From 10.0.1.2: bytes=32 seq=88 ttl=128 time=94 ms
From 10.0.1.2: bytes=32 seq=89 ttl=128 time=110 ms
From 10.0.1.2: bytes=32 seq=90 ttl=128 time=78 ms
```

可以观察到，当链路故障发生时，链路立刻进行切换，数据包仅丢了 4 个，并且只要物理链路有一条是正常的，Eth-Trunk 接口就不会断开，仍然可以保证数据的转发。可见，Eth-Trunk 在提高了带宽的情况下，也实现了链路冗余。模拟完成后将 S1 接口恢复。

（4）配置 Eth-Trunk 实现链路聚合（静态 LACP 模式）。

前面假设两条链路中的一条出现了故障，只有一条链路正常工作的情况下无法保证带宽。现网络管理员为公司再部署一条链路作为备份链路，并采用静态 LACP 模式配置 Eth-Tnmk 实现两条链路同时转发，一条链路备份。当其中一条转发链路出现问题时，备份链路可立即进行数据转发。

开启 S1 与 S2 上的 GE 0/0/5 接口，模拟增加了一条新链路。

```
[S1]interface GigabitEthemet 0/0/5
[S1 -GigabitEthemet0/0/5]undo shutdown
[S2]interface GigabitEthemet 0/0/5
[S2 -GigabitEthemet0/0/5]undo shutdown
```

在 S1 和 S2 上的 Eth-Trunk 1 接口下，将工作模式改为静态 LACP 模式。

```
[S1]interface Eth-Trunk 1
[S1 -Eth-Trunk 1 ]mode lacp-static
Error：Error in changing trunk working mode. There is(are) port(s) in the trunk.
[S2]interface Eth-Trunk 1
[S2-Eth-Trunkl ]mode lacp-static
Error：Error in changing trunk working mode. There is(are) port(s) in the trunk.
```

此时发现报错，需要将先前已经加入 Eth-Trunk 接口下的物理接口删除。

```
[S1]interface GigabitEthernet 0/0/1
[S1 -GigabitEthemet0/0/1]undo eth-trunk
[S1 -GigabitEthemet0/0/1] interface GigabitEthemet 0/0/2
[S1 -GigabitEthernet0/0/2]undo eth-trunk

[S2]interface GigabitEthernet 0/0/1
[S2 -GigabitEthemet0/0/1]undo eth-trunk
```

[S2 -GigabitEthemet0/0/1] interface GigabitEthemet 0/0/2

[S2 -GigabitEthernet0/0/2]undo eth-trunk

删除完成后,再在 S1 和 S2 上的 Eth-Trunk 1 接口下,将工作模式改为静态 LACP 模式,并将 S1 和 S2 的 GE 0/0/1、GE 0/0/2 和 GE 0/0/5 接口分别加入 Eth-Trunk 1 接口。

[Sl]interface Eth-Trunk 1

[S1 -Eth-Tnink 1]mode lacp-static

[S1 -Eth-Tnink 1] interface GigabitEthernet 0/0/1

[S1 -GigabitEthemet0/0/1]eth-trunk 1

[S1 -GigabitEthemet0/0/1]interface GigabitEthernet0/0/2

[S1 -GigabitEthemet0/0/2]eth-trunk 1

[S1 -GigabitEthemet0/0/2]interface GigabitEthernet 0/0/5

[S1 -GigabitEthemet0/0/5]eth-trunk 1

[S2]interface Eth-Trunk 1

[S2 -Eth-Tnink 1]mode lacp-static

[S2 -Eth-Tnink 1] interface GigabitEthernet 0/0/1

[S2 -GigabitEthemet0/0/1]eth-trunk 1

[S2 -GigabitEthemet0/0/1]interface GigabitEthernet0/0/2

[S2 -GigabitEthemet0/0/2]eth-trunk 1

[S2 -GigabitEthemet0/0/2]interface GigabitEthernet 0/0/5

[S2 -GigabitEthemet0/0/5]eth-trunk 1

配置完成后,查看 S1 的 Eth-Trunk 1 接口状态。

<S1>display eth-trunk 1

Eth-Trunk1's state information is:

Local: LAG ID: 1   **WorkingMode: STATIC**

Preempt Delay: Disabled   Hash arithmetic: According to SIP-XOR-DIP

System Priority: 32768   System ID: 4c1f-cc56-14ae

Least Active-linknumber: 1   Max Active-linknumber: 8

Operate status: up   Number Of Up Port In Trunk: 3

ActorPortName	Status	PortType	PortPri	PortNo	PortKey	PortState	Weight
GigabitEthernet0/0/1	**Selected**	**1GE**	**32768**	**2**	**305**	**10111100**	**1**
GigabitEthernet0/0/2	**Selected**	**1GE**	**32768**	**3**	**305**	**10111100**	**1**
GigabitEthernet0/0/5	**Selected**	**1GE**	**32768**	**6**	**305**	**10111100**	**1**

Partner:

ActorPortName	SysPri	SystemID	PortPri	PortNo	PortKey	PortState

GigabitEthernet0/0/1	32768	4c1f-cc52-74a6	32768	2	305	10111100
GigabitEthernet0/0/2	32768	4c1f-cc52-74a6	32768	3	305	10111100
GigabitEthernet0/0/5	32768	4c1f-cc52-74a6	32768	6	305	10111100

将 S1 的系统优先级从默认的 32768 改为 100，使其成为主动端（值越低，优先级越高），并按照主动端设备的接口来选择活动接口。两端设备选出主动端后，两端都会以主动端的接口优先级来选择活动接口。两端设备选择了一致的活动接口，活动链路组便可以建立起来，设置这些活动链路以负载分担的方式转发数据。

```
[Sl]lacp priority 100
```

配置完成后，查看 S1 的 Eth-Tnmk 1 接口状态。

```
[S1]display eth-trunk 1
Eth-Trunk1's state information is:
Local:
LAG ID: 1                        WorkingMode: STATIC
Preempt Delay: Disabled          Hash arithmetic: According to SIP-XOR-DIP
System Priority: 100             System ID: 4c1f-cc56-14ae
Least Active-linknumber: 1   Max Active-linknumber: 8
Operate status: up               Number Of Up Port In Trunk: 3
--------------------------------------------------------------------------------
ActorPortName          Status    PortType PortPri PortNo PortKey PortState Weight
GigabitEthernet0/0/1   Selected  1GE      32768   2      305     10111100  1
GigabitEthernet0/0/2   Selected  1GE      32768   3      305     10111100  1
GigabitEthernet0/0/5   Selected  1GE      32768   6      305     10111100  1
```

可以观察到，已经将 S1 的 LACP 系统优先级改为 100，而 S2 没修改，仍为默认值 32768。在 S1 上配置活动接口上限阈值为 2。

```
[Sl]interface eth-trunk 1
[S1-Eth-Trunk 1]max active-linknumber 2
```

在 S1 上配置接口的优先级，确定活动链路。

```
[S1] interface GigabitEthernet 0/0/1
[S1-GigabitEthernet0/0/1]lacp priority 100
[S1-GigabitEthernet0/0/1] interface GigabitEthernet 0/0/2
[S1-GigabitEthernet0/0/2]lacp priority 100
```

配置接口的活动优先级，将默认的 32768 改为 100，目的是使 GE 0/0/1 和 GE 0/0/2 接口成为活动状态。配置完成后，查看 S1 的 Eth-Trunk 1 接口状态。

```
[Sl]display eth-trunk 1
Eth-Trunk1's state information is:
Local:
LAG ID: 1                        WorkingMode: STATIC
```

Preempt Delay: Disabled   Hash arithmetic: According to SIP-XOR-DIP
System Priority: 100   System ID: 4c1f-cc56-14ae
Least Active-linknumber: 1   Max Active-linknumber: 2
Operate status: up   Number Of Up Port In Trunk: 2

ActorPortName	Status	PortType	PortPri	PortNo	PortKey	PortState	Weight
GigabitEthernet0/0/1	**Selected**	**1GE**	**100**	**2**	**305**	**10111100**	**1**
GigabitEthernet0/0/2	**Selected**	**1GE**	**100**	**3**	**305**	**10111100**	**1**
GigabitEthernet0/0/5	**Unselect**	**1GE**	**32768**	**6**	**305**	**10100000**	**1**

Partner:

ActorPortName	SysPri	SystemID	PortPri	PortNo	PortKey	PortState
GigabitEthernet0/0/1	**32768**	**4c1f-cc52-74a6**	**32768**	**2**	**305**	**10111100**
GigabitEthernet0/0/2	**32768**	**4c1f-cc52-74a6**	**32768**	**3**	**305**	**10111100**
GigabitEthernet0/0/5	**32768**	**4c1f-cc52-74a6**	**32768**	**6**	**305**	**10110000**

可以观察到，由于将接口的阈值改为 2（默认活动接口最大阈值为 8），在该 Eth-Trunk 接口下将只有两个成员处于活动状态，并且具有负载分担能力。而 GE 0/0/5 接口已处于不活动状态（Unselect），该链路作为备份链路。当活动链路出现故障时，备份链路将会替代故障链路，保持数据传输的可靠性。

将 S1 的 GE 0/0/1 接口关闭，验证 Eth-Trunk 链路聚合信息。

```
[S1]interface GigabitEthernet 0/0/1
[S1 -GigabitEthernet 0/0/1 ]sbutdown

<S1>display eth-trunk 1
```
Eth-Trunk1's state information is:
Local:
LAG ID: 1   WorkingMode: STATIC
Preempt Delay: Disabled   Hash arithmetic: According to SIP-XOR-DIP
System Priority: 100   System ID: 4c1f-cc56-14ae
Least Active-linknumber: 1   Max Active-linknumber: 2
Operate status: up   Number Of Up Port In Trunk: 2

ActorPortName	Status	PortType	PortPri	PortNo	PortKey	PortState	Weight
GigabitEthernet0/0/1	**Unselect**	**1GE**	**100**	**2**	**305**	**10100010**	**1**
GigabitEthernet0/0/2	Selected	1GE	100	3	305	10111100	1
GigabitEthernet0/0/5	Selected	1GE	32768	6	305	10111100	1

可以观察到，S1 的 GE 0/0/1 接口已经处于不活动状态，而 GE 0/0/5 接口为活动状态。如果将 S1 的 GE 0/0/1 接口开启后，又会恢复为活动状态，GE 0/0/5 则为不活动状态。至此，完成了整个 Eth-Trunk 的部署。

6.3　Smart Link 与 Monitor Link

6.3.1　原理概述

在以太网络中，为了提高网络的可靠性，通常采用双归属上行方式进行组网，即一台交换机同时连接两台上行交换机，但是在二层网络中可能会带来环路问题。为了解决环路问题，可以采用 STP 技术，但 STP 的收敛时间较长，当主用链路故障时，将流量切换到备用链路，只能是达到秒级的收敛速度，不适用于对收敛时间有很高要求的组网环境。

基于上述原因，有公司针对双归属上行组网提出了 Smart Link 解决方案。网络中两条上行链路在正常情况下，只有一条处于连通状态，而另一条处于阻塞状态，从而防止了环路引起的广播风暴。当主用链路发生故障后，流量会在毫秒级的时间内迅速切换到备用链路上，保证了数据的正常转发。默认情况下，当原主用链路故障恢复时，将维持在阻塞状态，不进行抢占，从而保持网络稳定，可以手工配置回切功能，使流量切换回原主用链路。Smart Link 配置简单，且便于操作和维护。

Smart Link 虽然能够保证设备在本设备上行链路发生故障后快速进行倒换，但对于跨设备的链路故障不能提供有效保护，为此可以采用 Monitor Link 解决方案。Monitor Link 用于扩展 Smart Link 链路备份的范围，通过监控上游设备的上行链路，达到上行链路故障迅速传达给下游设备，从而触发 Smart Link 的主备链路切换，防止长时间因上行链路故障而出现网络中断，使 Smart Link 备份作用更为完善。

6.3.2　基本配置

1. 实例应用背景

本实例模拟公司网络场景。交换机 S4 作为公司出口设备连接外网，交换机 S1 是接入层交换机，负责员工终端接入，接入交换机通过两台交换机 S2 和 S3 双上行连接到 S4。针对此双上行组网，为了实现主备链路冗余备份及故障后的快速迁移，部署使用 Smart Link 技术，且为了进一步扩展 Smart Link 的备份范围，使用 Monitor Link 联动方式监控上游设备的上行链路来完善 Smart Link。

2. 实例拓扑结构

Smart Link 与 Monitor Link 的拓扑结构如图 6-4 所示。

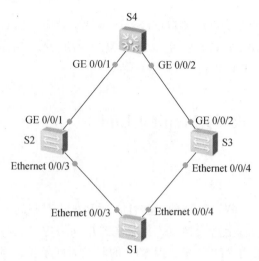

图 6-4　Smart Link 与 Monitor Link 的拓扑结构

3. 配置步骤

（1）配置 Smart Link。

公司接入层交换机 S1 通过 S2 和 S3 双上行链路连接出口交换机 S4，为了实现主备链路冗余备份及快速迁移，需要在 S1 上配置 Smart Link。

在 S1 上创建 Smart Link 组 1，并开启 Smart Link 组功能。

```
[Sl]smart-link group 1
[S1-smlk-group 1 ]smart-link enable
```

配置 Smart Link 时，需要在相关运行 Smart Link 的接口下关闭生成树协议。由于华为交换机默认开启了生成树协议，因此需要关闭 S1 交换机上 E 0/0/3 和 E 0/0/4 接口下的生成树协议。

```
[Sl]interface Ethernet 0/0/3
[S1 -Ethemet0/0/3]stp disable
[S1 -Ethemet0/0/3]interface Ethernet 0/0/4
[S1 -Ethemet0/0/4]stp disable
```

注意，如果相应接口下生成树协议未关闭，在配置 Smart Link 组功能时会报错，将会出现下面的提示信息。

```
Error：Adding a port failed. The port is already enabled with STP
```

进入 Smart Link 组 1 下，配置 E 0/0/3 为主接口，E 0/0/4 为备份接口。

```
[Sl]smart-link group 1
[S1 -smlk-group 1 ]port Ethernet 0/0/3 master
[S1 -smlk-group 1 ]port Ethernet 0/0/4 slave
```

配置完成后，使用 display smart-link group 1 命令查看主/备状态。

```
[S1-smlk-group1]display smart-link group 1
```

```
Smart Link group 1 information:
    Smart Link group was enabled
    There is no Load-Balance
    There is no protected-vlan reference-instance
    DeviceID: 4c1f-cc2c-227b
    Member          Role      State     Flush     Count        Last-Flush-Time
    --------------------------------------------------------------------------------
    Ethernet0/0/3    Master    Active    0     0000/00/00    00: 00: 00 UTC+00: 00
    Ethernet0/0/4    Slave     Inactive  0     0000/00/00    00: 00: 00 UTC+00: 00
```

可以观察到，S1 交换机的 E 0/0/3 为主接口，状态为 Active；E 0/0/4 为备份接口，状态为 Inactive。

（2）配置回切功能。

当 S1 上主接口 E 0/0/3 出现故障关闭时，备份接口会立刻切换为 Active 状态。并且在默认情况下，当原主接口恢复时，主接口不会自动回切到 Active 状态，需要手工配置回切功能。

将 S2 交换机 E 0/0/3 接口关闭，模拟故障发生，在 S1 上观察 Smart Link 组 1 的主/备状态。

```
[S2]interface Ethernet 0/0/3
[S2-Ethemet0/0/3]shutdown
<S1>display smart-link group 1
Smart Link group 1 information:
    Smart Link group was enabled
    There is no Load-Balance
    There is no protected-vlan reference-instance
    DeviceID: 4c1f-cc2c-227b
    Member          Rolc      State     Flush        Count Last-Flush-Time
    --------------------------------------------------------------------------------
    Ethernet0/0/3    Master    Inactive  0     0000/00/00    00:00:00 UTC+00:00
    Ethernet0/0/4    Slave     Active    0     0000/00/00    00:00:00 UTC+00:00
```

可以观察到，S1 交换机 E 0/0/3 仍然为主接口，但是状态处于 Inactive，而 E 0/0/4 状态此时为 Active。重新开启 S2 的 E 0/0/3 接口，再次在 S1 上观察 Smart Link 组 1 的主/备状态。

```
[S2-Ethernet0/0/3]undo shutdown

<S1>display smart-link group 1
Smart Link group 1 information:
    Smart Link group was enabled
```

```
There is no Load-Balance

There is no protected-vlan reference-instance

DeviceID: 4c1f-cc2c-227b

Member              Role        State       Flush        Count Last-Flush-Time
-------------------------------------------------------------------------------
Ethernet0/0/3       Master      Inactive    0            0000/00/00    00: 00: 00 UTC+00: 00
Ethernet0/0/4       Slave       Active      0            0000/00/00    00: 00: 00 UTC+00: 00
```

可以观察到，接口的状态没有发生变化，E 0/0/3 接口仍然处于 Inactive 状态，并没有抢占原来的 Active 状态，即当主链路出现故障后，会自动切换到备份链路；而当原主链路故障恢复后，为了保持网络稳定，它将维持在阻塞状态，不进行抢占。如果需要原主链路恢复为 Active 状态，可以通过配置 Smart Link 组回切功能，在回切定时器超时后会自动切换到主链路。

在 S1 上使用 restore enable 命令开启回切功能，并将回切时间设置为 30 s（默认为60 s）。

```
[Sl]smart-link group 1

[S1-smlk-group 1 ]restore enable

[S1-smlk-group 1 ]timer wtr 30
```

等待 30 s 后 S1 上会弹出如下信息，即已经产生了状态的切换。

```
Jan 21 2018 23: 13: 55-08: 00 S1 %%01SMLK/4/SMLK_STATUS_LOG（1）[5]: The
state of Smart link group 1 changed to MASTER.
```

查看 Smart Link 组 1 的主/备状态。

```
<S1>display smart-link group 1

Smart Link group 1 information:

    Smart Link group was enabled

    Wtr-time is: 30 sec.

    There is no Load-Balance

    There is no protected-vlan reference-instance

    DeviceID: 4c1f-cc2c-227b

    Member          Role        State       Flush        Count Last-Flush-Time
    ----------------------------------------------------------------------------
    Ethernet0/0/3   Master      Active      0            0000/00/00 00: 00: 00 UTC+00: 00
    Ethernet0/0/4   Slave       Inactive    0            0000/00/00 00: 00: 00 UTC+00: 00
```

可以观察到，S1 的 E 0/0/3 接口状态又重新恢复到 Active 状态，而 E 0/0/4 接口回到了 Inactive 状态。

（3）配置 Monitor Link。

Monitor Link 是对 Smart Link 进行补充而引入的接口联动方案，用于扩展 Smart Link 链路备份的范围。通过监控上游设备的上行链路，而对下行链路进行同步设置，达到上游设备的上行链路故障迅速传达给下行设备，从而触发下游设备的 Smart Link 的主/备链路切换，防止长时间因上行链路故障而出现网络故障。

正常情况下，S1 与 S2 之间的链路为主链路，但是当 S2 的上行接口 GE 0/0/1 故障时，Smart Link 无法感知故障，不会发生切换，导致网络中断。为了解决这一问题，需要在 S2 上配置 Monitor Link 监控上行接口，当 GE 0/0/1 故障时，使 S1 的 Smart Link 组切换。

为了模拟该场景，现将 S2 的 GE 0/0/1 接口关闭，并查看 Smart Link 组 1 的主/备状态。

```
<S1>display smart-link group 1
Smart Link group 1 information:
    Smart Link group was enabled
    Wtr-time is: 30 sec.
    There is no Load-Balance
    There is no protected-vlan reference-instance
    DeviceID: 4c1f-cc2c-227b
    Member          Role      State      Flush     Count Last-Flush-Time
    -------------------------------------------------------------------------
    Ethernet0/0/3   Master    Active     0         0000/00/00 00: 00: 00 UTC+00: 00
    Ethernet0/0/4   Slave     Inactive   0         0000/00/00 00: 00: 00 UTC+00: 00
```

可以观察到，当 S2 的上行 GE 0/0/1 接口出现故障以后，连接到下行链路的 S1 交换机无法感知到该故障，导致 S1 交换机的 Smart Link 无法进行切换，这样会导致连接到 S1 交换机仍然选择 E 0/0/3 接口转发数据，无法正常通信。

在 S2 上启用 Monitor Link 组 1，配置上行接口为 GE 0/0/1，下行接口为 E 0/0/3。

```
[S2]monitor-link group 1
[S2-mtlk-group1]port GigabitEthernet 0/0/1 uplink
[S2-mtlk-group1]port Ethernet 0/0/3 downlink
<S1>display smart-link group 1
Smart Link group 1 information:
    Smart Link group was enabled
    Wtr-time is: 30 sec.
    There is no Load-Balance
    There is no protected-vlan reference-instance
    DeviceID: 4c1f-cc2c-227b
    Member          Role      State      Flush     Count Last-Flush-Time
    -------------------------------------------------------------------------
    Ethernet0/0/3   Master    Inactive   0    0000/00/00    00: 00: 00 UTC+00: 00
    Ethernet0/0/4   Slave     Active     0    0000/00/00    00: 00: 00 UTC+00: 00
```

可以观察到，E 0/0/3 接口状态已经变为 Inactive，E 0/0/4 接口状态成了 Active，流量已经被切换到 E 0/0/4 接口，保证了用户流量的正常转发。

修改 Monitor Link 组的回切时间为 10 s（默认为 3 s）。当 S2 的上行接口 E 0/0/1 重新恢复以后，下行链路 Smart Link 组将在时间到期后，重新回切到主链路。

[S2-mtlk-group1]timer recover-time 10

重新开启 S2 的 GE 0/0/1 接口。

[S2]interface GigabitEthernet 0/0/1

[S2-GigabitEthernet0/0/l]undo shutdown

等待 40 s 左右（加上步骤 2 中配置的 Smart Link 回切时间），查看 S1 的 Smart Link 组 1 的主/备状态。

```
<S1>display smart-link group 1
Smart Link group 1 information:
    Smart Link group was enabled
    Wtr-time is: 30 sec.
    There is no Load-Balance
    There is no protected-vlan reference-instance
    DeviceID: 4c1f-cc2c-227b
    Member          Role        State    Flush    Count        Last-Flush-Time
    -------------------------------------------------------------------------------
    Ethernet0/0/3   Master      Active   0        0000/00/00   00: 00: 00 UTC+00: 00
    Ethernet0/0/4   Slave       Inactive 0        0000/00/00   00: 00: 00 UTC+00: 00
```

可以观察到，此时 S1 的 E 0/0/3 接口重新恢复到了 Active 状态。

思考题

1. （   ）不是聚合端口应具备的条件。

    A. 成员端口的端口速率必须一致

    B. 成员端口的端口必须属于一个 VLAN

    C. 成员端口必须是二层端口

    D. 成员端口使用的传输介质应相同

2. （   ）不是聚会端口带来的好处。

    A. 扩展带宽   B. 链路冗余

    C. 流量平衡分配   D. 防止路由环路

3. 两台华为 X7 系列交换机通过手工模式进行链路聚合，则下列说法正确的是（   ）。

    A. 手工模式的链路聚合最多可以聚合 10 条物理链路

    B. 手工模式的链路聚合最多可以聚合 6 条物理链路

    C. 手工模式的链路聚合支持 M：N 备份

D. 手工模式的链路聚合不支持 M∶N 备份

4. 一台交换机上创建了 VLAN3、VLAN4 和 VLAN5。Trunk 链路上没有使能 GVRP。当 Trunk 接口上收到 VLANID 为 6 的帧时，该端口的处理方式是（   ）。

    A. 泛洪到所有 VLAN   B. 仅泛洪到 VLAN1

    C. 泛洪到所有 Trunk 端口   D. 丢弃

5. 物理端口之间进行端口聚合有几种类型？有什么区别？

6. GVRP 的优势有哪些？

7. Smart Link 能解决什么问题？与 Monitor Link 有何区别？

路由基础

以太网交换机工作在数据链路层，用于在网络内进行数据转发。而企业网络的拓扑结构一般会比较复杂，不同的部门，或者总部和分支可能处在不同的网络中，此时就需要使用路由器来连接不同的网络，实现网络之间的数据转发。

7.1 路由的概念

在网络通信中，"路由（Route）"一词是一个网络层的术语，它是指从某一网络设备出发去往某个目的地的路径；而路由表（Routing Table）则是若干条路由信息的一个集合体。在路由表中，一条路由信息也被称为一个路由项或一个路由条目。路由表只存在于终端计算机和路由器（以及三层交换机）中，二层交换机中是不存在路由表的。

我们先来看一下实际的路由表的模样。假设 R1 是某个网络上正在运行的一台华为 AR 路由器，在 R1 上执行 display ip routing-table 命令便可查看 R1 的 IP 路由表。

```
<R1>display ip routing-table
------------------------------------------------------------------------------
Destination/Mask    Proto    Pre    Cost    Flags    NextHop        Interface
1.0.0.0/8           Direct   0      0       D        1.0.0.1        GigabitEthernet1/0/0
1.0.0.1/32          Direct   0      0       D        127.0.0.1      InLoopBack0
2.0.0.0/8           Static   60     0       D        12.0.0.2       GigabitEthernet1/0/1
2.1.0.0/16          RIP      100    1       D        12.0.0.2       GigabitEthernet1/0/1
12.0.0.0/30         Direct   0      0       D        12.0.0.1       GigabitEthernet1/0/1
12.0.0.1/32         Direct   0      0       D        127.0.0.1      InLoopBack0
```

在这个路由表中，每一行就是一条路由信息（一个路由项或一个路由条目）。通常情况下，一条路由信息由三个要素组成，它们分别是：目的地/掩码（Destination/Mask）、出接口（Interface）、下一跳 IP 地址（Next Hop）。现在以 Destination/Mask 为 2.0.0.0/8 的路由项为例，来对路由信息的三个要素进行说明。

显然，2.0.0.0/8是一个网络地址，掩码长度是8。由于R1的IP路由表中存在2.0.0.0/8这个路由项，则说明R1知道自己所在的网络上存在一个网络地址为2.0.0.0/8的网络。需要特别说明的是，如果目的地/掩码中的掩码长度为32，则目的地将是一个主机接口地址，否则目的地就是一个网络地址。通常，我们总是说一个路由项的目的地是一个网络地址（即目的网络地址），而把主机接口地址视为目的地的一种特殊情况。

从这个路由表中可以看到，2.0.0.0/8这个路由项的出接口（Interface）是GigabitEthernetl/0/l，其含义是：如果R1需要将一个IP报文送往2.0.0.0/8这个目的网络，那么R1应该把这个IP报文从R1的GigabitEthernetl/0/l接口发送出去。

从这个路由表中还可以看到，2.0.0.0/8这个路由项的下一跳IP地址（Next Hop）是12.0.0.2，其含义是：如果R1需要将一个IP报文送往2.0.0.0/8这个目的网络，则R1应该把这个IP报文从R1的GigabitEthernetl/0/l接口发送出去，并且这个IP报文离开R1的GigabitEthernetl/0/l接口后应该到达的下一个路由器的接口的IP地址是12.0.0.2。需要指出的是，如果一个路由项的下一跳IP地址与出接口的IP地址相同，则说明出接口已经直连到了该路由项所指的目的网络（也就是说，出接口已经位于目的网络之中了）。还需要指出的是，下一跳IP地址所对应的那个主机接口与出接口一定是位于同一个二层网络（二层广播域）的。

总之，通常情况下，目的地/掩码（Destination/Mask）、出接口（Interface）、下一跳IP地址（Next Hop）是构成一个路由项的三个要素。然而，除了这三个要素外，一个路由项通常还包含其他属性，如产生这个路由项的Protocol（路由表中Proto列）、该路由项的Preference（路由表中Pre列）、该条路由的代价值（路由表中Cost列）等。

接下来介绍路由器是如何进行IP路由表查询工作的。当路由器的IP转发模块接收到一个IP报文时，路由器将会根据这个IP报文的目的IP地址来进行IP路由表的查询工作，也就是将这个IP报文的目的IP地址与IP路由表的所有路由项逐项进行匹配。假设这个IP报文的目的IP地址为x，路由器的某个路由项的目的地/掩码为z/y，那么，如果x与y进行逐位"与"运算之后的结果等于z，我们就说这个IP报文匹配上了z/y这个路由项；如果x与y进行逐位"与"运算之后的结果不等于z，我们就说这个IP报文没有匹配上z/y这个路由项。

以前面的IP路由表为例，如果一个IP报文的目的IP地址为2.1.0.1，那么这个IP报文就匹配上了2.0.0.0/8这个路由项，但是匹配不上12.0.0.0/30这个路由项。事实上，这个IP报文还可以匹配上2.1.0.0/16这个路由项。当一个IP报文同时匹配上了多个路由项时，路由器将根据"最长掩码匹配"原则来确定出一条最优路由，并根据最优路由来进行IP报文的转发。例如，目的地址为2.1.0.1的IP报文既能匹配上2.0.0.0/8这个路由项，也能匹配上2.1.0.0/16这个路由项，但是后者的掩码长度大于前者的掩码长度，所以2.1.0.0/16这条路由就被确定为目的地址为2.1.0.1的IP报文的最优路由。路由器总是根据最优路由来进行IP报文的转发的。

计算机也会进行IP路由表的查询工作。当计算机的网络层封装好等待发送的IP报文后，就会根据IP报文的目的IP地址去查询自己的IP路由表。计算机上IP路由表的查询过程与路由器上 IP 路由表的查询过程完全一样（例如，同样要遵循最长掩码匹配原则等），这里不再赘述。最后，计算机将根据查询结果而确定出最优路由，将相应的IP 报文发送出去。

7.2 路由分类

我们知道，一个 IP 路由表中包含了若干条路由信息。那么，这些路由信息是从何而来的呢？或者说，这些路由信息是如何生成的呢？

路由信息的生成方式总共有 3 种：设备自动发现、手工配置、通过动态路由协议生成。我们把设备自动发现的路由信息称为直连路由（Direct Route），把手工配置的路由信息称为静态路由（Static Route），把网络设备通过运行动态路由协议而得到路由信息称为动态路由（Dynamic Route）。7.1 节中所展示的 R1 的 IP 路由表中，Protocol 一列为 Direct 的那些路由项就是 R1 自动发现的直连路由信息，Protocol 一列为 Static 的那些路由项就是人工配置的静态路由信息，Protocol 一列为 RIP 的那些路由项就是 R1通过运行 RIP 路由协议而得到的动态路由信息。

1. 直连路由

网络设备启动之后，当设备接口的状态为 UP 时，设备就能够自动发现去往与自己的接口直接相连的网络的路由。当我们说某一网络是与某台网络设备的某个接口直接相连（直连）的时候，是指这台设备的这个接口已经位于这个网络之中了，而这里所说的某一网络是指某个二层网络（二层广播域）。

如图 7-1 所示，路由器 R1 的 GE1/0/0 接口的状态为 UP 时，R1 便可以根据 GE1/0/0接口的 IP 地址 1.0.0.1/24 推断出 GE1/0/0 接口所在的网络的网络地址为 1.0.0.0/24。于是，R1 便会将 1.0.0.0/24 作为一个路由项填写进自己的路由表，这条路由的目的地/掩码为 1.0.0/24，出接口为 GE1/0/0，下一跳 IP 地址是与出接口的 IP 地址相同的，即 1.0.0.1。由于这条路由是直连路由，所以其 Protocol 属性为 Direct。另外，对于直连路由，其Cost 的值总是为 0。

类似地，路由器 R1 还会自动发现另外一条直连路由，该路由的目的地/掩码为2.0.0/24，出接口为 GE2/0/0，下一跳 IP 地址是 2.0.0.1，Protocol 属性为 Direct，Cost的值为 0。

同样，PC1 也会自动发现一条直连路由，该路由的目的地/掩码为 1.0.0.0/24，出接口为 PC1 的网口（假设 PC1 只有一个网口），下一跳 IP 地址是 1.0.0.2，Protocol 属性为 Direct，Cost 的值为 0。

最后，PC 2 也会自动发现一条去往 2.0.0.0/24 的直连路由，这里不再赘述。

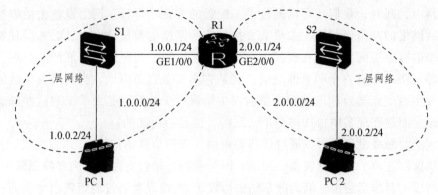

图 7-1　设备自动发现直连路由

2. 静态路由

如图 7-2 所示，R1 显然是可以自动发现 1.0.0.0/8 和 12.0.0.0/30 这两条直连路由的。然而，R1 无法自动发现 2.0.0.0/8 这条路由。为此，我们可以人为地在 R1 上手工配置一条路由，该路由的目的地/掩码为 2.0.0.0/8，出接口为 R1 的 GE1/0/1，下一跳 IP 地址为 R2 的 GE1/0/1 接口的 IP 地址 12.0.0.2，Cost 的值可以人为地设定为 0（也可以是其他我们希望的值）。这条路由出现在 R1 的路由表中时，Protocol 属性将会是 Static，表示是一条静态路由。

当然，我们也可以在 R2 上手工配置一条去往 1.0.0.0/8 的静态路由，出接口为 R2 的 GE1/0/1，下一跳 IP 地址为 R1 的 GE1/0/1 接口的 IP 地址 12.0.0.1，Cost 的值可以人为地设定为 0 （也可以是其他我们希望的值）。

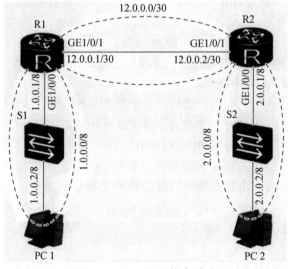

图 7-2　手工配置静态路由

3. 动态路由

前面介绍了直连路由和静态路由。网络设备可以自动发现去往与自己直接相连的网络的路由，同时，我们还可以通过手工配置的方式"告诉"网络设备去往哪些非直接相连的网络的路由。然而，如果非直接相连的网络的数量众多时，必然会耗费大量的人力来进行手工配置，这在现实中往往是不可取的，甚至是不可能的。另外，手工配置的静态路由还有一个明显的缺陷，就是它不具备自适应性。当网络发生故障或网络结构发生改变而导致相应的静态路由发生错误或失效时，必须手工对这些静态路由进行修改，而这在现实中也往往是不可取的，或是不可能的。

事实上，网络设备还可以通过运行路由协议来获取路由信息。"路由协议"和"动态路由协议"这两个术语其实是一回事，因为我们还未曾有过被称为"静态路由协议"的路由协议（有静态路由，但无静态路由协议）。网络设备通过运行路由协议而获取到的路由被称为动态路由。由于设备运行了路由协议，所以设备的路由表中的动态路由信息能够实时地反映出网络结构的变化。

需要特别指出的是，一台路由器是可以同时运行多种路由协议的。比如，一台路由器可以同时运行 RIP 路由协议和 OSPF 路由协议。此时，该路由器除了会创建并维护一个 IP 路由表外，还会分别创建并维护一个 RIP 路由表和一个 OSPF 路由表。RIP路由表用来专门存放 RIP 协议发现的所有路由，OSPF 路由表用来专门存放 OSPF 协议发现的所有路由。通过一些优选法则的筛选后，某些 RIP 路由表中的路由项以及某些OSPF 路由表中的路由项才能被加入 IP 路由表，而路由器最终是根据 IP 路由表来进行IP 报文的转发工作。

需要注意的是，计算机是不运行任何路由协议的。计算机上只有一个 IP 路由表。

7.3　路由配置实例

7.3.1　静态路由应用场景

静态路由是指由管理员手动配置和维护的路由。静态路由配置简单，并且无须像动态路由那样占用路由器的 CPU 资源来计算和分析路由更新。静态路由的缺点在于，当网络拓扑发生变化时，静态路由不会自动适应拓扑改变，而是需要管理员手动进行调整。

静态路由一般适用于结构简单的网络。在复杂网络环境中，一般会使用动态路由协议来生成动态路由。不过，即使是在复杂网络环境中，合理地配置一些静态路由也可以改进网络的性能，如图 7-3 所示。

7.3.2　静态路由配置

1. 拓扑结构

在由 3 台路由器所组成的简单网络中，R1 与 R3 各自连接着一台主机，现在要求能够实现主机 PC-1 与 PC-2 之间的正常通信。本实例将通过配置基本的静态路由和默认路由来实现。静态路由及默认路由基本配置的拓扑结构如图 7-4 所示。

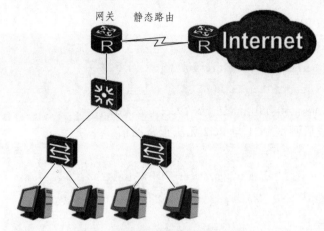

图 7-3　静态路由应用场景示例

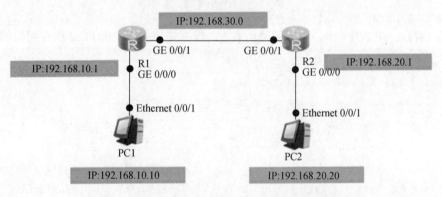

图 7-4　静态路由及默认路由基本配置的拓扑结构

2. 实例编址

实例编址见表 7-1。

表 7-1　实例编址

设备	接口	IP 地址	子网掩码	默认网关
PC-1	Ethernet 0/0/1	192.168.10.10	255.255.255.0	192.168.10.1
R1（AR1220）	GE 0/0/0	192.168.10.1	255.255.255.0	N/A
	GE 0/0/1	192.168.30.1	255.255.255.0	N/A
R2（AR1220）	GE 0/0/0	192.168.20.1	255.255.255.0	N/A
	GE 0/0/1	192.168.30.2	255.255.255.0	N/A
PC-2	Ethernet 0/0/1	192.168.20.20	255.255.255.0	192.168.20.1

3. 实例步骤

（1）基础配置。

配置各接口的 IP：

```
[R1]interface GigabitEthernet 0/0/0
[R1-GigabitEthernet0/0/0]ip address 192.168.10.1 24
[R2]interface GigabitEthernet 0/0/0
[R2-GigabitEthernet0/0/0]ip address 192.168.20.1 24
```

基础配置完成后测试 PC1 与 PC2 无法正常通信。

```
PC>ping 192.168.20.20
Ping 192.168.20.1: 32 data bytes, Press Ctrl_C to break
Request timeout!
Request timeout!
Request timeout!
Request timeout!
```

可以看到，在 PC1 的网关 R1 的路由表上，没有任何关于主机 PC-2 所在网段的信息。

```
<R1>display ip routing-table
Route Flags: R - relay, D - download to fib
--------------------------------------------------------------------------------
Routing Tables: Public
          Destinations: 7              Routes: 7
Destination/Mask      Proto    Pre   Cost    Flags   NextHop       Interface
127.0.0.0/8           Direct   0     0       D       127.0.0.1     InLoopBack0
127.0.0.1/32          Direct   0     0       D       127.0.0.1     InLoopBack0
127.255.255.255/32    Direct   0     0       D       127.0.0.1     InLoopBack0
192.168.10.0/24       Direct   0     0       D       192.168.10.1  GigabitEthernet0/0/0
192.168.10.1/32       Direct   0     0       D       127.0.0.1     GigabitEthernet0/0/0
192.168.10.255/32     Direct   0     0       D       127.0.0.1     GigabitEthernet0/0/0
255.255.255.255/32    Direct   0     0       D       127.0.0.1     InLoopBack0
```

现在主机 PC-1 与 PC-2 之间跨越了若干个不同网段，要实现它们之间的通信，只通过简单的 IP 地址等基本配置是无法实现的，必须在 3 台路由器上添加相应的路由信息，可以通过配置静态路由来实现。

配置静态路由有两种方式，一种是在配置中采取指定下一跳 IP 地址的方式，另一种是指定出接口的方式。

（2）实现主机 PC-1 与 PC-2 之间的通信。

在 R1 上配置目的网段为主机 PC-2 所在网段的静态路由，即目的 IP 地址为 192.168.20.0，掩码为 255.255.255.0。对于 R1 而言，要发送数据到主机 PC-2，则必须先发送给 R2，所以 R2 即为 R1 的下一跳路由器，R2 与 R1 所在的直连链路上的物理接口的 IP 地址即为下一跳 IP 地址，即 192.168.30.2，配置方法：ip route-static 目的网络 掩码 下一跳 IP 地址。

```
[R1]ip route-static 192.168.20.0 255.255.255.0 192.168.30.2
```

或者

```
[R1]ip route-static 192.168.20.0 24 GigabitEthernet 0/0/1
```

配置完成后，可以在 R1 的路由表上查看到主机 PC-2 所在网段的路由信息。

```
<R1>display ip routing-table
Route Flags：R - relay，D - download to fib
--------------------------------------------------------------------------
Routing Tables: Public
        Destinations: 11        Routes: 11
```

Destination/Mask	Proto	Pre	Cost	Flags	NextHop	Interface
127.0.0.0/8	Direct	0	0	D	127.0.0.1	InLoopBack0
127.0.0.1/32	Direct	0	0	D	127.0.0.1	InLoopBack0
127.255.255.255/32	Direct	0	0	D	127.0.0.1	InLoopBack0
192.168.10.0/24	Direct	0	0	D	192.168.10.1	GigabitEthernet0/0/0
192.168.10.1/32	Direct	0	0	D	127.0.0.1	GigabitEthernet0/0/0
192.168.10.255/32	Direct	0	0	D	127.0.0.1	GigabitEthernet0/0/0
192.168.20.0/24	**Static**	**60**	**0**	**RD**	**192.168.30.2**	**GigabitEthernet0/0/1**
192.168.30.0/24	Direct	0	0	D	192.168.30.1	GigabitEthernet0/0/1
192.168.30.1/32	Direct	0	0	D	127.0.0.1	GigabitEthernet0/0/1
192.168.30.255/32	Direct	0	0	D	127.0.0.1	GigabitEthernet0/0/1
255.255.255.255/32	Direct	0	0	D	127.0.0.1	InLoopBack0

此时在主机 PC-1 上 ping 主机 PC-2。

```
PC>ping 192.168.20.20
Ping 192.168.20.1: 32 data bytes，Press Ctrl_C to break
Request timeout!
Request timeout!
Request timeout!
Request timeout!
```

发现仍然无法连通。在主机 PC-1 的 E0/0/1 接口上进行数据抓包，可以观察到如图 7-5 所示的现象。

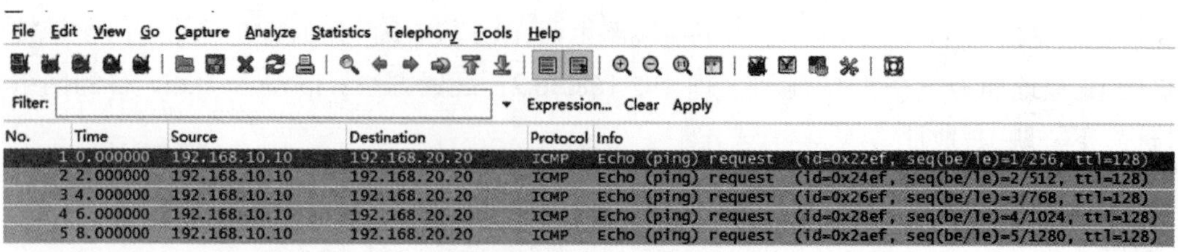

图 7-5 抓包观察

此时主机 PC-1 仅发送了 ICMP 请求消息,并没有收到任何回应消息。原因在于现在仅仅实现了 PC-1 能够通过路由将数据正常转发给 PC-2,而 PC-2 仍然无法发送数据给 PC-1,所以同样需要在 R2 的路由表上添加 PC-1 所在网段的路由信息。

[R2]ip route-static 192.168.10.0 255.255.255.0 192.168.30.1

或者

[R2]ip route-static 192.168.10.0 255.255.255.0 GigabitEthernet 0/0/1

配置完成后,每台路由器都有了 PC1 和 PC2 网段的路由信息。

<R1>display ip routing-table

Route Flags: R - relay, D - download to fib

Routing Tables: Public

              Destinations: 11   Routes: 11

Destination/Mask	Proto	Pre	Cost	Flags	NextHop	Interface
192.168.10.0/24	Direct	0	0	D	192.168.10.1	GigabitEthernet0/0/0
192.168.20.0/24	Static	60	0	RD	192.168.30.2	GigabitEthernet0/0/1

 <R2>display ip routing-table

Route Flags: R - relay, D - download to fib

Routing Tables: Public

              Destinations: 11   Routes: 11

Destination/Mask	Proto	Pre	Cost	Flags	NextHop	Interface
192.168.10.0/24	Static	60	0	RD	192.168.30.1	GigabitEthernet0/0/1
192.168.20.0/24	Direct	0	0	D	192.168.20.1	GigabitEthernet0/0/0

可以连通,即现在已经实现了主机 PC-1 与 PC-2 之间的正常通信。

7.3.3 默认路由配置

我们把目的地/掩码为 0.0.0.0/0 的路由称为默认路由或缺省(DefaultRoute)。如果默认路由是由路由协议产生的,则称为动态默认路由;如果默认路由是由手工配置而成的,则称为静态默认路由。默认路由是一种非常特殊的路由,因为任何一个待发送或待转发的 IP 报文都是可以和默认路由匹配上的,虽然掩码匹配长度为 0。

计算机或路由器的 IP 路由表中可能存在默认路由，也可能不存在默认路由。如果网络设备的 IP 路由表中存在默认路由，那么当一个待发送或待转发的 IP 报文不能匹配 IP 路由表中的任何非默认路由时，就会根据默认路由来进行发送或转发；如果网络设备的 IP 路由表中不存在默认路由，那么当一个待发送或待转发的 IP 报文不能匹配 IP 路由表中的任何路由时，该 IP 报文就会被直接丢弃。

在图 7-4 中 R1、R2 上配置默认路由。

```
[R1]ip route-static 0.0.0.0 0 192.168.30.2
```
或者
```
[R1]ip route-static 0.0.0.0 0 GigabitEthernet 0/0/1
[R2]ip route-static 0.0.0.0 0 192.168.30.1
```
或者
```
[R2]ip route-static 0.0.0.0 0 GigabitEthernet 0/0/1
```

7.4 路由优先级

假设一台华为 AR 路由器同时运行了 RIP 和 OSPF 两种路由协议，RIP 发现了一条去往目的地/掩码为 z/y 的路由，OSPF 也发现了一条去往目的地/掩码为 z/y 的路由。另外，我们还手工配置了一条去往目的地/掩码为 z/y 的路由。也就是说，该设备同时获取了去往同一目的地/掩码的三条不同的路由，那么该设备究竟会采用哪一条路由来进行 IP 报文的转发呢？或者说，这三条路由中的哪一条会被加入 IP 路由表呢？

事实上，我们给不同来源的路由规定了不同的优先级（Preference），并规定优先级的值越小，则路由的优先级就越高。这样，当存在多条目的地/掩码相同，但来源不同的路由时，则具有最高优先级的路由便成了最优路由，并被加入 IP 路由表中，而其他路由则处于未激活状态，不显示在 IP 路由表中。

设备上的路由优先级一般都具有缺省值。不同厂家的设备上对于优先级的缺省值的规定可能不同。华为 AR 路由器上部分路由优先级的缺省值规定如表 7-2 所示。

表 7-2　路由的优先级

路由来源	优先级的缺省值
直连路由	0
OSPF	10
静态路由	60
RIP	100
BGP	255

7.5　路由（开销）度量

路由的开销（Cost）是路由的一个非常重要的属性。一条路由的开销是指到达这条路由的目的地/掩码需要付出的代价值。同一种路由协议发现有多条路由可以到达同一目的地/掩码时，将优选开销最小的路由，即只把开销最小的路由加入本协议的路由表中。

不同的路由协议对于开销的具体定义是不同的。比如，RIP 协议只能将"跳数（Hop Count）"作为开销。所谓跳数，就是指到达目的地/掩码需要经过的路由器的个数。如图 7-6 所示，假设路由器 R1、R2、R3 均运行 RIP 路由协议。通过运行 RIP 协议，R1 会发现两条去往 2.0.0.0/8 的路由，第一条路由的出接口是 R1 的 GE1/0/0 接口，下一跳 IP 地址是 R2 的 GE1/0/0 接口的 IP 地址，开销（跳数）为 3（因为这条路由从 R1 去往 2.0.0.0/8 需要经过 R1、R2、R3 这 3 个路由器）；第二条路由的出接口是 R1 的 GE2/0/0 接口，下一跳 IP 地址是 R3 的 GE1/0/0 接口的 IP 地址，开销（跳数）为 2 （因为这条路由从 R1 去往 2.0.0.0/8 只需要经过 R1 和 R3 这两个路由器）。显然，第二条路由的开销小于第一条路由的开销，所以第二条路由为最优路由，并将被加入 R1 的 RIP 路由表。

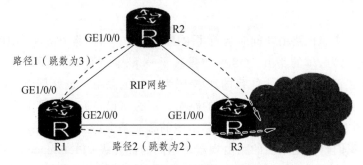

图 7-6　RIP 协议只能以"跳数"作为路由的开销

同一种路由协议发现有多条路由可以到达同一目的地/掩码时，并且这些路由的开销又是相等的，那该怎么办呢？如图 7-7 所示，假设路由器 R1、R2、R3、R4 均运行 RIP 路由协议。通过运行 RIP 协议，R1 会发现两条去往 2.0.0.0/8 的路由，第一条路由的出接口是 R1 的 GE1/0/0 接口，下一跳 IP 地址是 R2 的 GE1/0/0 接口的 IP 地址，开销为 3（因为这条路由从 R1 去往 2.0.0.0/8 需要经过 R1、R2、R3 这 3 个路由器）；第二条路由的出接口是 R1 的 GE2/0/0 接口，下一跳 IP 地址是 R4 的 GE1/0/0 接口的 IP 地址，开销为 3（因为这条路由从 R1 去往 2.0.0.0/8 需要经过路由器 R1、R4、R3 这 3 个路由器）。由于这两条路由的代价（开销）是相等的，所以它们被称为等价路由。在这种情况下，这两条路由都会被加入 R1 的 RIP 路由表。如果 R1P 路由表中的这两条路由能够被优选进入 IP 路由表的话，那么 R1 在转发去往 2.0.0.0/8 的流量时，一部分流量会根据第一条路由来进行转发，另一部分流量会根据第二条路由来进行转发，这种情况也被称为负载分担（Load Balance）。

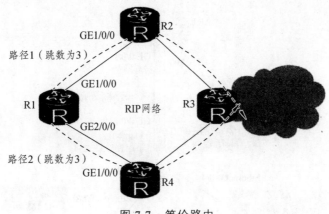

路径1（跳数为3）

GE1/0/0

GE1/0/0

R1

RIP网络

R3

GE2/0/0

路径2（跳数为3）

GE1/0/0

R4

R2

图 7-7　等价路由

　　需要特别强调的是，不同的路由协议对于开销的具体定义是不同的，开销值大小的比较只在同一种路由协议内才有意义，不同路由协议之间的路由开销值没有可比性，也不存在换算关系。

　　如果一台路由器同时运行了多种路由协议，并且对于同一目的地/掩码（假设为 z/y ），每一种路由协议都发现了一条或多条路由，在这种情况下，每一种路由协议都会根据开销值的比较情况在自己所发现的若干条路由中确定出最优路由，并将最优路由放进本协议的路由表中。然后，不同路由协议所确定出的最优路由之间再进行路由优先级的比较，优先级最高的路由才能作为去往 z/y 的路由被加入该路由器的 IP 路由表中。注意，如果该路由器上还存在去往 z/y 的直连路由或静态路由，那么在进行优先级比较的时候也要考虑这些直连路由和静态路由，优先级最高者才能作为去往 z/y 的路由被最终加入 IP 路由表中。

7.6　VLAN 间路由

　　部署了 VLAN 的传统交换机不能实现不同 VLAN 间的二层报文转发，因此必须引入路由技术来实现不同 VLAN 间的通信。VLAN 路由可以通过二层交换机配合路由器来实现，也可以通过三层交换机来实现。

7.6.1　通过多臂路由器实现 VLAN 间的三层通信

　　通过多臂路由实现 VLAN 间的三层通信的拓扑结构如图 7-8 所示。

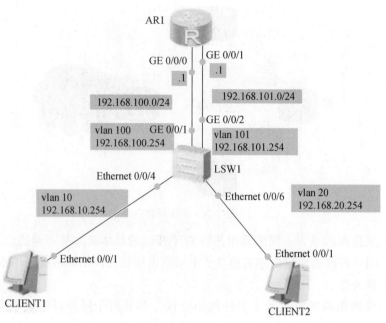

图 7-8 多臂路由拓扑结构

配置步骤如下：

（1）LSW1 配置。

```
vlan batch 10 20 100 to 101          #创建需要使用的所有 vlan
[Huawei-Ethernet0/0/4]dis this       #连接 CLIENT1 的 4 口
interface Ethernet0/0/4
port hybrid pvid vlan 10             #这里使用 hybird 接口，且 PVID 为 vlan 10，
端口接收数据时会打上 vlan 10 的标签
port hybrid untagged vlan 10 20 100  #这里配置此端口发送带 vlan 10，20，100 标
签的数据时，剥掉标签发送
[Huawei-Ethernet0/0/6]di this
interface Ethernet0/0/6              #这里的配置与 4 口差不多
port hybrid pvid vlan 20
port hybrid untagged vlan 10 20 101
[Huawei-GigabitEthernet0/0/1]dis this
interface GigabitEthernet0/0/1      #连接路由器的 1 口
port link-type trunk                #端口类型 trunk
port trunk pvid vlan 100            #端口 PVID100，接收时打上 vlan100 的标签
port trunk allow-pass vlan 2 to 4094 #允许所有 vlan 通过
[Huawei-GigabitEthernet0/0/2]dis this
interface GigabitEthernet0/0/2      #连接路由器的 2 口，与 1 口类似
port link-type trunk
```

```
port trunk pvid vlan 101
port trunk allow-pass vlan 2 to 4094
interface Vlanif10                              #vlan10 下的网关
ip address 192.168.10.254 255.255.255.0
dhcp select interface                           #vlan 10 的 dhcp 配置
interface Vlanif20                              #vlan 20 下的网关
ip address 192.168.20.254 255.255.255.0
dhcp select interface
interface Vlanif100
ip address 192.168.100.254 255.255.255.0
interface Vlanif101
ip address 192.168.101.254 255.255.255.0
ip route-static 0.0.0.0 0.0.0.0 192.168.100.1
ip route-static 0.0.0.0 0.0.0.0 192.168.101.1
ip route-static 192.168.10.0 255.255.255.0 Ethernet0/0/4
ip route-static 192.168.20.0 255.255.255.0 Ethernet0/0/6
```

（2）AR1 配置。

```
interface GigabitEthernet0/0/0
ip address 192.168.100.1 255.255.255.0
interface GigabitEthernet0/0/1
ip address 192.168.101.1 255.255.255.0
ip route-static 192.168.10.0 255.255.255.0 192.168.100.254
ip route-static 192.168.20.0 255.255.255.0 192.168.101.254
```

在 client1 上面 Ping client2。

7.6.2　通过单臂路由器实现 VLAN 间的三层通信

（1）网络拓扑结构如图 7-9 所示。

（2）LSW1 配置。

```
<Huawei>sys
[Huawei]sysname sw1
[sw1]vlan batch 10 20
[sw1]interface eth0/0/1
[sw1-Ethernet0/0/1]port link-type access
[sw1-Ethernet0/0/1]port default vlan 10
[sw1-Ethernet0/0/1]quit
[sw1]interface eth0/0/2
```

```
[sw1-Ethernet0/0/2]port link-type access
[sw1-Ethernet0/0/2]port default vlan 20
[sw1-Ethernet0/0/2]quit
[sw1]interface eth0/0/3
[sw1-Ethernet0/0/3]port link-type trunk
[sw1-Ethernet0/0/3]port trunk allow-pass vlan 10 20
```

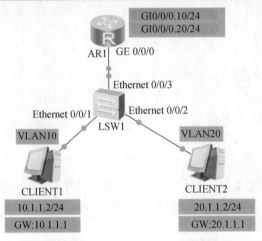

图 7-9　单臂路由实现 VLAN 间的通信

（3）AR1 配置。

```
<Huawei>sys
[Huawei]sysname R1
[R1]interface gi0/0.10
[R1-GigabitEthernet0/0/0.10]dot1q termination vid 10     //封装 dot1q 协议，该子接口对应 vlan 10
[R1-GigabitEthernet0/0/0.10]ip address 10.1.1.1 24       //设置子接口 IP 地址和子网掩码
[R1-GigabitEthernet0/0/0.10]arp broadcast enable         //开启子接口的 ARP 广播
[R1]interface gi0/0.20
[R1-GigabitEthernet0/0/0.20]ip address 20.1.1.1 24
[R1-GigabitEthernet0/0/0.20]dot1q termination vid 20
[R1-GigabitEthernet0/0/0.20]arp broadcast enable
```

（4）测试结果。

查看路由表：

```
[R1]display ip routing-table
Route Flags: R – relay, D - download to fib
----------------------------------------------------------------------
```

Routing Tables: Public				Destinations: 10		Routes: 10	
Destination/Mask	Proto	Pre	Cost	Flags	NextHop	Interface
10.1.1.0/24	**Direct**	**0**	**0**	**D**	**10.1.1.1**	**GigabitEthernet0/0/0.10**
10.1.1.1/32	Direct	0	0	D	127.0.0.1	GigabitEthernet0/0/0.10
10.1.1.255/32	Direct	0	0	D	127.0.0.1	GigabitEthernet0/0/0.10
20.1.1.0/24	**Direct**	**0**	**0**	**D**	**20.1.1.1**	**GigabitEthernet0/0/0.20**
20.1.1.1/32	Direct	0	0	D	127.0.0.1	GigabitEthernet0/0/0.20
20.1.1.255/32	Direct	0	0	D	127.0.0.1	GigabitEthernet0/0/0.20
127.0.0.0/8	Direct	0	0	D	127.0.0.1	InLoopBack0
127.0.0.1/32	Direct	0	0	D	127.0.0.1	InLoopBack0
127.255.255.255/32	Direct	0	0	D	127.0.0.1	InLoopBack0
255.255.255.255/32	Direct	0	0	D	127.0.0.1	InLoopBack0

Ping 测试：

```
PC>ping 20.1.1.2
Ping 20.1.1.2: 32 data bytes，Press Ctrl_C to break
From 20.1.1.2: bytes=32 seq=1 ttl=127 time=125 ms
From 20.1.1.2: bytes=32 seq=2 ttl=127 time=47 ms
From 20.1.1.2: bytes=32 seq=3 ttl=127 time=32 ms
From 20.1.1.2: bytes=32 seq=4 ttl=127 time=78 ms
From 20.1.1.2: bytes=32 seq=5 ttl=127 time=47 ms

--- 20.1.1.2 ping statistics ---
    5 packet(s) transmitted
    5 packet(s) received
    0.00% packet loss
    round-trip min/avg/max = 32/65/125 ms
```

除此方式，也可以采用三层交换机方式配置。

7.6.3 通过三层交换机配置实现 VLAN 间的三层通信

（1）网络拓扑结构如图 7-10 所示。

（2）三层交换机配置。

```
<Huawei>SYS
[Huawei]sysname sw1
[sw1]vlan batch 10 20
[sw1]interface gi0/0/1
[sw1-GigabitEthernet0/0/1]port link-type access
[sw1-GigabitEthernet0/0/1]port default vlan 10
```

```
[sw1-GigabitEthernet0/0/1]quit
[sw1]interface gi0/0/2
[sw1-GigabitEthernet0/0/2]port link-type access
[sw1-GigabitEthernet0/0/2]port default vlan 20
[sw1-GigabitEthernet0/0/2]quit
[sw1]interface vlanif 10
[sw1-Vlanif10]ip address 10.1.1.1 24
[sw1-Vlanif10]quit
[sw1]interface vlanif 20
[sw1-Vlanif20]ip address 20.1.1.1 24
```

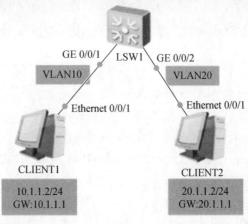

图 7-10　三层交换机实现 VLAN 间的通信

（3）测试结果。

Ping 测试：

```
CLIENT1　PING　CLIENT2
PC>ping 20.1.1.2
Ping 20.1.1.2: 32 data bytes, Press Ctrl_C to break
From 20.1.1.2: bytes=32 seq=1 ttl=127 time=63 ms
From 20.1.1.2: bytes=32 seq=2 ttl=127 time=15 ms
From 20.1.1.2: bytes=32 seq=3 ttl=127 time=16 ms
From 20.1.1.2: bytes=32 seq=4 ttl=127 time<1 ms
From 20.1.1.2: bytes=32 seq=5 ttl=127 time=16 ms
--- 20.1.1.2 ping statistics ---
    5 packet(s) transmitted
    5 packet(s) received
    0.00% packet loss
    round-trip min/avg/max = 0/22/63 ms
```

查看路由表：

```
[switch]display ip routing-table
Routing Tables: Public
          Destinations: 6          Routes: 6
Destination/Mask     Proto     Pre      Cost     Flags     NextHop       Interface
10.1.1.0/24          Direct    0        0        D         10.1.1.1      Vlanif10
10.1.1.1/32          Direct    0        0        D         127.0.0.1     Vlanif10
20.1.1.0/24          Direct    0        0        D         20.1.1.1      Vlanif20
20.1.1.1/32          Direct    0        0        D         127.0.0.1     Vlanif20
127.0.0.0/8          Direct    0        0        D         127.0.0.1     InLoopBack0
127.0.0.1/32         Direct    0        0        D         127.0.0.1     InLoopBack0
```

思考题

1. 以下静态路由和动态路由协议开销最大的是（　　　　）。

　　A. 静态路由　　　　B. 动态路由　　　　C. 开销一样大

2. 路由表中路由项包括（　　　　）下一跳地址、管理距离、度量值等。

　　A. 静态路由　　　　B. 动态路由　　　　C. 直连路由　　　　D. 默认路由

3. 如果去往目的网络 10.1.1.0 有静态路由、动态路由 RIP、动态路由 OSPF 及默认路由，那么路由器会优先将（　　　　）路由放入路由表中。

　　A. 静态路由　　　　B. 动态 RIP　　　　C. 动态路由 OSPF　　　D. 默认路由

4. 以下不会在路由表里出现的是（　　　　）

　　A. 下一跳地址　　　B. 网络地址　　　　C. 度量值　　　　　D. MAC 地址

5. 数据报文通过查找路由表获知（　　　　）

　　A. 整个报文传输的路径　　　　　　　B. 下一跳地址

　　C. 网络拓扑结构　　　　　　　　　　D. 以上说法均不对

6. 以下（　　　　）必须要由网络管理员手动配置。

　　A. 静态路由　　　　B. 直接路由　　　　C. 缺省路由　　　　D. 动态路由

7. 关于 IP 路由的说法，以下正确的有（　　　　）。

　　A. 路由是 OSI 模型中第二层的概念

　　B. 任何一条路由都必须包括以下三部分的信息：源地址、目的地址和下一跳

　　C. 在局域网中，路由包括以下两部分的内容：IP 地址和 MAC 地址

　　D. IP 路由是指导 IP 报文转发的路径信息

8. 管理员想通过配置静态浮动路由来实现路由备份，则正确的实现方法是（　　　　）。

　　A. 管理员需要为主用静态路由和备用静态路由配置不同的协议优先级

　　B. 管理员只需要配置两个静态路由就可以了

C. 管理员需要为主用静态路由和备用静态路由配置不同的 TAG

D. 管理员需要为主用静态路由和备用静态路由配置不同的度量值

9. 使用单臂路由实现 VLAN 间通信时，通常的做法是采用子接口，而不是直接采用物理端口，这是因为（   ）。

A. 物理接口不能封装 802.1Q

B. 子接口转发速度更快

C. 用子接口能节约物理接口

D. 子接口可以配置 Access 端口或 Trunk 端口

10. ip route-static 10.0.12.0 255.255.255.0 192.168.11 关于此命令描述正确的是（   ）。

A. 此命令配置了一条到达 192.168.1.1 网络的路由

B. 此命令配置了一条到达 10.0.12.0 网络的路由

C. 该路由的优先级为 100

D. 如果路由器通过其他协议学习到和此路由相同网络的路由，路由器将会优先选择此路由

11. 华为路由器静态路由的配置命令为（   ）。

A. ip route-static　　B. ip route static　　C. route-static ip　　D. route static ip

12. 下面关于静态与动态路由描述错误的是（   ）。

A. 静态路由在企业中应用时配置简单，管理方便

B. 管理员在企业网络中部署动态路由协议后，后期维护和扩展能够更加方便

C. 链路产生故障后，静态路由能够自动完成网络收敛

D. 动态路由协议比静态路由要占用更多的系统资源

13. 直连路由、静态路由、RIP、OSPF 的默认协议优先级从高到低的排序是（   ）。

A. 直连路由、静态路由、RIP、OSPF

B. 直连路由、OSPF、静态路由、RIP

C. 直连路由、OSPF、RIP、静态路由

D. 直连路由、RIP、静态路由、OSPF

14. 以下配置默认路由的命令正确的是（   ）。

A. [Huawei]ip route-static 0.0.0.0 0.0.0.0 192.160.1.1

B. [Huawei]ip route-static 0.0.0.0 255.255.255.255 192.160.1.1

C. [Huawei-serial0]ip route-static 0.0.0.0 0.0.0.0 0.0.0.0

D. [Huawei]ip route-static 0.0.0.0 0.0.0.0 0.0.0.0

15. 在路由器上，应该使用命令（   ）来查看路由表。

A. display ip path　　　　　　　　B. display ip routing-table

C. display interface　　　　　　　D. display current-configuration

RIP

8.1　RIP 概述

RIP 是路由信息协议（Routing Information Protocol）的简称，它是一种基于距离矢量算法的协议，使用跳数作为度量值来衡量到达目的网络的距离，是一种比较简单的内部网关协议。RIP 使用了基于距离矢量的贝尔曼-福特（Bellman-Ford）算法来计算到达目的网络的最佳路径。最初的 RIP 开发时间较早，所以在带宽、配置和管理方面要求也较低，因此，RIP 主要适合于规模较小的网络。

8.2　RIP 的工作原理

路由器启动时，路由表中只会包含直连路由。运行 RIP 之后，路由器会发送 Request 报文，用来请求邻居路由器的 RIP 路由。运行 RIP 的邻居路由器收到该 Request 报文后，会根据自己的路由表，生成 Response 报文进行回复。路由器在收到 Response 报文后，会将相应的路由添加到自己的路由表中。RIP 网络稳定以后，每个路由器会周期性地向邻居路由器通告自己整张路由表中的路由信息，默认周期为 30 s。邻居路由器根据收到的路由信息刷新自己的路由表。

8.3　RIP 的度量值

RIP 使用跳数作为度量值来衡量到达目的网络的距离。在 RIP 中，路由器到与它直接相连网络的跳数为 0，每经过一个路由器后跳数加 1。为限制收敛时间，RIP 规定跳数的取值范围为 0 ~ 15 的整数，大于 15 的跳数被定义为无穷大，即目的网络或主机不可达。路由器从某一邻居路由器收到路由更新报文时，将根据以下原则更新本路由器的 RIP 路由表。

（1）对于本路由表中已有的路由项，当该路由项的下一跳是该邻居路由器时，不论度量值将增大或是减少，都更新该路由项（度量值相同时只将其老化定时器清零，路由表中的每一路由项都对应了一个老化定时器，当路由项在 180 s 内没有任何更新时，定时器超时，该路由项的度量值变为不可达）。

（2）当该路由项的下一跳不是该邻居路由器时，如果度量值将减少，则更新该路由项。

（3）对于本路由表中不存在的路由项，如果度量值小于 16，则在路由表中增加该路由项。某路由项的度量值变为不可达后，该路由会在 Response 报文中发布 4 次（120 s），然后从路由表中清除。

8.4　RIP 的版本

RIP 包括 RIPv1 和 RIPv2 两个版本。RIPv1 为有类别路由协议，不支持 VLSM 和 CIDR。RIPv2 为无类别路由协议，支持 VLSM，支持路由聚合与 CIDR。

RIPv1 使用广播发送报文，RIPv2 有两种发送方式：广播方式和组播方式，缺省是组播方式。RIPv2 的组播地址为 224.0.0.9。组播发送报文的好处是在同一网络中那些没有运行 RIP 的网段可以避免接收 RIP 的广播报文；另外，组播发送报文还可以使运行 RIPv1 的网段避免错误地接收和处理 RIPv2 中带有子网掩码的路由。

RIPv1 不支持认证功能，RIPv2 支持明文认证和 MD5 密文认证。

8.5　RIP 报文

8.5.1　RIPv1 报文格式

RIP 协议通过 UDP 交换路由信息，端口号为 520。RIPv1 以广播形式发送路由信息，目的 IP 地址为广播地址 255.255.255.255。报文格式如图 8-1 所示，其中每个字段的值和作用如下：

（1）Command：表示该报文是一个请求报文还是响应报文，只能取 1 或者 2。1 表示该报文是请求报文，2 表示该报文是响应报文。

（2）Version：表示 RIP 的版本信息。对于 RIPv1，该字段的值为 1。

（3）Address Family Identifier（AFI）：表示地址标识信息，对于 IP 协议，其值为 2。

（4）IP Address：表示该路由条目的目的 IP 地址。这一项可以是网络地址或主机地址。

（5）Metric：标识该路由条目的度量值，取值范围为 1 ~ 16。

一个 RIP 路由更新消息中最多可包含 25 条路由表项，每个路由表项都携带了目的网络地址和度量值。整个 RIP 报文大小限制为不超过 504 字节。如果整个路由表的更新消息超过该大小，需要发送多个 RIPv1 报文。

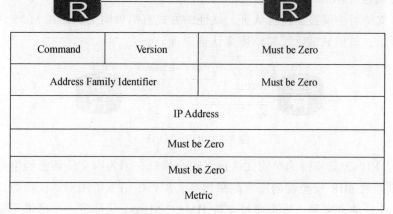

图 8-1　RIPv1 报文格式

8.5.2　RIPv2 报文格式

RIPv2 在 RIPv1 的基础上进行了扩展，但 RIPv2 的报文格式仍然同 RIPv1 类似，如图 8-2 所示。其中不同的字段如下：

（1）AFI：地址族标识，除了表示支持的协议类型外，还可用来描述认证信息。

（2）Route Tag：用于标记外部路由。

（3）Subnet Mask：指定 IP 地址的子网掩码，定义 IP 地址的网络或子网部分。

（4）Next Hop：指定通往目的地址的下一跳 IP 地址。

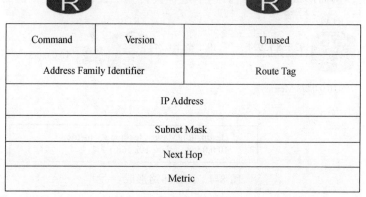

图 8-2　RIPv2 报文格式

8.6　RIPv2 认证

　　RIPv2 的认证功能是一种过滤恶意路由信息的方法，该方法根据 Key 值来检查从有效对端设备接收到的报文。这个 Key 值是每个接口上都可以配置的一个明文密码串，相应的认证类型（Authentication Type）的值为 2。

　　RIPv2 支持对协议报文进行认证，认证的方式有简单明文认证和 MD5 认证两种，如图 8-3 所示，该例只演示了简单明文认证原理。

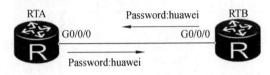

图 8-3　RIPv2 认证

　　早期的 RIPv2 只支持简单明文认证，安全性低，因为明文认证密码串可以很轻易地截获。随着对 RIP 安全性的需求越来越高，RIPv2 引入了加密认证功能，开始是通过支持 MD5 认证来实现，后来通过支持 HMAC-SHA-1 认证进一步增强了安全性。华为 AR2200 系列路由器能够支持以上提到的所有认证方式。

8.7　RIP 环路

　　RIP 网络上路由环路的形成如图 8-4 所示，RIP 网络正常运行时，RTA 会通过 RTB 学习到 10.0.0.0/8 网络的路由，度量值为 1。一旦路由器 RTB 的直连网络 10.0.0.0/8 产生故障，RTB 会立即检测到该故障，并认为该路由不可达。此时，RTA 还没有收到该路由不可达的信息，于是会继续向 RTB 发送度量值为 2 的通往 10.0.0.0/8 的路由信息。RTB 会学习此路由信息，认为可以通过 RTA 到达 10.0.0.0/8 网络。此后，RTB 发送的更新路由表，又会导致 RTA 路由表的更新，RTA 会新增一条度量值为 3 的 10.0.0.0/8 网络路由表项，从而形成路由环路。这个过程会持续下去，直到度量值为 16。

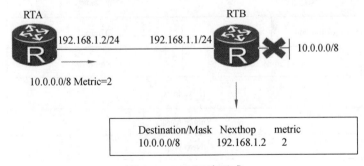

图 8-4　RIP 环路形成

8.8 RIP 环路避免机制

RIP 路由协议引入了很多机制来解决环路问题，除了之前介绍的最大跳数，还有水平分割、毒性反转和触发更新。

8.8.1 水平分割

水平分割的原理是，路由器从某个接口学习到的路由，不会再从该接口发出去。也就是说，在图 8-5 中，RTA 从 RTB 学习到的 10.0.0.0/8 网络的路由不会再从 RTA 的接收接口重新通告给 RTB，由此避免了路由环路的产生。

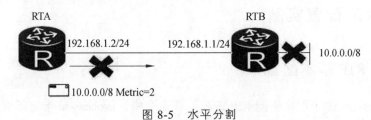

图 8-5　水平分割

8.8.2 毒性反转

毒性反转机制的实现可以使错误路由立即超时。配置了毒性反转，RIP 从某个接口学习到路由之后，将该路由的跳数设置为 16，并从原接收接口发回给邻居路由器。利用这种方式，可以清除对方路由表中的无用路由。如图 8-6 所示，RTB 向 RTA 通告了度量值为 1 的 10.0.0.0/8 路由，RTA 在通告给 RTB 时将该路由度量值设为 16。如果 10.0.0.0/8 网络发生故障，RTB 便不会认为可以通过 RTA 到达 10.0.0.0/8 网络，因此就可以避免路由环路的产生。

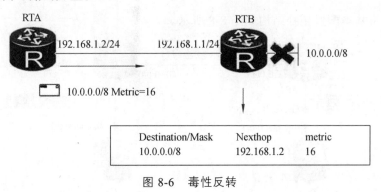

图 8-6　毒性反转

8.8.3 触发更新

缺省情况下，一台 RIP 路由器每 30 s 会发送一次路由表更新给邻居路由器。当本地路由信息发生变化时，触发更新功能允许路由器立即发送触发更新报文给邻居路由器，来通知路由信息更新，而不需要等待更新定时器超时，从而加速了网络收敛，如图 8-7 所示。

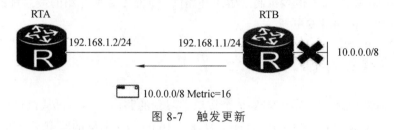

图 8-7　触发更新

8.9　RIP 配置实例

8.9.1　RIP 基本配置

rip[process-id]命令用来使能 RIP 进程。该命令中，process-id 指定了 RIP 进程 ID。如果未指定进程 ID，命令将使用 1 作为缺省进程 ID。命令 version 2 可用于使能 RIPv2 以支持扩展能力，如支持 VLSM、认证等。network<network-address>命令可用于在 RIP 中通告网络，network-address 必须是一个自然网段的地址。只有处于此网络中的接口才能进行 RIP 报文的接收和发送。

1. 目　标

通过 RIP 路由的配置实现网络的互通。

2. 拓扑结构

RIP 网络基本配置拓扑结构如图 8-8 所示。

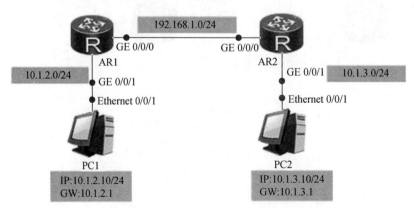

图 8-8　RIP 网络基本配置拓扑结构

3. 配置步骤

（1）按拓扑结构配置端口 IP 地址。

AR1：

<Huawei>sys

[Huawei]sysname AR1

[AR1]interface g0/0/0

[AR1-GigabitEthernet0/0/0]ip address 192.168.1.1 24

[AR1-GigabitEthernet0/0/0]quit

[AR1]interface g0/0/1

[AR1-GigabitEthernet0/0/1]ip address 10.1.2.1 24

AR2：

<Huawei>sys

[Huawei]sysname AR2

[AR2]interface g0/0/0

[AR2-GigabitEthernet0/0/0]ip address 192.168.1.2 24

[AR2-GigabitEthernet0/0/0]interface g0/0/1

[AR2-GigabitEthernet0/0/1]ip address 10.1.3.1 24

（2）使用 RIPv1 搭建网络。

AR1：

[AR1]rip

[AR1-rip-1]network 192.168.1.0

[AR1-rip-1]network 10.0.0.0

AR2：

[AR2]rip

[AR2-rip-1]network 192.168.1.0

[AR2-rip-1]network 10.0.0.0

（3）使用 RIPv2 搭建网络。

[AR1]rip

[AR1-rip-1]version 2

[AR2]rip

[AR2-rip-1]version 2

（4）查看路由表。

[AR1]display ip routing-table

Route Flags: R – relay, D - download to fib

Routing Tables: Public

	Destinations: 11			Routes: 11		
Destination/Mask	Proto	Pre	Cost	Flags	NextHop	Interface
10.0.0.0/8	**RIP**	**100**	**1**	**D**	**192.168.1.2**	**GigabitEthernet0/0/0**
10.1.2.0/24	Direct	0	0	D	10.1.2.1	GigabitEthernet0/0/1
10.1.2.1/32	Direct	0	0	D	127.0.0.1	GigabitEthernet0/0/1
10.1.2.255/32	Direct	0	0	D	127.0.0.1	GigabitEthernet0/0/1
127.0.0.0/8	Direct	0	0	D	127.0.0.1	InLoopBack0
127.0.0.1/32	Direct	0	0	D	127.0.0.1	InLoopBack0
127.255.255.255/32	Direct	0	0	D	127.0.0.1	InLoopBack0
192.168.1.0/24	Direct	0	0	D	192.168.1.1	GigabitEthernet0/0/0
192.168.1.1/32	Direct	0	0	D	127.0.0.1	GigabitEthernet0/0/0
192.168.1.255/32	Direct	0	0	D	127.0.0.1	GigabitEthernet0/0/0
255.255.255.255/32	Direct	0	0	D	127.0.0.1	InLoopBack0

\<AR2\>display ip routing-table

Route Flags: R-relay, D - download to fib

Routing Tables: Public

	Destinations: 11			Routes: 11		
Destination/Mask	Proto	Pre	Cost	Flags	NextHop	Interface
10.0.0.0/8	**RIP**	**100**	**1**	**D**	**192.168.1.1**	**GigabitEthernet0/0/0**
10.1.3.0/24	Direct	0	0	D	10.1.3.1	GigabitEthernet0/0/1
10.1.3.1/32	Direct	0	0	D	127.0.0.1	GigabitEthernet0/0/1
10.1.3.255/32	Direct	0	0	D	127.0.0.1	GigabitEthernet0/0/1
127.0.0.0/8	Direct	0	0	D	127.0.0.1	InLoopBack0
127.0.0.1/32	Direct	0	0	D	127.0.0.1	InLoopBack0
127.255.255.255/32	Direct	0	0	D	127.0.0.1	InLoopBack0
192.168.1.0/24	Direct	0	0	D	192.168.1.2	GigabitEthernet0/0/0
192.168.1.2/32	Direct	0	0	D	127.0.0.1	GigabitEthernet0/0/0
192.168.1.255/32	Direct	0	0	D	127.0.0.1	GigabitEthernet0/0/0
255.255.255.255/32	Direct	0	0	D	127.0.0.1	InLoopBack0

可以观察到，两台路由器已经通过 RIP 协议学习到了对方所在网段的路由条目。

配置完成后，使用 Ping 命令测试 PC1 与 PC2 之间的 IP 连通性。

测试结果如下：

PC>ping 10.1.3.10

Ping 10.1.3.10: 32 data bytes，Press Ctrl_C to break

From 10.1.3.10: bytes=32 seq=1 ttl=126 time=16 ms

From 10.1.3.10: bytes=32 seq=2 ttl=126 time<1 ms

From 10.1.3.10: bytes=32 seq=3 ttl=126 time=16 ms

From 10.1.3.10: bytes=32 seq=4 ttl=126 time=15 ms

From 10.1.3.10: bytes=32 seq=5 ttl=126 time=15 ms

--- 10.1.3.10 ping statistics ---

   5 packet(s) transmitted

   5 packet(s) received

   0.00% packet loss

   round-trip min/avg/max = 0/12/16 ms

可以观察到通信正常。

使用 debuging 命令可以查看 RIP 协议定期更新情况，对比 RIPv1 和 RIPv2 的信息，可以明显区分出二者的不同。

（1）RIPv2 的路由信息中携带了子网掩码；

（2）RIPv2 的路由信息中携带了下一跳地址，标识一个比通告路由器的地址更好的下一跳地址。换而言之，它指出的地址，其度量值（跳数）比在同一个子网上的通告路由器更靠近目的地。如果这个字段设置为全 0（0.0.0.0），说明通告路由器的地址是最优的下一跳地址。

（3）RIPv2 默认采用组播方式发送报文，地址为 224.0.0.9。

8.9.2　RIP 度量值配置

在 RIP 网络中，命令 rip metricin <metricvalue>用于修改接口上应用的度量值（注意：该命令所指定的度量值会与当前路由的度量值相加）。当路由器的一个接口收到路由时，路由器会首先将接口的附加度量值增加到该路由上，然后将路由加入路由表中。

命令 rip metricout <metricvalue>用于路由器在通告 RIP 路由时修改路由的度量值。一般情况下，在将路由表项转发到下一跳之前，RIP 会将度量值加 1。如果配置了 rip metricout 命令，则只应用命令中配置的度量值。即当路由器发布一条路由时，此命令配置的度量值会在发布该路由之前附加在这条路由上，但本地路由表中的度量值不会发生改变。

1. 目　标

掌握 RIP 度量值的配置方法。

2. 拓扑结构

RIP 度量值配置拓扑结构如图 8-9 所示。

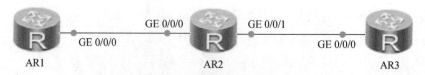

图 8-9　RIP 度量值配置拓扑结构

3. 配置方法

> [AR2]interface g0/0/0
>
> [AR2-GigabitEthernet0/0/0]rip metricin 2

在图 8-9 中，若 AR1 发送的路由条目的度量值为 1，由于在 AR2 的 GigabitEthernet0/0/0 接口上配置了 rip metricin 2，所以当路由到达 AR2 的接口时，AR2 会将该路由条目的度量值加 2，最后该路由的度量值为 3。

> [AR3]interface g0/0/0
>
> [AR3-GigabitEthernet0/0/0]rip metricout 2

在图 8-9 中，若 AR3 发送的路由条目的度量值为 1，但是由于在 AR3 的 GE0/0/0 接口上配置了 rip metricout 2，所以 AR3 会将该路由条目的度量值设置为 2，然后发送给 AR2。

8.9.3　RIP 认证配置

配置协议的认证可以降低设备接收非法路由选择更新消息的可能性，也可称为"验证"。非法的更新消息可能来自试图破坏网络的攻击者，也可能是试图通过欺骗路由器发送数据到错误的目的地址的方法来捕获数据包。

1. 目　标

掌握简单认证的配置方法；掌握 MD5 密文认证的配置方法。

2. 拓扑结构

RIP 认证配置拓扑结构如图 8-10 所示。

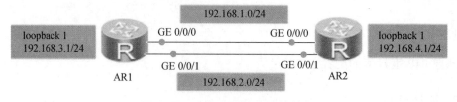

图 8-10　RIP 认证配置拓扑结构

3. 配置步骤

（1）基础配置。

在路由器上配置 loopback 环回接口，充当不同网络的用户，并按照拓扑结构配置 RIPv2 协议。

AR1 配置：

```
[AR1]interface LoopBack 1
[AR1-LoopBack1]ip address 192.168.3.1 24
[AR1]interface g0/0/0
[AR1-GigabitEthernet0/0/0]ip address 192.168.1.1 24
[AR1]interface g0/0/1
[AR1-GigabitEthernet0/0/1]ip address 192.168.2.1 24
[AR1]rip
[AR1-rip-1]version 2
[AR1-rip-1]network 192.168.1.0
[AR1-rip-1]network 192.168.3.0
[AR1-rip-1]network 192.168.2.0
```

AR2 配置：

```
[AR2]interface LoopBack 1
[AR2-LoopBack1]ip address 192.168.4.1 24
[AR2]interface g0/0/0
[AR2-GigabitEthernet0/0/0]ip address 192.168.1.2 24
[AR2]interface g0/0/1
[AR2-GigabitEthernet0/0/1]ip address 192.168.2.2 24
[AR2]rip
[AR2-rip-1]version 2
[AR2-rip-1]network 192.168.1.0
[AR2-rip-1]network 192.168.2.0
[AR2-rip-1]network 192.168.4.0
```

使用 Ping 命令测试环回口之间的连通性，发现 R1 和 R2 通信正常，但无验证。

（2）简单认证。

在路由器 AR1 和 AR2 的 GE0/0/0 接口上配置认证，使用简单认证方式，密码为 huawei123，两端的密码必须保持一致，否则会导致认证失败，从而使 RIP 协议无法正常运行。

```
[AR1]interface g0/0/0
[AR1-GigabitEthernet0/0/0]rip authentication-mode simple huawei123
[AR2]interface g0/0/0
[AR2-GigabitEthernet0/0/0]rip authentication-mode simple huawei123
```

在 R1 路由器的 GE0/0/0 接口上抓包，可以观察到，此时 R1 与 R2 间发送的 RIP 报文中含 authentication 字段，并且密码是明文 huawei123，如图 8-11 所示。

```
⊟ Routing Information Protocol
    Command: Response (2)
    Version: RIPv2 (2)
    Routing Domain: 0
  ⊟ Authentication: Simple Password
      Authentication type: Simple Password (2)
      Password: huawei123
```

图 8-11　简单认证抓包

（3）MD5 密文认证。

在路由器 AR1 和 AR2 的 GE0/0/1 接口上配置认证，使用 MD5 密文认证方式，密码为 123123。

```
[AR1]interface g0/0/1
[AR1-GigabitEthernet0/0/1]rip authentication-mode md5 usual 123123
[AR2]interface g0/0/1
[AR2-GigabitEthernet0/0/1]rip authentication-mode md5 usual 123123
```

继续在 R1 路由器的 GE0/0/1 接口上抓包，如图 8-12 所示，发现有验证字段，但是无法看到配置的认证密码，这样就能进一步保证网络的安全性。

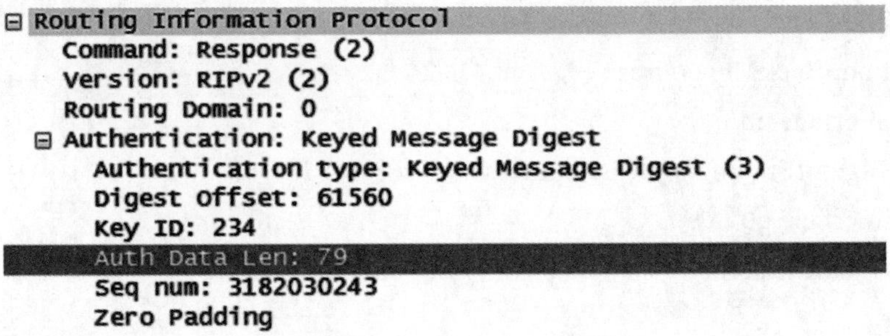

```
⊟ Routing Information Protocol
    Command: Response (2)
    Version: RIPv2 (2)
    Routing Domain: 0
  ⊟ Authentication: Keyed Message Digest
      Authentication type: Keyed Message Digest (3)
      Digest Offset: 61560
      Key ID: 234
      Auth Data Len: 79
      Seq num: 3182030243
      Zero Padding
```

图 8-12　密文认证抓包

8.9.4　RIP 其他配置

（1）水平分割和毒性反转。

水平分割和毒性反转都是基于每个接口来配置的。缺省情况下，每个接口都启用了 rip split-horizon 命令（NBMA 网络除外）以防止产生路由环路。华为 ARG3 系列路由器不支持同时配置水平分割和毒性反转，因此当一个接口上同时配置了水平分割和毒性反转时，只有毒性反转生效。

```
[AR1]interface G0/0/0
[AR1-GigabitEthernet0/0/0]rip split-horizon        //启用水平分割
[AR1-GigabitEthernet0/0/0]rip poison-reverse       //启用毒性反转
```

（2）output 和 input 配置。

命令 rip output 用于配置允许一个接口发送 RIP 更新消息。如果想要禁止指定接口发送 RIP 更新消息，可以在接口上运行命令 undo rip output。缺省情况下，ARG3 系列路由器允许接口发送 RIP 报文。企业网络中，可以通过运行命令 undo rip output 来防止连接外网的接口发布内部路由。

> [AR2]interface g0/0/1
>
> [AR2-GigabitEthernet0/0/1]undo rip output

rip input 命令用来配置允许指定接口接收 RIP 报文。undo rip input 命令用来禁止指定接口接收 RIP 报文。运行命令 undo rip input 之后，该接口所收到的 RIP 报文会被立即丢弃。缺省情况下，接口可以接收 RIP 报文。

> [AR2]interface g0/0/0
>
> [AR2-GigabitEthernet0/0/0]undo rip input

（3）抑制接口。

silent-interface 命令用来抑制接口，使其只接收 RIP 报文，更新自己的路由表，但不发送 RIP 报文。命令 silent-interface 比命令 rip input 和 rip output 的优先级更高。命令 silent-interface all 表示抑制所有接口，此命令优先级最高，在配置该命令之后，所有接口都被抑制。命令 silent-interface 通常会配置在 NBMA 网络上。在 NBMA 网络上，一些路由器需要接收 RIP 更新消息，但是不需要广播或者组播路由器自身的路由更新，而是通过命令 peer<ip address>与对端路由器建立关系。

> [AR1]rip
>
> [AR1-rip-1]silent-interface g0/0/0

命令 display rip 可以比较全面地显示路由器上的 RIP 信息，包括全局参数以及部分接口参数。例如，该命令可以显示哪些接口上执行了 silent-interface 命令，请同学们自己验证。

思考题

1. RIP 路由协议的最大跳数是（　　　）。

    A. 24　　　　　　　　B. 18　　　　　　　　C. 15　　　　　　　　D. 12

2. RIPv1 路由协议周期更新的目标地址是（　　　）。

    A. 255.255.255.240　　　　　　　　B. 255.255.255.255

    C. 172.16.0.1　　　　　　　　D. 255.255.240.255

3. RIPv2 的组播方式以（　　　）地址发布路由信息。

    A. 224.0.0.0　　　　　　　　B. 224.0.0.9

    C. 224　　　　　　　　D. 224.255.255.255

4. 以下论述中最能够说明 RIPv1 是一种有类别（Classful）路由选择协议的是（　　　）。

    A. RIPv1 不能在路由选择刷新报文中携带子网掩码（Subnet Mask）信息

    B. RIPv1 衡量路由优劣的度量值是跳数的多少

    C. RIPv1 协议规定运行该协议的路由器每隔 30 s 向所有直接相连的邻居广播发送一次路由表刷新报文

D. RIPv1 的路由信息报文是 UDP 报文

5. 在 RIP 协议中，当路由项在（　　）s 内没有任何更新时，定时器超时，该路由项的度量值变为不可达。

　　A. 30　　　　　　　　B. 60　　　　　　　　C. 120　　　　　　　　D. 180

6. "毒性逆转" 是指（　　）。

　　A. 改变路由更新时间的报文　　　　　　B. 一种路由器运行错误报文

　　C. 防止路由环的措施　　　　　　　　　D. 更改路由器优先级的协议

7. 在 RIP 协议中，计算 metric 值的参数是（　　）。

　　A. 路由跳数　　　　　　B. 带宽　　　　　　　C. 时延　　　　　　　　D. MTU

8. 在 RIP 协议中，将路由跳数（　　）定为不可达。

　　A. 15　　　　　　　　B. 16　　　　　　　　C. 128　　　　　　　　D. 255

9. RIPv2 的多播方式以多播地址（　　）周期发布 RIPv2 报文。

　　A. 224.0.0.0　　　　　B. 224.0.0.9　　　　　C. 127.0.0.1　　　　　D. 220.0.0.8

10. RIP 是在（　　）之上的一种路由协议。

　　A. Ethernet　　　　　B. IP　　　　　　　　C. TCP　　　　　　　　D. UDP

11. RIP 协议用来请求对方路由表的报文和周期性广播的报文是（　　）。

　　A. Request 报文和 Hello 报文　　　　　　B. Response 报文和 Hello 报文

　　C. Request 报文和 Response 报文　　　　　D. Request 报文和 Keeplive 报文

12. 管理员希望在网络中配置 RIPv2，则（　　）命令能够宣告网络到 RIP 进程中。

　　A. import-route GigabitEthernet 0/0/1　　　B. network 192.168.1.0 0.0.0.255

　　C. network GigabitEthernet 0/0/1　　　　　D. network 192.168.1.0

13. 关闭 RIPv1 路由汇总的命令是（　　）。

　　A. no auto-summary　　　　　　　　　　　B. auto-summary

　　C. no ip router　　　　　　　　　　　　　D. ip router

14. 默认情况下，RIP 协议相邻路由器发送更新时，（　　）s 更新一次。

　　A. 30　　　　　　　　B. 20　　　　　　　　C. 15　　　　　　　　D. 40

15. 简述 RIP 路由器协议的工作过程。

16. RIP 路由器协议产生路由环路的原因是什么？采取何种措施能防止路由环路？

17. RIPv1 与 RIPv2 有哪些不同之处？

18. RIP 应用于何种规模网络，为什么？

19. 简述 RIP 配置的一般步骤。

第9章 OSPF

本章介绍开放式最短路径优先协议（OSPF）的基本概念与基础配置。OSPF 是内部网关协议的一种，基于链路状态算法。

9.1 OSPF 概述

OSPF 是一种基于链路状态的路由协议，它从设计上就保证了无路由环路。OSPF 支持区域的划分，区域内部的路由器使用 SPF 最短路径算法保证了区域内部无环路。OSPF 还利用区域间的连接规则保证了区域之间无路由环路。OSPF 支持触发更新，能够快速检测并通告自治系统内的拓扑变化。OSPF 可以解决网络扩容带来的问题。当网络上路由器越来越多，路由信息流量急剧增长的时候，OSPF 可以将每个自治系统划分为多个区域，并限制每个区域的范围。OSPF 这种分区域的特点，使得 OSPF 特别适用于大中型网络。OSPF 还可以同其他协议（如多协议标记交换协议 MPLS）同时运行来支持地理覆盖很广的网络，也可以提供认证功能，OSPF 路由器之间的报文通过配置认证才能进行交换。

OSPF 的基本特点：

（1）支持无类域间路由（CIDR）。

（2）无路由自环。

（3）收敛速度快。

（4）使用 IP 组播收发协议数据。

（5）支持多条等值路由。

（6）支持协议报文的认证。

9.2 OSPF 的原理

OSPF 要求每台运行 OSPF 的路由器都了解整个网络的链路状态信息，这样才能计算出到达目的地的最优路径。OSPF 的收敛过程由链路状态公告 LSA（Link State Advertisement）泛洪开始，LSA 中包含了路由器已知的接口 IP 地址、掩码、开销和网络类型等信息。收到 LSA 的路由器都可以根据 LSA 提供的信息建立自己的链路状态数据库 LSDB（Link State Database），并在 LSDB 的基础上使用 SPF 算法进行运算，建立起到达每个网络的最短路径树。最后，通过最短路径树得出到达目的网络的最优路由，并将其加入 IP 路由表中，如图 9-1 所示。

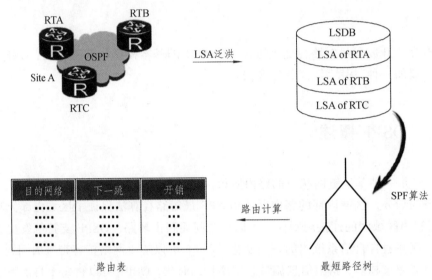

图 9-1　链路状态算法的路由计算过程

9.3 OSPF 的报文类型

OSPF 直接运行在 IP 协议之上，使用 IP 协议号为 89。OSPF 有 5 种报文类型，每种报文都使用相同的 OSPF 报文头，如图 9-2 所示。

图 9-2　OSPF 报文格式

（1）Hello 报文：最常用的一种报文，用于发现、维护邻居关系，并在广播和 NBMA（None-Broadcast Multi-Access）类型的网络中选举指定路由器 DR（Designated Router）和备份指定路由器 BDR（Backup Designated Router）。

（2）DD 报文：两台路由器进行 LSDB 数据库同步时，用 DD 报文来描述自己的

LSDB。DD 报文的内容包括 LSDB 中每一条 LSA 的头部（LSA 的头部可以唯一标识一条 LSA）。LSA 头部只占一条 LSA 的整个数据量的一小部分，所以，这样就可以减少路由器之间的协议报文流量。

（3）LSR 报文：两台路由器互相交换过 DD 报文之后，知道对端的路由器有哪些 LSA 是本地 LSDB 所缺少的，这时需要发送 LSR 报文向对方请求缺少的 LSA，LSR 只包含了所需要的 LSA 的摘要信息。

（4）LSU 报文：用来向对端路由器发送所需要的 LSA。

（5）LSACK 报文：用来对接收到的 LSU 报文进行确认。

9.4 OSPF 的邻居关系和邻接关系

1. 邻居（Neighbor）关系

OSPF 路由器启动后，会通过 OSPF 接口向外发送 Hello 报文用于发现邻居。收到 Hello 报文的 OSPF 路由器会检查报文中所定义的一些参数，如果双方发送的 Hello 报文的参数完全一致，就会彼此形成邻居关系。

2. 邻接（Adjacency）关系

形成邻居关系的双方不一定都能形成邻接关系，只有当两台邻居路由器成功完成了 LSDB 同步之后，才形成真正意义上的邻接关系。LSDB 的同步过程是通过交互 DD 报文、LSR 报文、LSU 报文来实现的。所以路由器在发送 LSA 之前必须先发现邻居并建立邻居关系。

3. 邻居关系和邻接关系的建立过程（见图 9-3）

（1）Down：这是邻居的初始状态，表示没有从邻居收到任何信息。

（2）Attempt：此状态只在 NBMA 网络上存在，表示没有收到邻居的任何信息，但是已经周期性地向邻居发送报文，发送间隔为 Hello Interval。如果 Router Dead Interval 间隔内未收到邻居的 Hello 报文，则转为 Down 状态。

（3）Init：在此状态下，路由器已经从邻居收到了 Hello 报文，但是自己不在所收到的 Hello 报文的邻居列表中，尚未与邻居建立双向通信关系。

（4）2-Way：在此状态下，双向通信已经建立，但是没有与邻居建立邻接关系。这是建立邻接关系以前的最高级状态。

（5）ExStart：这是形成邻接关系的第一个步骤，邻居状态变成此状态以后，路由器开始向邻居发送 DD 报文。主从关系是在此状态下形成的，初始 DD 序列号也是在此状态下决定的。在此状态下发送的 DD 报文不包含链路状态描述。

（6）Exchange：此状态下路由器相互发送包含链路状态信息摘要的 DD 报文，描述本地 LSDB 的内容。

（7）Loading：相互发送 LSR 报文请求 LSA，发送 LSU 报文通告 LSA。

（8）Full：路由器的 LSDB 已经同步。

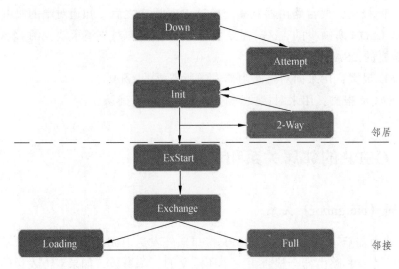

图 9-3　邻居关系与邻接关系状态

运行 OSPF 的路由器之间需要交换链路状态信息和路由信息，在交换这些信息之前路由器之间首先需要建立邻接关系。

在图 9-4 中，RTA 通过以太网连接了 3 个路由器，所以 RTA 有 3 个邻居，但不能说 RTA 有 3 个邻接关系。

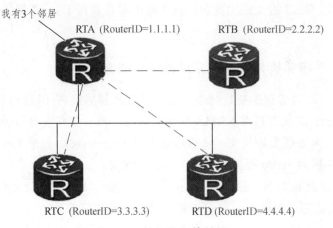

图 9-4　邻居和邻接关系

9.5　OSPF 的工作过程

OSPF 的工作过程分为 3 个阶段：邻居发现阶段、数据库同步阶段和建立完全邻接关系阶段。

9.5.1 邻居发现阶段

Hello 报文是用来发现和维持 OSPF 邻居关系的，即 OSPF 的邻居发现过程是基于 Hello 报文来实现的，Hello 报文的格式如图 9-5 所示，其中的重要字段含义如下：

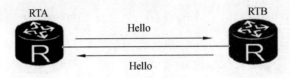

Network Mask		
Hello Interval	Options	Router Priority
Router Dead Interval		
Designated Router		
Backup Designated Router		
Neighbor		

图 9-5　Hello 报文格式

（1）Network Mask：发送 Hello 报文的接口的网络掩码。

（2）Hello Interval：发送 Hello 报文的时间间隔，单位为秒（s）。

（3）Options：标识发送此报文的 OSPF 路由器所支持的可选功能。具体的可选功能已超出本书的讨论范围。

（4）Router Priority：发送 Hello 报文的接口的 Router Priority，用于选举 DR 和 BDR。

（5）Router Dead Interval：失效时间。如果在此时间内未收到邻居发来的 Hello 报文，则认为邻居失效，单位为秒（s），通常为 Hello Interval 的 4 倍。

（6）Designated Router：发送 Hello 报文的路由器所选举出的 DR 的 IP 地址。如果设置为 0.0.0.0，表示未选举 DR 路由器。

（7）Backup Designated Router：发送 Hello 报文的路由器所选举出的 BDR 的 IP 地址。如果设置为 0.0.0.0，表示未选举 BDR。

（8）Neighbor：邻居的 Router ID 列表，表示本路由器已经从这些邻居收到了合法的 Hello 报文。

如果路由器发现所接收的合法 Hello 报文的邻居列表中有自己的 Router ID，则认为已经和邻居建立了双向连接，表示邻居关系已经建立。

9.5.2 数据库同步阶段

路由器使用 DD 报文来进行主从路由器的选举和数据库摘要信息的交互，DD 报文包含 LSA 的头部信息，用来描述 LSDB 的摘要信息。

如图 9-6 所示，路由器在建立完成邻居关系之后，便开始进行数据库同步，具体过程如下：

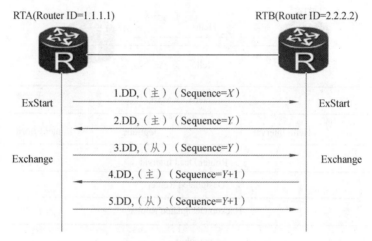

图 9-6 数据库同步过程

（1）邻居状态变为 ExStart 以后，RTA 向 RTB 发送第一个 DD 报文，在这个报文中，DD 序列号被设置为 X（假设），RTA 宣告自己为主路由器。

（2）RTB 也向 RTA 发送第一个 DD 报文，在这个报文中，DD 序列号被设置为 Y（假设）。RTB 也宣告自己为主路由器。由于 RTB 的 Router ID 比 RTA 的大，所以 RTB 应当为真正的主路由器。

（3）RTA 发送一个新的 DD 报文，在这个新的报文中包含 LSDB 的摘要信息，序列号设置为 RTB 在步骤（2）中使用的序列号，因此 RTB 将邻居状态改变为 Exchange。

（4）邻居状态变为 Exchange 以后，RTB 发送一个新的 DD 报文，该报文中包含 LSDB 的描述信息，DD 序列号设为 Y+1（上次使用的序列号加 1）。

（5）即使 RTA 不需要新的 DD 报文描述自己的 LSDB，但是作为从路由器，RTA 需要对主路由器 RTB 发送的每一个 DD 报文进行确认。所以，RTA 向 RTB 发送一个内容为空的 DD 报文，序列号为 Y+1。发送完最后一个 DD 报文之后，RTA 将邻居状态改变为 Loading，RTB 收到最后一个 DD 报文之后，改变状态为 Full（假设 RTB 的 LSDB 是最新最全的，不需要向 RTA 请求更新）。

9.5.3 建立完全邻接关系

完全邻接关系的建立过程如图 9-7 所示。

（1）邻居状态变为 Loading 之后，RTA 开始向 RTB 发送 LSR 报文，请求那些在

Exchange 状态下通过 DD 报文发现的，而且在本地 LSDB 中没有的链路状态信息。

（2）RTB 收到 LSR 报文之后，向 RTA 发送 LSU 报文，在 LSU 报文中，包含了那些被请求的链路状态的详细信息。RTA 收到 LSU 报文之后，将邻居状态从 Loading 改变成 Full。

（3）RTA 向 RTB 发送 LSACK 报文，用于对已接收 LSA 的确认。此时，RTA 和 RTB 之间的邻居状态变成 Full，表示达到完全邻接状态。

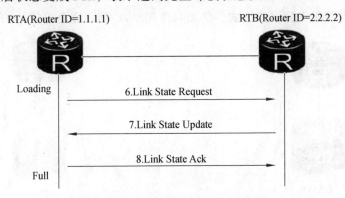

图 9-7　完全邻接关系的建立过程

9.6　OSPF 的网络类型

OSPF 定义了四种网络类型，分别是点到点网络、广播型网络、NBMA 网络和点到多点网络。点到点网络是指只把两台路由器直接相连的网络，一个运行 PPP 的 64 kb 串行线路就是一个点到点网络的例子，如图 9-8 所示。广播型网络是指支持两台以上路由器，并且具有广播能力的网络，一个含有三台路由器的以太网就是一个广播型网络的例子，如图 9-9 所示。

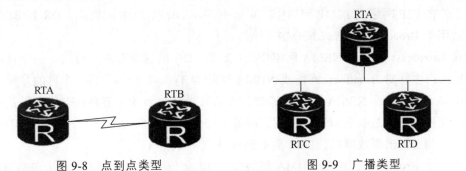

图 9-8　点到点类型　　　　　　　　图 9-9　广播类型

缺省情况下，OSPF 认为以太网的网络类型是广播类型，PPP、HDLC 的网络类型是点到点类型。

OSPF 可以在不支持广播的多路访问网络上运行，此类网络包括在 hub-spoke 拓扑上运行的帧中继（FR）和异步传输模式（ATM）网络，这些网络的通信依赖于虚电路。

OSPF 定义了两种支持多路访问的网络类型：非广播多路访问网络（NBMA）和点到多点网络（Point To Multi-Points）。

（1）NBMA：在 NBMA 网络上，OSPF 模拟在广播型网络上的操作，但是每个路由器的邻居需要手动配置，NBMA 方式要求网络中的路由器组成全连接，如图 9-10 所示。缺省情况下，OSPF 认为帧中继、ATM 的网络类型是 NMBA。

（2）P2MP：将整个网络看成是一组点到点网络，如图 9-11 所示。对于不能组成全连接的网络应当使用点到多点方式，例如只使用 PVC 的不完全连接的帧中继网络。

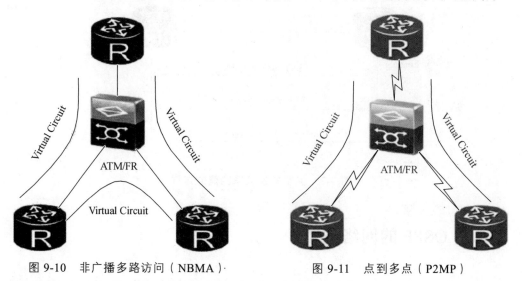

图 9-10　非广播多路访问（NBMA）　　　图 9-11　点到多点（P2MP）

9.7　DR 和 BDR 的选举

每一个含有至少两个路由器的广播型网络和 NBMA 网络都有一个 DR 和 BDR。也就是说，在 P2P 网络或 P2MP 网络中，完全不存在 DR 与 BDR 的概念。DR 与 BDR 的概念适用于 Broadcast 网络或 NBMA 网络。

在 Broadcast 网络或 NBMA 网络中，DR 及 BDR 的选举有两个目的，一个目的是让 DR 来产生针对 Broadcast 网络或 NBMA 网络的 Type-2 LSA，另一个目的是减少这个 Broadcast 网络或 NBMA 网络中邻接关系的数量，从而减少链路状态信息以及路由信息的交换次数，这样可以节省带宽，降低对路由器处理能力的压力。另外，BDR 的作用是：当 DR 出现故障时，BDR 能够迅速替代 DR 的角色。

在一个 Broadcast 网络或 NBMA 网络中，DR 会与所有其他的路由器（包括 BDR）建立邻接关系，BDR 也会与所有其他的路由器（包括 DR）建立邻接关系，除此之外不能再有其他的邻接关系。

一个既不是 DR 也不是 BDR 的路由器只与 DR 和 BDR 形成邻接关系并交换链路状态信息以及路由信息，这样就大大减少了大型广播型网络和 NBMA 网络中的邻接关系数量。在没有 DR 的广播网络上，邻接关系的数量可以根据公式 $n(n-1)/2$ 计算出，n 代表参与 OSPF 的路由器接口的数量。在图 9-12 中，所有路由器之间有 6 个邻接关系。当指定了 DR 后，所有的路由器都与 DR 建立起邻接关系，DR 成为该广播网络上的中心点。BDR 在 DR 发生故障时接管业务，一个广播网络上所有路由器都必须同 BDR 建立邻接关系。图 9-12 中，使用 DR 和 BDR 将邻接关系从 6 减少到 5，RTA 和 RTB 都只需要与 DR 和 BDR 建立邻接关系，RTA 和 RTB 之间建立的是邻居关系。此例中，邻接关系数量的减少效果并不明显。但是，当网络上部署了大量路由器（如 100 台）时，情况就大不一样了。

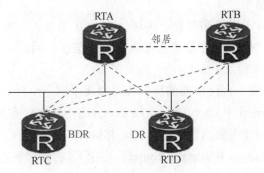

图 9-12　DR 和 BDR 的选举

在邻居发现完成之后，路由器会根据网段类型进行 DR 选举，如图 9-13 所示。在广播和 NBMA 网络上，路由器会根据参与选举的每个接口的优先级进行 DR 选举。优先级取值范围为 0 ~ 255，值越高越优先。缺省情况下，接口优先级为 1。如果一个接口优先级为 0，那么该接口将不会参与 DR 或者 BDR 的选举。如果优先级相同时，则比较 Router ID，值越大越优先被选举为 DR。为了给 DR 做备份，每个广播和 NBMA 网络上还要选举一个 BDR。BDR 也会与网络上所有的路由器建立邻接关系。为了维护网络上邻接关系的稳定性，如果网络中已经存在 DR 和 BDR，则新添加进该网络的路由器不会成为 DR 和 BDR，不管该路由器的 Router Priority 是否最大。如果当前 DR 发生故障，则当前 BDR 自动成为新的 DR，网络中重新选举 BDR；如果当前 BDR 发生故障，则 DR 不变，重新选举 BDR。这种选举机制的目的是为了保持邻接关系的稳定，使拓扑结构的改变对邻接关系的影响尽量小。

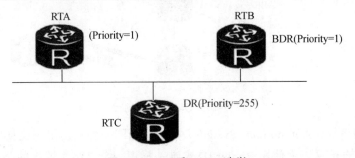

图 9-13　DR 和 BDR 选举

9.8 OSPF 区域划分

OSPF 支持将一组网段组合在一起，这样的一个组合称为一个区域。划分 OSPF 区域可以缩小路由器的 LSDB 规模，减少网络流量。区域内的详细拓扑信息不向其他区域发送，区域间传递的是抽象的路由信息，而不是详细描述拓扑结构的链路状态信息。每个区域都有自己的 LSDB，不同区域的 LSDB 是不同的。路由器会为每一个自己所连接到的区域维护一个单独的 LSDB。由于详细链路状态信息不会被发布到区域以外，因此 LSDB 的规模大大缩小。

划分的区域分为骨干区域和非骨干区域。Area 0 为骨干区域，为了避免区域间路由环路，非骨干区域之间不允许直接相互发布路由信息。因此，每个区域都必须连接到骨干区域，如图 9-14 所示。

OSPF 网络中，如果一台路由器的所有接口都属于同一个区域，则这样的路由器被称为内部路由器（Internal Router，IR）；如果一台路由器包含有属于 Area 0 的接口，则这样的路由器被称为骨干路由器（Backbone Router，BR）；运行在区域之间的路由器叫作区域边界路由器（Area Boundary Router，ABR），它包含所有相连区域的 LSDB；自治系统边界路由器（Autonomous System Boundary Router，ASBR）是指和其他 AS（自治系统）中的路由器交换路由信息的路由器，这种路由器会向整个 AS 通告 AS 外部路由信息。

在规模较小的企业网络中，可以把所有的路由器划分到同一个区域中，同一个 OSPF 区域中的路由器中的 LSDB 是完全一致的。OSPF 区域号可以手动配置，为了便于将来的网络扩展，推荐将该区域号设置为 0，即骨干区域。

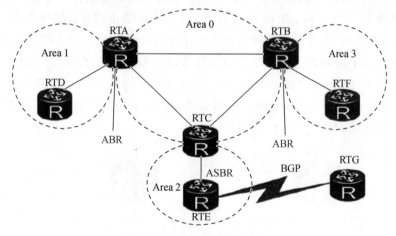

图 9-14　OSPF 区域划分

一个自治系统（Autonomous System）是指使用同一种路由协议交换路由信息的一组路由器。在自治系统中使用 Router ID 来唯一标识一个自治系统内的路由器，每个运行 OSPF 的路由器都有一个 Router ID。Router ID 是一个 32 位的值，如 Router ID 为

1.1.1.1。

　　每台运行 OSPF 的路由器上可以手动配置一个 Router ID，或者指定一个 IP 地址作为 Router ID。在没有手动配置的情况下，如果设备存在多个逻辑接口地址，则路由器使用逻辑接口中最大的 IP 地址作为 Router ID；如果没有配置逻辑接口，则路由器使用物理接口的最大 IP 地址作为 Router ID。在为一台运行 OSPF 的路由器配置新的 Router ID 后，可以在路由器上通过重置 OSPF 进程来更新 Router ID。通常建议手动配置 Router ID，以防止 Router ID 因为接口地址的变化而改变。

9.9　OSPF 开销

　　OSPF 基于接口带宽计算开销，计算公式为：接口开销=带宽参考值/带宽。带宽参考值可配置，缺省为 100 Mb/s。因此，一个 64 kb/s 串口的开销为 1 562，一个 E1 接口（2.048 Mb/s）的开销为 48。命令 bandwidth-reference 可以用来调整带宽参考值，从而可以改变接口开销，带宽参考值越大，开销越准确。在支持 10 Gb/s 速率的情况下，推荐将带宽参考值提高到 10 000 Mb/s 来分别为 10 Gb/s、1 Gb/s 和 100 Mb/s 的链路提供 1、10 和 100 的开销。注意，配置带宽参考值时，需要在整个 OSPF 网络中统一进行调整。另外，还可以通过 ospf cost 命令来手动为一个接口调整开销，开销值范围是 1 ~ 65 535，缺省值为 1。

9.10　OSPF 配置实例

　　在配置 OSPF 时，需要首先使能 OSPF 进程。命令 ospf [process id]用来使能 OSPF，在该命令中可以配置进程 ID。如果没有配置进程 ID，则使用 1 作为缺省进程 ID。命令 ospf [process id][router-id<router-id>]既可以使能 OSPF 进程，还同时可以用于配置 Router ID。在该命令中，router-id 代表路由器的 ID。命令 network 用于指定运行 OSPF 协议的接口，在该命令中需要指定一个反掩码。反掩码中，"0"表示此位必须严格匹配，"1"表示该地址可以为任意值。

9.10.1　OSPF 单区域配置

1. 实验目的

掌握 OSPF 单区域配置方法，本例中采用 OSPF 协议，完成网络的互联互通。

2. 实验拓扑

OSPF 单区域配置拓扑结构如图 9-15 所示。

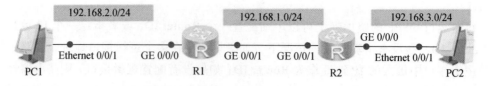

192.168.2.0/24   192.168.1.0/24   192.168.3.0/24

Ethernet 0/0/1   GE 0/0/0   GE 0/0/1 GE 0/0/1   GE 0/0/0
                                                  Ethernet 0/0/1
PC1   R1   R2   PC2

图 9-15　OSPF 单区域配置拓扑结构

3. 实验步骤

（1）路由器配置。

R1 路由配置：

```
[R1]interface g0/0/0
[R1-GigabitEthernet0/0/0]ip address 192.168.2.1 24
[R1-GigabitEthernet0/0/0]quit
[R1]interface g0/0/1
[R1-GigabitEthernet0/0/1]ip address 192.168.1.1 24
[R1-GigabitEthernet0/0/1]quit
[R1]interface    loopback 1
[R1-LoopBack1]ip address 10.1.1.1 32
[R1-LoopBack1]quit
```

R2 路由配置：

```
[R2]interface g0/0/0
[R2-GigabitEthernet0/0/0]ip address 192.168.3.1 24
[R2-GigabitEthernet0/0/0]quit
[R2]interface g0/0/1
[R2-GigabitEthernet0/0/1]ip address 192.168.1.2 24
[R2-GigabitEthernet0/0/1]quit
[R2]interface    loopback 1
[R2-LoopBack1]ip address 20.1.1.1 32
[R2-LoopBack1]quit
```

（2）配置路由 ID。

```
[R1]router id 10.1.1.1
[R2]router id 20.1.1.1
```

（3）启动 OSPF 并配置所包含的网段。

R1 配置：

```
[R1]ospf 1
[R1-ospf-1]area 0
```

```
[R1-ospf-1-area-0.0.0.0]network 10.1.1.1 0.0.0.0
[R1-ospf-1-area-0.0.0.0]network 192.168.1.0 0.0.0.255
[R1-ospf-1-area-0.0.0.0]network 192.168.2.0 0.0.0.255
[R1-ospf-1-area-0.0.0.0]quit
```

R2 配置：

```
[R2]ospf 1
[R2-ospf-1]area 0
[R2-ospf-1-area-0.0.0.0]network 10.1.1.1 0.0.0.0
[R2-ospf-1-area-0.0.0.0]network 192.168.1.0 0.0.0.255
[R2-ospf-1-area-0.0.0.0]network 192.168.3.0 0.0.0.255
```

4. 查看结果

互通性测试：

```
CLIENT1 ping CLIENT3
PC>ping 192.168.3.10
Ping 192.168.3.10: 32 data bytes，Press Ctrl_C to break
From 192.168.3.10: bytes=32 seq=1 ttl=126 time=156 ms
From 192.168.3.10: bytes=32 seq=2 ttl=126 time=31 ms
From 192.168.3.10: bytes=32 seq=3 ttl=126 time=31 ms
From 192.168.3.10: bytes=32 seq=4 ttl=126 time=63 ms
From 192.168.3.10: bytes=32 seq=5 ttl=126 time=46 ms
--- 192.168.3.10 ping statistics ---
    5 packet(s) transmitted
    5 packet(s) received
    0.00% packet loss
```

可以观察到 PC1 和 PC2 可以正常通信。路由表的情况请同学们自行查看并分析。

9.10.2 OSPF 多区域配置

1. 实验目的

掌握 OSPF 多区域配置方法，本例中采用 OSPF 协议，完成网络的互联互通。

2. 实验拓扑

OSPF 多区域配置拓扑结构如图 9-16 所示。

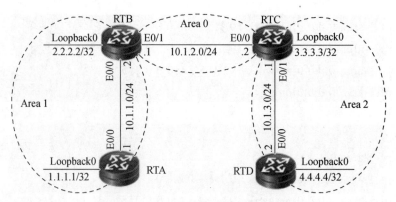

图 9-16　OSPF 多区域配置拓扑结构

3. 实验步骤

（1）RTA 配置。

```
[RTA]router id 1.1.1.1
[RTA]ospf
[RTA-ospf-1]area 1
[RTA-ospf-1-area-0.0.0.1]network 1.1.1.1 0.0.0.0
[RTA-ospf-1-area-0.0.0.1]network 10.1.1.0 0.0.0.255
[RTA-ospf-1-area-0.0.0.1]return
```

（2）RTB 配置。

```
[RTB]router id 2.2.2.2
[RTB]ospf
[RTB-ospf-1]area 1
[RTB-ospf-1-area-0.0.0.1]network 2.2.2.2 0.0.0.0
[RTB-ospf-1-area-0.0.0.1]network 10.1.1.0 0.0.0.255
[RTB-ospf-1-area-0.0.0.1]quit
[RTB-ospf-1]area 0
[RTB-ospf-1-area-0.0.0.0]network 10.1.2.0 0.0.0.255
[RTB-ospf-1-area-0.0.0.0]return
```

（3）RTC 配置。

```
[RTC]router id 3.3.3.3
[RTC]ospf
[RTC-ospf-1]area 0
[RTC-ospf-1-area-0.0.0.0]network 10.1.2.0 0.0.0.255
[RTC-ospf-1-area-0.0.0.0]quit
[RTC-ospf-1]area 2
[RTC-ospf-1-area-0.0.0.2]network 3.3.3.3 0.0.0.0
```

```
[RTC-ospf-1-area-0.0.0.2]network 10.1.3.0 0.0.0.255
[RTC-ospf-1-area-0.0.0.2]return
```

（4）RTD 配置。

```
[RTD]router id 4.4.4.4
[RTD]ospf
[RTD-ospf-1]area 2
[RTD-ospf-1-area-0.0.0.2]network 4.4.4.4 0.0.0.0
[RTD-ospf-1-area-0.0.0.2]network 10.1.3.0 0.0.0.255
[RTD-ospf-1-area-0.0.0.2]return
```

4. 查看结果

查看路由器 D 的路由表：

[RTD]display ip routing-table					
Destination/Mask	Protocol	Pre	Cost	Nexthop	Interface
1.1.1.1/32	OSPF	10	4	10.1.3.1	Ethernet0/0
2.2.2.2/32	OSPF	10	3	10.1.3.1	Ethernet0/0
3.3.3.3/32	OSPF	10	2	10.1.3.1	Ethernet0/0
4.4.4.4/32	DIRECT	0	0	127.0.0.1	InLoopBack0
10.1.1.0/24	OSPF	10	3	10.1.3.1	Ethernet0/0
10.1.2.0/24	OSPF	10	2	10.1.3.1	Ethernet0/0
10.1.3.0/24	DIRECT	0	0	10.1.3.2	Ethernet0/0
10.1.3.2/32	DIRECT	0	0	127.0.0.1	InLoopBack0
127.0.0.0/8	DIRECT	0	0	127.0.0.1	InLoopBack0
127.0.0.1/32	DIRECT	0	0	127.0.0.1	InLoopBack0

请同学们自行查看其他路由器的路由表，并进行分析。

9.10.3 连接 RIP 和 OSPF 网络

1. 实验目的

掌握路由引入的配置方法，本例中完成 OSPF 协议和 RIP 协议的相互引入，实现网络的互联互通。

2. 实验拓扑

路由引入配置拓扑结构如图 9-17 所示。

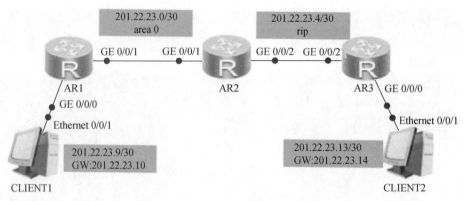

图 9-17　路由引入配置拓扑结构

3．实验步骤

（1）路由器基础配置。

接口配置：

AR1：

```
[Huawei]interface g0/0/0
[Huawei-GigabitEthernet0/0/0]ip address 201.22.23.10 30
[Huawei-GigabitEthernet0/0/0]quit
[Huawei]interface g0/0/1
[Huawei-GigabitEthernet0/0/1]ip address 201.22.23.1 30
[Huawei-GigabitEthernet0/0/1]quit
[Huawei]interface loopback 1
[Huawei-LoopBack1]ip address 30.1.1.1 32
[Huawei-LoopBack1]quit
```

AR2：

```
[Huawei]interface g0/0/1
[Huawei-GigabitEthernet0/0/1]ip address 201.22.23.2 30
[Huawei-GigabitEthernet0/0/1]quit
[Huawei]interface g0/0/2
[Huawei-GigabitEthernet0/0/2]ip address 201.22.23.5 30
[Huawei-GigabitEthernet0/0/2]quit
[Huawei]interface loopback1
[Huawei-LoopBack1]ip address 20.1.1.1 32
[Huawei-LoopBack1]quit
```

AR3：

```
[Huawei]interface g0/0/2
[Huawei-GigabitEthernet0/0/2]ip address 201.22.23.6 30
```

```
[Huawei-GigabitEthernet0/0/2]quit
[Huawei]interface g0/0/0
[Huawei-GigabitEthernet0/0/0]ip address 201.22.23.14 30
[Huawei-GigabitEthernet0/0/0]quit
[Huawei]interface loopback1
[Huawei-LoopBack1]ip address 10.1.1.1 32
[Huawei-LoopBack1]quit
```
路由配置：
```
[Huawei]sysname AR1
[AR1]router id 30.1.1.1
[AR1]ospf 1
[AR1-ospf-1]area 0
[AR1-ospf-1-area-0.0.0.0]network 30.1.1.1 0.0.0.0
[AR1-ospf-1-area-0.0.0.0]network 201.22.23.0 0.0.0.3
[AR1-ospf-1-area-0.0.0.0]network 201.22.23.8 0.0.0.3
[Huawei] sysname AR2
[AR2]router id 20.1.1.1
[AR2]ospf 1
[AR2-ospf-1]area 0
[AR2-ospf-1-area-0.0.0.0]network 20.1.1.1 0.0.0.0
[AR2-ospf-1-area-0.0.0.0]network 201.22.23.0 0.0.0.3
[AR2-ospf-1-area-0.0.0.0]quit
[AR2]rip
[AR2-rip-1]version 2
[AR2-rip-1]network 201.22.23.0
[Huawei] sysname AR3
[AR3]rip
[AR3-rip-1]version 2
[AR3-rip-1]network 201.22.23.0
```
（2）路由引入。
```
[AR2]ospf 1
[AR2-ospf-1]import-route rip          //将 RIP 路由信息引入 OSPF 中
[AR2]rip
[Huawei-rip-1]import-route ospf       //将 ospf 路由信息引入 RIP 中
```

4. 查看结果

查看路由表（O_ASE：表示该路由条目为 OSPF 外部路由）：

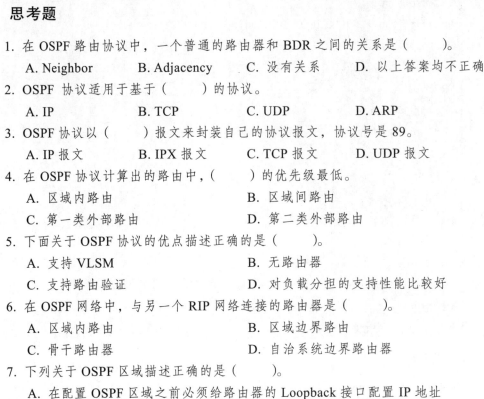

```
[AR1]display ip routing-table
Routing Tables: Public           Destinations: 14        Routes: 14
Destination/Mask      Proto    Pre  Cost  Flags  NextHop       Interface
20.1.1.1/32           OSPF     10   1     D      201.22.23.2   GigabitEthernet0/0/1
30.1.1.1/32           Direct   0    0     D      127.0.0.1     LoopBack1
127.0.0.0/8           Direct   0    0     D      127.0.0.1     InLoopBack0
127.0.0.1/32          Direct   0    0     D      127.0.0.1     InLoopBack0
127.255.255.255/32    Direct   0    0     D      127.0.0.1     InLoopBack0
201.22.23.0/30        Direct   0    0     D      201.22.23.1   GigabitEthernet0/0/1
201.22.23.1/32        Direct   0    0     D      127.0.0.1     GigabitEthernet0/0/1
201.22.23.3/32        Direct   0    0     D      127.0.0.1     GigabitEthernet0/0/1
201.22.23.4/30        O_ASE    150  1     D      201.22.23.2   GigabitEthernet0/0/1
201.22.23.8/30        Direct   0    0     D      201.22.23.10  GigabitEthernet0/0/0
201.22.23.10/32       Direct   0    0     D      127.0.0.1     GigabitEthernet0/0/0
201.22.23.11/32       Direct   0    0     D      127.0.0.1     GigabitEthernet0/0/0
201.22.23.12/30       O_ASE    150  1     D      201.22.23.2   GigabitEthernet0/0/1
255.255.255.255/32    Direct   0    0     D      127.0.0.1     InLoopBack0
```

请同学们自行分析结果。

思考题

1. 在 OSPF 路由协议中，一个普通的路由器和 BDR 之间的关系是（　　　）。

    A. Neighbor   B. Adjacency   C. 没有关系   D. 以上答案均不正确

2. OSPF 协议适用于基于（　　　）的协议。

    A. IP   B. TCP   C. UDP   D. ARP

3. OSPF 协议以（　　　）报文来封装自己的协议报文，协议号是 89。

    A. IP 报文   B. IPX 报文   C. TCP 报文   D. UDP 报文

4. 在 OSPF 协议计算出的路由中，（　　　）的优先级最低。

    A. 区域内路由   B. 区域间路由

    C. 第一类外部路由   D. 第二类外部路由

5. 下面关于 OSPF 协议的优点描述正确的是（　　　）。

    A. 支持 VLSM   B. 无路由器

    C. 支持路由验证   D. 对负载分担的支持性能比较好

6. 在 OSPF 网络中，与另一个 RIP 网络连接的路由器是（　　　）。

    A. 区域内路由   B. 区域边界路由

    C. 骨干路由器   D. 自治系统边界路由器

7. 下列关于 OSPF 区域描述正确的是（　　　）。

    A. 在配置 OSPF 区域之前必须给路由器的 Loopback 接口配置 IP 地址

B. 区域的编号是从 0.0.0.0 到 255.255.255.255

C. 骨干区域的编号不能为 0

D. 所有的网络都应该在区域 0 中宣告

8. 管理员在某台路由器上配置 OSPF，但该路由器上未配置 Back 接口，则关于 Router ID 的描述正确的是（   ）。

    A. 该路由器物理接口的最小 IP 地址将会成为 Router ID

    B. 该路由器物理接口的最大 IP 地址将会成为 Router ID

    C. 该路由器管理接口的 IP 地址将会成为 Router ID

    D. 该路由器的优先级将会成为 Router ID

9. 以下关于 OSPF 中的 Router ID 描述正确的是（   ）。

    A. 在同一区域内 Router ID 必须相同，在不同区域内的 Router ID 可以不同

    B. Router ID 必须是路由器某接口的 IP 地址

    C. 必须通过手工配置方式来指定 Router ID

    D. OSPF 协议正常运行的前提条件是该路由器有 Router ID

10. OSPF 支持多进程，如果不指定进程号，则默认使用的进程号码是（   ）。

    A. 0   B. 1   C. 10   D. 100

11. 简述 OSPF 路由协议的工作过程。

12. 比较 OSPF 路由协议与 RIP 路由协议，说明它们的异同点。

13. 简述 OSPF 配置命令及步骤。

VRRP

局域网中的用户终端通常采用配置一个默认网关的形式访问外部网络，如果此时默认网关设备发生故障，将中断所有用户终端的网络访问，这很可能会给用户带来不可预计的损失，所以可以通过部署多个网关的方式来解决单点故障问题，那么如何让多个网关能够协同工作但又不会互相冲突就成了最迫切需要解决的问题。于是 VRRP 应运而生，它既可以实现网关的备份，又能解决多个网关之间互相冲突的问题。

学完本课程后，应该理解 VRRP 的工作原理，熟悉 VRRP 主备切换过程，掌握 VRRP 的基本配置。

10.1　VRRP 的产生及概述

10.1.1　VRRP 的产生

单网关的缺陷（见图 10-1）：当网关路由器 Router A 出现故障时，本网段内以该设备为网关的主机都不能与 Internet 进行通信。

多网关的缺陷（见图 10-2）：通过部署多网关的方式实现网关的备份，但多网关可能会出现一些问题（如网关间 IP 地址冲突、主机会频繁切换网络出口等）。而 VRRP 的出现解决了上述问题。

10.1.2　VRRP 概述

VRRP（Virtual Router Redundancy Protocol，VRRP）的全称是虚拟路由冗余协议，是一种容错协议。VRRP 能够在不改变组网的情况下，将多台路由器虚拟成一台虚拟路由器，通过配置虚拟路由器的 IP 地址为默认网关，实现网关的备份。

VRRP 有两个协议版本：VRRPv2（常用）和 VRRPv3。VRRPv2 仅适用于 IPv4 网络，VRRPv3 适用于 IPv4 和 IPv6 两种网络。

VRRP 协议报文只有一种——Advertisement 报文，其目的 IP 地址是 224.0.0.18，目的 MAC 地址是 01-00-5e-00-00-12，协议号是 112。

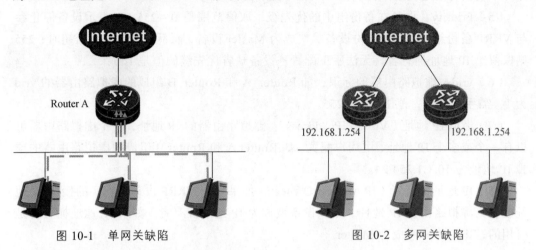

图 10-1　单网关缺陷　　　　　　　　　图 10-2　多网关缺陷

10.1.3　VRRP 的基本概念

VRRP 的基本结构如图 10-3 所示。

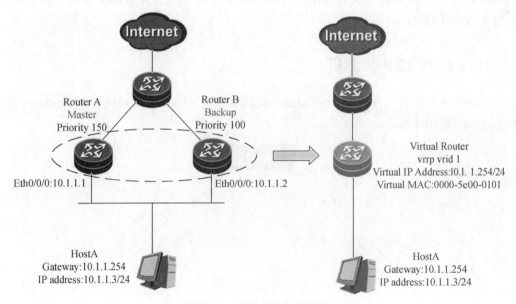

图 10-3　VRRP 的基本结构

（1）VRRP 路由器（VRRP Router）：运行 VRRP 协议的设备，如 Router A 和 Router B。

（2）虚拟路由器（Virtual Router）：又称为 VRRP 备份组，由一个 Master 设备和多个 Backup 设备组成，被当作一个共享局域网内主机的缺省网关。如图 10-3 所示，Router A 和 Router B 共同组成了一个虚拟路由器。

（3）Master 路由器：承担转发报文任务的 VRRP 设备，如 Router A。

（4）Backup 路由器：一组没有承担转发任务的 VRRP 设备，当 Master 设备出现故障时，它们将通过竞选成为新的 Master 设备，如 Router B。

（5）Priority：设备在备份组中的优先级，取值范围是 0 ~ 255。0 表示设备停止参与 VRRP 备份组，用来使备份设备尽快成为 Master 设备，而不必等到计时器超时；255 则保留给 IP 地址拥有者，无法手工配置；设备缺省优先级的值是 100。

（6）vrid：虚拟路由器的标识，如 Router A 和 Router B 组成的虚拟路由器的 vrid 为 1，需手工指定，范围为 1 ~ 255。

（7）虚拟 IP 地址（Virtual IP Address）：虚拟路由器的 IP 地址，一个虚拟路由器可以有一个或多个 IP 地址，由用户配置。如 Router A 和 Router B 组成的虚拟路由器的虚拟 IP 地址为 10.1.1.254/24。

（8）IP 地址拥有者（IP Address Owner）：如果一个 VRRP 设备将真实的接口 IP 地址配置为虚拟路由器 IP 地址，则该设备被称为 IP 地址拥有者。如果 IP 地址拥有者是可用的，则它将一直成为 Master。

（9）虚拟 MAC 地址（Virtual MAC Address）：虚拟路由器根据 vrid 生成的 MAC 地址。一个虚拟路由器拥有一个虚拟 MAC 地址，格式为：00-00-5E-00-01-{vrid}。当虚拟路由器回应 ARP 请求时，使用虚拟 MAC 地址，而不是接口的真实 MAC 地址。如 Router A 和 Router B 组成的虚拟路由器的 vrid 为 1，因此这个 VRRP 备份组的 MAC 地址为 00-00-5E-00-01-01。

10.1.4　VRRP 状态机

VRRP 状态机有三种状态：Initialize（初始状态）、Master（活动状态）、Backup（备状态），如图 10-4 所示。

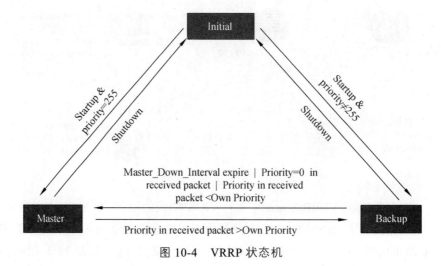

图 10-4　VRRP 状态机

三种状态之间的转换条件如下：

（1）Initialize→Master：Startup priority=255；

（2）Initialize→Backup：Startup priority=255；

（3）Master→Initialize：设备关闭；

（4）Master→Backup：收到比自己优先级更高的数据包；

（5）Backup→Initialize：设备关闭；

（6）Backup→Master：在超时时间内没有收到 VRRP 通告报文或者收到通告报文原 Master 优先级为 0，或者收到的通告报文中的原 Master 优先级比自己的优先级低。

10.2 VRRP 主备备份工作过程

10.2.1 VRRP 工作过程

VRRP 的工作过程如图 10-5 所示。

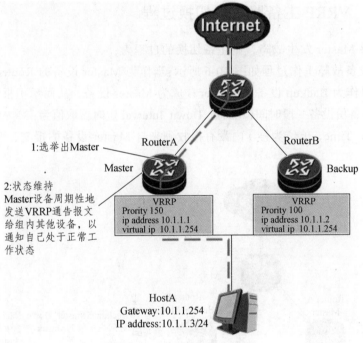

图 10-5 VRRP 的工作过程

（1）选举出 Master。

VRRP 备份组中的设备根据优先级选举出 Master 设备。Master 设备通过发送免费 ARP 报文，将虚拟 MAC 地址通知给与它连接的设备或者主机，从而承担报文转发任务。

选举规则：首先比较优先级的大小，优先级高者当选为 Master 设备。当两台设备优先级相同时，如果已经存在 Master，则其保持 Master 身份，无须继续选举；如果不存在 Master，则继续比较接口 IP 地址的大小，接口 IP 地址较大的设备当选为 Master 设备。

（2）Master 设备状态的通告（VRRP 备份组状态维持）。

Master 设备周期性地发送 VRRP 通告报文，在 VRRP 备份组中公布其配置信息（优先级等）和工作状况。Backup 设备通过接收到的 VRRP 报文来判断 Master 设备是否工作正常。

（3）设备切换。

当 Master 设备主动放弃 Master 地位（如 Master 设备退出备份组）时，会发送优先级为 0 的通告报文，用来使 Backup 设备快速切换成 Master 设备，而不用等到 Master_Down_Interval 定时器超时。这个切换的时间称为 Skew_Time，计算方式为：（256-Backup 设备的优先级）/256，单位为秒（s）。

当 Master 设备发生网络故障而不能发送通告报文的时候，Backup 设备并不能立即知道其工作状况。等到 Master_Down_Interval 定时器超时后，才会认为 Master 设备无法正常工作，从而将状态切换为 Master。

10.2.2　VRRP 主备路由器切换过程

（1）如果 Master 发生故障，则主备切换的过程为：

Master 设备故障工作过程如图 10-6 所示：当作为 Master 设备的 Router A 设备出现故障后，此时作为 Backup 设备的 Router B 成为 Master 设备，从而承担报文转发任务。

当组内的备份设备一段时间（Master_Down_Interval 定时器取值为：3×Advertisement_Interval+Skew_Time，单位为秒）内没有接收到来自 Master 设备的报文，则将自己转为 Master 设备。

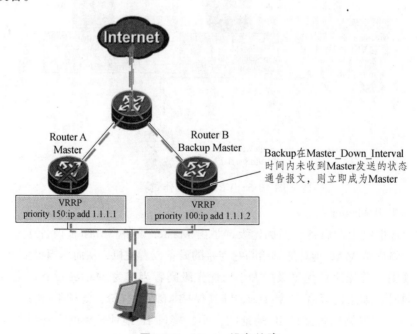

图 10-6　Master 设备故障

一个 VRRP 组里有多台备份设备时，短时间内可能产生多个 Master 设备，此时，设备将会对收到的 VRRP 报文中的优先级与本地优先级做比较，从而选取优先级高的设备成为 Master。

设备的状态变为 Master 之后，会立刻发送免费 ARP 来刷新交换机上的 MAC 表项，从而把用户的流量引到此设备上来，整个过程对用户完全透明。

（2）如果原 Master 故障恢复，则主备回切的过程为：

回切过程如图 10-7 所示，由于 Router A 设备故障，所以此时 Router B 成为 Master 设备，当 Router A 设备故障恢复后，回切有以下两种方式。

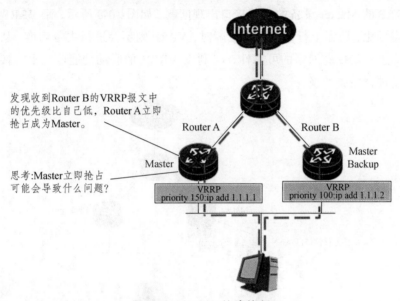

图 10-7　Master 故障恢复

① 抢占模式。

该模式控制具有更高优先级的备用路由器是否能够抢占具有较低优先级的 Master 路由器，使自己成为 Master。缺省为抢占模式。在图 10-7 中，Router A 设备故障恢复后，因其具有较高优先级，所以此时 Router A 又成为 Master 路由器。

② 非抢占模式。

如图 10-7 所示，如果 Router A 上配置为非抢占模式，当设备故障恢复后，它虽拥有较高优先级，但仍不会抢占成为 Master 设备。

注意：存在的例外情况是如果 IP 地址拥有者是可用的，则它总是处于抢占的状态，并成为 Master 设备。

Router A 故障恢复后，立即抢占可能会导致流量中断，因为 Router A 的上行链路的路由协议可能未完成收敛，这种情况则需要配置 Master 设备的抢占延时（Delay Time）。

抢占延时：指抢占延迟时间，默认为 0，即立即抢占。

另外，在性能不稳定的网络中，网络堵塞可能导致 Backup 设备在 Master_

Down_Interval 期间没有收到 Master 设备的报文，Backup 设备则会主动切换为 Master。如果此时原 Master 设备的报文又到达了，新 Master 设备将再次切换回 Backup，如此则会出现 VRRP 备份组成员状态频繁切换的现象。为了缓解这种现象，可以配置抢占延时，使得 Backup 设备在等待了 Master_Down_Interval 时间后，再等待抢占延迟时间。如果在此期间仍没有收到通告报文，Backup 设备才会切换为 Master 设备。

10.2.3 VRRP 联动功能（端口跟踪）

当 VRRP 的 Master 设备的上行接口出现问题，如图 10-8 所示，而 VRRP 无法感知接口的状态变化，即当上行链路出现故障时，VRRP 则不会进行主备切换，从而导致业务中断。为进一步提高网络的可靠性，可利用 VRRP 的联动功能监视上行接口或链路故障，主动进行主备切换。

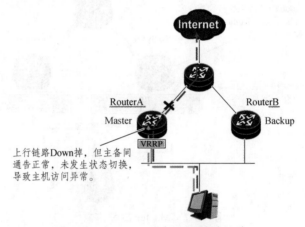

图 10-8   Master 设备上行链路故障

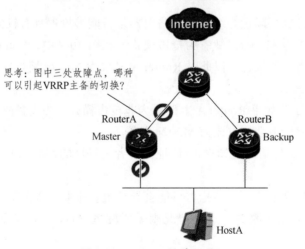

图 10-9   VRRP 故障场景

例如，在图 10-9 中 Router A 的上行链路故障不会引起 VRRP 主备切换，这样会造成 Host A 访问 Internet 的流量在 Router A 处被丢弃，所以需要使 VRRP 设备能够感知到上行链路故障，并且及时做主备切换。此时，连接 Router A 或连接 Router B 的接口发生故障时都会引起 VRRP 主备切换，因为 Backup 设备无法在 Master_Down_Interval 时间内收到 Master 设备发送的协议报文了。

10.3　VRRP 负载分担工作过程

负载分担是指多个 VRRP 备份组同时承担业务转发，VRRP 负载分担与 VRRP 主备备份的基本原理和报文协商过程都是相同的。对于每一个 VRRP 备份组，都包含一个 Master 设备和若干 Backup 设备。与主备备份方式的不同点在于：负载分担方式需要建立多个 VRRP 备份组，各备份组的 Master 设备分担在不同设备上；单台设备可以加入多个备份组，在不同的备份组中扮演不同的角色。

如图 10-10 所示，在备份组 1 中，Router A 作为 Master 设备，承担 Host A 和 Host B 的流量转发任务，Router B 作为 Backup 设备。在备份组 2 中，Router B 作为 Master 设备，承担 Host C 的流量转发任务，Router A 作为 Backup 设备。

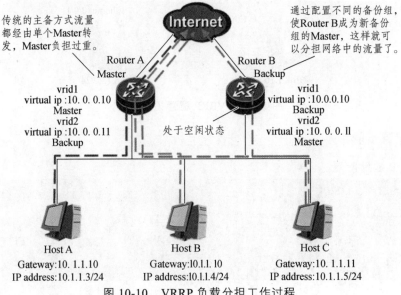

图 10-10　VRRP 负载分担工作过程

10.4　VRRP 配置实例

10.4.1　主备备份方式配置

1. 目　标

通过 VRRP 的配置，提高网络的可靠性。

本例中 PC1 和 PC2 需访问外网路由器 R1，R2 和 R3 作为双出口网关路由器连接到 R1。通过 VRRP 的配置，实现当 R2 和 R3 其中一台路由器出故障时，能自动切换而无须更改 PC 的网关 IP 地址。

2. 实验拓扑

VRRP 配置拓扑结构如图 10-11 所示。

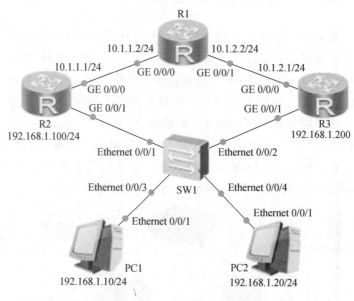

图 10-11　VRRP 配置拓扑结构

3. 配置步骤

（1）IP 地址配置。

```
[R1]interface g0/0/0
[R1-GigabitEthernet0/0/0]ip address 10.1.1.2 24
[R1]interface g0/0/1
[R1-GigabitEthernet0/0/1]ip address 10.1.2.2 24
[R2]interface g0/0/0
[R2-GigabitEthernet0/0/0]ip address 10.1.1.1 24
[R2]interface g0/0/1
[R2-GigabitEthernet0/0/1]ip address 192.168.1.100 24
[R3]interface g0/0/0
[R3-GigabitEthernet0/0/0]ip address 10.1.2.1 24
[R3]interface g0/0/1
[R3-GigabitEthernet0/0/1]ip address 192.168.1.200 24
```

（2）部署 OSPF 网络。

```
[R1]ospf 1
[R1-ospf-1]area 0
[R1-ospf-1-area-0.0.0.0]network 10.1.1.0 0.0.0.255
[R1-ospf-1-area-0.0.0.0]network 10.1.2.0 0.0.0.255
[R2]ospf 1
[R2-ospf-1]area 0
[R2-ospf-1-area-0.0.0.0]network 10.1.1.0 0.0.0.255
[R2-ospf-1-area-0.0.0.0]network 192.168.1.0 0.0.0.255
[R3]ospf 1
[R3-ospf-1]area 0
[R3-ospf-1-area-0.0.0.0]network 10.1.2.0 0.0.0.255
[R3-ospf-1-area-0.0.0.0]network 192.168.1.0 0.0.0.255
```

配置完成后在 R1 上检查 OSPF 的邻居建立情况：

```
<R1>display ospf peer brief
        OSPF Process 1 with Router ID 10.1.1.2
            Peer Statistic Information
   Area Id           Interface                Neighbor id     State
   0.0.0.0           GigabitEthernet0/0/0        10.1.1.1     Full
   0.0.0.0           GigabitEthernet0/0/1        10.1.2.1     Full
```

可以看出，此时 R1 已经与 R2 和 R3 建立了 OSPF 邻居关系。

（3）配置 VRRP 协议。

```
[R2]interface g0/0/1
[R2-GigabitEthernet0/0/1]vrrp vrid 1 virtual-ip 192.168.1.254
                //R2 上配置 vrid1 中的虚拟 IP 地址为 192.168.1.254
[R3]interface g0/0/1
[R3-GigabitEthernet0/0/1]vrrp vrid 1 virtual-ip 192.168.1.254
                //R3 上配置 vrid1 中的虚拟 IP 地址为 192.168.1.254
```

配置完成后，PC 将使用虚拟路由器的 IP 地址作为默认网关。

现在配置 R2 的优先级为 120，R3 的优先级保持默认值 100 不变，此时 R2 成为 master，R3 成为 backup。

```
[R2]interface g0/0/1
[R2-GigabitEthernet0/0/1]vrrp vrid 1 priority 120
                        //配置路由器 R2 在 vrid1 中的优先级为 120
```

（4）查看结果。

配置完成后在 R1 和 R2 上查看 VRRP 信息：

```
[R2]display vrrp
```

```
    GigabitEthernet0/0/1 | Virtual Router 1
      State: Master
      Virtual IP: 192.168.1.254
      Master IP: 192.168.1.100
      PriorityRun: 120
      PriorityConfig: 120
      MasterPriority: 120
      Preempt: YES      Delay Time: 0 s
      ……
<R3>display vrrp
    GigabitEthernet0/0/1 | Virtual Router 1
      State: Backup
      Virtual IP: 192.168.1.254
      Master IP: 192.168.1.100
      PriorityRun: 100
      PriorityConfig: 100
      MasterPriority: 120
      Preempt: YES      Delay Time: 0 s
      ……
```

请同学们自行分析配置结果，也可以使用 display vrrp brief 或 display vrrp interface 命令来显示 VRRP 的工作状态。

（5）测试 PC 访问外网 R1 的数据包转发路径。

```
PC>tracert 10.1.1.2
traceroute to 10.1.1.2, 8 hops max
(ICMP), press Ctrl+C to stop
 1   192.168.1.100    31 ms   31 ms   47 ms
 2   10.1.1.2    31 ms   47 ms   47 ms
```

可以观察到此时是通过 R2 进行转发的。

（6）验证 VRRP 主备切换。

模拟 R2 故障，将 R2 的接口 g0/0/1 关闭。

```
[R2]interface g0/0/1
[R2-GigabitEthernet0/0/1]shutdown
```

之后查看 R3 的 VRRP 情况。

```
<R3>display vrrp brief
Total：1      Master：1      Backup：0      Non-active：0
VRID   State        Interface              Type       Virtual IP
1      Master       GE0/0/1                Normal     192.168.1.254
```

可以看出 R3 已切换为 Master 设备，而用户几乎不会发现故障的存在。

此时，测试 PC 访问外网 R1 的数据包转发路径：

```
PC>tracert 10.1.1.2
traceroute to 10.1.1.2, 8 hops max
(ICMP), press Ctrl+C to stop
  1   192.168.1.200    78 ms   46 ms   32 ms
  2   10.1.1.2    46 ms   47 ms   47 ms
```

发现数据包转发路径已经切换到 R3。

（7）R2 故障恢复。

```
[R2]interface g0/0/1
[R2-GigabitEthernet0/0/1]undo shutdown
```

查看 R2 和 R3 的 VRRP 情况。

```
[R2]display vrrp brief
Total: 1       Master: 1       Backup: 0       Non-active: 0
VRID   State           Interface               Type        Virtual IP
1      Master          GE0/0/1                 Normal      192.168.1.254
<R3>display vrrp brief
Total: 1       Master: 0       Backup: 1       Non-active: 0
VRID   State           Interface               Type        Virtual IP
1      Backup          GE0/0/1                 Normal      192.168.1.254
```

可以观察到 Master 设备又切换到 R2。

测试 PC 访问外网 R1 的数据包转发路径：

```
PC>tracert 10.1.1.2
traceroute to 10.1.1.2,  8 hops max
(ICMP), press Ctrl+C to stop
  1   192.168.1.100    93 ms   32 ms   46 ms
  2   10.1.1.2    32 ms   31 ms   47 ms
```

可以看出流量转发也切回到 R2，这个过程对于用户来说是透明的。

10.4.2　负载分担方式配置

1. 目　标

优化网络，增加设备利用率。

本例中，需要在 R2 和 R3 之间部署双备份组 VRRP，使得 R2、R3 分别为两个备份组的 Master，保证在设备无故障的情况下可同时担当流量转发任务。

2. 实验拓扑

拓扑结构见图 10-11。

3. 配置步骤

（1）配置 VRRP vrid 2。

负载分担方式与主备备份方式配置思路一致，在上例中，虚拟备份组 vrid 1 中 R2 已经配置为 Master。现在需要再配置另一个 VRRP 虚拟路由器组 vrid 2，使得 R3 成为 Master。

```
[R2]interface g0/0/1
[R2-GigabitEthernet0/0/1]vrrp vrid 2 virtual-ip 192.168.1.253
          //R2 上配置 vrid2 中的虚拟 IP 地址为 192.168.1.253
[R3]interface g0/0/1
[R3-GigabitEthernet0/0/1]vrrp vrid 2 virtual-ip 192.168.1.253
              //R3 上配置 vrid2 中的虚拟 IP 地址为 192.168.1.253
[R3-GigabitEthernet0/0/1]vrrp vrid 2 priority 120
                  //配置路由器 R3 在 vrid 2 中的优先级为 120
```

（2）查看配置结果。

配置完成后查看 R2 和 R3 的 VRRP 情况。

```
<R2>display vrrp brief
Total: 2        Master: 1        Backup: 1        Non-active: 0
VRID    State           Interface              Type        Virtual IP
1       Master          GE0/0/1                Normal      192.168.1.254
2       Backup          GE0/0/1                Normal      192.168.1.253
<R3>display vrrp brief
Total: 2        Master: 1        Backup: 1        Non-active: 0
VRID    State           Interface              Type        Virtual IP
1       Backup          GE0/0/1                Normal      192.168.1.254
2       Master          GE0/0/1                Normal      192.168.1.253
```

请同学们自行分析配置结果。

设置 PC1 上的网关地址为 192.168.1.254，PC2 上的网关地址为 192.168.1.253，并在 PC1 上执行 tracert 192.168.1.254 命令，PC2 上执行 tracert 192.168.1.253 命令，结果如下：

```
PC>tracert 10.1.1.2
traceroute to 10.1.1.2, 8 hops max
(ICMP), press Ctrl+C to stop
  1    192.168.1.100     452 ms    47 ms    47 ms
```

```
    2   10.1.1.2     31 ms    31 ms    31 ms

PC>tracert   10.1.2.2
traceroute to 10.1.2.2, 8 hops max
(ICMP), press Ctrl+C to stop
    1   192.168.1.200     47 ms    31 ms    47 ms
    2   10.1.2.2     46 ms    32 ms    46 ms
```

从结果可以看出 PC-1 通过 R2 访问外网 R1，PC-2 通过 R3 访问外网 R1，实现了负载分担，优化了网络。

（3）验证 VRRP 的抢占特性。

在虚拟组 2 中，R3 为 Master 路由器，优先级为 120。现在在虚拟组 2 中修改 R2 的抢占模式为非抢占方式（默认为抢占模式），并将优先级改为 200，此时大于 R3 的优先级。

```
[R2]interface g0/0/1
[R2-GigabitEthernet0/0/1]vrrp vrid 2 preempt-mode disable
[R2-GigabitEthernet0/0/1]vrrp vrid 2 priority 200
[R2-GigabitEthernet0/0/1]display vrrp
    GigabitEthernet0/0/1 | Virtual Router 1
      State: Master
      Virtual IP: 192.168.1.254
      Master IP: 192.168.1.100
      Priority Run: 120
      Priority Config: 120
      Master Priority: 120
      Preempt: YES      Delay Time: 0 s
      ……
    GigabitEthernet0/0/1 | Virtual Router 2
      State: Backup
      Virtual IP: 192.168.1.253
      Master IP: 192.168.1.200
      Priority Run: 200
      Priority Config: 200
      Master Priority: 120
      Preempt: NO
……
```

可以看出，在 Virtual Router 2 中，虽然 R2 的配置优先级大于 R3，并且运行优先级也大于 R3，但是由于 R2 为非抢占模式，所以 R2 不会抢占成为 Master。

（4）配置虚拟 IP 拥有者。

在 Virtual Router 1 中，R2 的配置优先级为 120，R3 的配置优先级为默认的 100，R2 是暂时的 Virtual Router 1 的 Master 路由器。为保证 R2 始终是 Virtual Router 1 的 Master 路由器，现在将 R2 的 g0/0/1 接口的 IP 地址配置为 Virtual Router 1 的 IP 地址 192.168.1.254，这样 R2 就成了该虚拟组的虚拟 IP 地址拥有者。

```
[R2]interface g0/0/1
[R2-GigabitEthernet0/0/1]ip address 192.168.1.254 24
```

配置完成后更改 R3 在虚拟组 1 中的配置优先级，配置为最大值 254，这样 R3 的配置优先级就大于 R2 的配置优先级。

```
[R3]interface g0/0/1
[R3-GigabitEthernet0/0/1]vrrp vrid 1 priority 254
```

配置完成后查看 R3 的 VRRP 情况。

```
[R3]display vrrp brief
Total: 2        Master: 1        Backup: 1        Non-active: 0
VRID    State           Interface               Type        Virtual IP
1       Backup          GE0/0/1                 Normal      192.168.1.254
2       Master          GE0/0/1                 Normal      192.168.1.253
```

观察发现，在虚拟组 1 中 R3 无法抢占成为 Master 路由器。关于 R2 的情况，请同学们自行查看并分析结果。

思考题

1. 简述 VRRP 的特点及应用环境。
2. VRRP 有哪些术语？分别代表什么含义？
3. VRRP 有哪几种协议状态？
4. VRRP 的主备备份方式与负载分担方式有什么异同点？
5. VRRP 的配置命令有哪些？
6. 简述 VRRP 的配置过程。

ACL

11.1 ACL 的基本概念

企业网络中的设备进行通信时,需要保障数据传输的安全可靠和网络的性能稳定。访问控制列表 ACL（Access Control List）可以定义一系列不同的规则,设备根据这些规则对数据包进行分类,并针对不同的报文进行不同的处理,从而可以实现对网络访问行为的控制、限制网络流量、提高网络性能、防止网络攻击等。

ACL 是由一系列规则组成的集合,设备可以通过这些规则对数据包进行分类,并对不同类型的报文进行不同的处理。

ACL 可以通过定义规则来允许或拒绝流量的通过。如图 11-1 所示,网关 RTA 允许 192.168.1.0/24 中的主机可以访问外网,也就是 Internet;而 192.168.2.0/24 中的主机则被禁止访问 Internet。对于服务器 A 而言,情况则相反。网关允许 192.168.2.0/24 中的主机访问服务器 A,但却禁止 192.168.1.0/24 中的主机访问服务器 A。

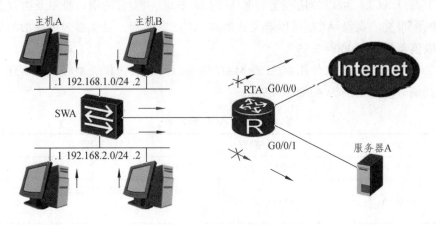

图 11-1 ACL 应用场景（1）

ACL 可以根据需求来定义过滤的条件以及匹配后所执行的操作。设备可以依据 ACL 中定义的条件（如源 IP 地址）来匹配入方向的数据,并对匹配了条件的数据执行相应的操作。如图 11-2 所示，RTA 依据所定义的 ACL 而匹配到的流量来自 192.168.2.0/24 网络，RTA 会对这些匹配到的流量进行加密之后再转发。

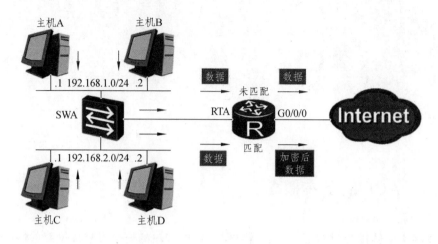

图 11-2　ACL 应用场景（2）

11.2　ACL 的分类

　　根据不同的划分规则，ACL 可以有不同的分类。最常见的三种分类是基本 ACL、高级 ACL 和二层 ACL（见表 11-1）。

　　（1）基本 ACL：可以使用报文的源 IP 地址、分片标记和时间段信息来匹配报文，其编号取值范围为 2 000 ~ 2 999。

　　（2）高级 ACL：可以使用报文的源/目的 IP 地址、源/目的端口号以及协议类型等信息来匹配报文。高级 ACL 可以定义比基本 ACL 更准确、更丰富、更灵活的规则，其编号取值范围为 3 000 ~ 3 999。

　　（3）二层 ACL：可以使用源/目的 MAC 地址以及二层协议类型等二层信息来匹配报文，其编号取值范围为 4 000 ~ 4 999。

表 11-1　ACL 的分类

分类	编号范围	参数
基本 ACL	2 000 ~ 2 999	源 IP 地址等
高级 ACL	3 000 ~ 3 999	源 IP 地址、目的 IP 地址、源端口、目的端口等
二层 ACL	4 000 ~ 4 999	源 MAC 地址、目的 MAC 地址、以太帧协议类型等

11.3　通配符掩码

ACL 规则使用 IP 地址和通配符掩码来设定匹配条件。

通配符掩码和反掩码相似，通配符掩码也是由 1 和 0 组成的 32 位二进制数，也用点分十进制形式来表示。通配符的作用与子网掩码的作用相似，即通过与 IP 地址执行比较操作来标志网络。不同的是，通配符掩码化为二进制数后，其中的 1 表示"在比较中可以忽略相应的地址位，不用检查"，0 表示"相应的地址位必须被检查"。

通常我们把 ACL 的 Wildcard-Mask（反掩码）叫作"通配符掩码"，而把 OSPF 的 Wildcard-Mask 叫作"反掩码"，严格意义上来说，它们是有一些细微差别的：

通配符掩码：0 为严格匹配，1 为任意匹配，可以使用不连续的 1，它只匹配 0 对应的位置。反掩码是掩码的反码，反掩码必须使用连续的 1。

例如，通配符掩码 0.0.0.255 表示只比较相应地址位的前 24 位，通配符 0.0.7.255 表示比较相应地址位的前 21 位。

在进行 ACL 包过滤时，具体的比较算法如下：

（1）用 ACL 规则中配置的 IP 地址与通配符掩码做异或运算，得到一个地址 X。

（2）用数据包中的 IP 地址与通配符掩码做异或运算，得到一个地址 Y。

（3）如果 $X=Y$，则此数据包匹配此条规则，反之则不匹配。

例如，要使一条规则匹配子网 192.168.0.0/24 中的地址，其条件中的 IP 地址应为 192.168.0.0，通配符应为 0.0.0.255，表明只比较 IP 地址的前 24 位。

11.4　ACL 的匹配原则

一个 ACL 可以由多条"deny|permit"语句组成，每一条语句描述了一条规则。设备收到数据流量后，会逐条匹配 ACL 规则，看其是否匹配。如果不匹配，则匹配下一条。一旦找到一条匹配的规则，则执行规则中定义的动作，并不再继续与后续规则进行匹配。如果找不到匹配的规则，则设备不对报文进行任何处理。需要注意的是，ACL 中定义的这些规则可能存在重复或矛盾的地方。规则的匹配顺序决定了规则的优先级，ACL 通过设置规则的优先级来处理规则之间重复或矛盾的情形。华为 ARG3 系列路由器支持两种匹配顺序：配置顺序和自动排序。

（1）配置顺序：按 ACL 规则编号（Rule-ID）从小到大的顺序进行匹配。Rule-ID 可以由用户进行配置，也可以由系统自动根据步长生成。设备会在创建 ACL 的过程中自动为每一条规则分配一个编号，规则编号决定了规则被匹配的顺序。例如，如果将步长设定为 5，则规则编号将按照 5、10、15……这样的规律自动分配。如果步长设定为 2，则规则编号将按照 2、4、6、8……这样的规律自动分配。通过设置步长，使规则之间留有一定的空间，用户可以在已存在的两个规则之间插入新的规则。路由器匹配规则时默认采用配置顺序。另外，ARG3 系列路由器默认规则编号的步长为 5。

（2）自动排序：使用"深度优先"的原则进行匹配，即根据规则的精确度排序。每个 ACL 可以包含多条规则，ACL 根据规则来对数据流量进行过滤。如图 11-3 所示，RTA 收到了来自两个网络的报文。默认情况下，RTA 会依据 ACL 的配置顺序来匹配这些报文。网络 172.16.0.0/24 发送的数据流量将被 RTA 上配置的 ACL 2000 的规则 15 匹配，因此会被拒绝。而来自网络 172.17.0.0/24 的报文不能匹配访问控制列表中的任何规则，因此 RTA 对报文不做任何处理，而是正常转发。

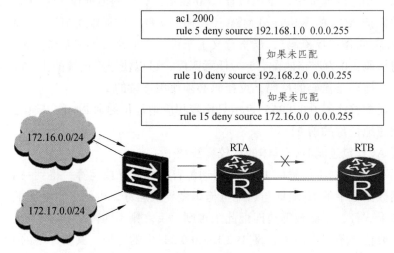

图 11-3　ACL 的匹配原则

11.5　ACL 配置实例

11.5.1　基本 ACL 的配置

acl[number]命令用来创建一个 ACL，并进入 ACL 视图。

rule[rule-id]**{deny|permit}source**{source-addresssource-wildcard|**any**}命令用来增加或修改 ACL 的规则。**deny** 用来指定拒绝符合条件的数据包，**permit** 用来指定允许符合条件的数据包，**source** 用来指定 ACL 规则匹配报文的源地址信息，**any** 表示任意源地址。

traffic-filter{inbound|outbound}acl{acl-number}命令用来在接口上配置基于 ACL 对报文进行过滤。

Display acl<acl-number>命令可以验证配置的基本 ACL。

display traffic-filter applied-record 命令可以查看设备上所有基于 ACL 进行报文过滤的应用信息，这些信息可以帮助用户了解报文过滤的配置情况并核对其是否正确，同时也有助于进行相关的故障诊断与排查。

1. 目　标

通过基本 ACL 的配置实现对报文的过滤。

本例中需要通过 ACL 使 PC1 不能访问服务器 Server1，但 PC2 可以访问服务器 Server1 且和 PC1 保持互通。

2. 实验拓扑

基本 ACL 配置拓扑结构如图 11-4 所示。

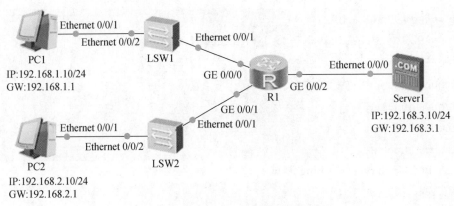

图 11-4　基本 ACL 配置拓扑结构

3. 配置步骤

（1）路由器基础配置。

```
[R1]interface g0/0/0
[R1-GigabitEthernet0/0/0]ip address 192.168.1.1 24
[R1-GigabitEthernet0/0/0]interface g0/0/1
[R1-GigabitEthernet0/0/1]ip address 192.168.2.1 24
[R1-GigabitEthernet0/0/1]interface g0/0/2
[R1-GigabitEthernet0/0/2]ip address 192.168.3.1 24
```

之后验证网络的连通性，发现 PC1、PC2 和 Server1 互通。

（2）ACL 配置。

```
[R1]acl 2000
[R1-acl-basic-2000]rule 5 deny source 192.168.1.0    0.0.0.255
[R1]interface g0/0/2
[R1-GigabitEthernet0/0/2]traffic-filter outbound acl 2000
```

4. 查看结果

```
<R1>display acl 2000
```

Basic ACL 2000，1 rule

Acl's step is 5

　rule 5 deny source 192.168.1.0 0.0.0.255　（10 matches）

<R1>display traffic-filter applied-record

Interface　　　　　　　　　　　Direction　　　Applied Record

GigabitEthernet0/0/2　　　　　　outbound　　acl 2000

网络互通性测试：

（1）PC1 与 Server1 的 Ping 测试：

PC>ping 192.168.3.10

Ping 192.168.3.10：32 data bytes，Press Ctrl_C to break

Request timeout!

Request timeout!

Request timeout!

Request timeout!

Request timeout!

（2）PC2 与 Server1 的 Ping 测试：

PC>ping 192.168.3.10

Ping 192.168.3.10: 32 data bytes，Press Ctrl_C to break

From 192.168.3.10: bytes=32 seq=1 ttl=254 time=47 ms

From 192.168.3.10: bytes=32 seq=2 ttl=254 time=31 ms

From 192.168.3.10: bytes=32 seq=3 ttl=254 time=47 ms

From 192.168.3.10: bytes=32 seq=4 ttl=254 time=47 ms

From 192.168.3.10: bytes=32 seq=5 ttl=254 time=31 ms

--- 192.168.3.10 ping statistics ---

　5 packet(s) transmitted

　5 packet(s) received

　0.00% packet loss

　round-trip min/avg/max = 31/40/47 ms

（3）PC2 与 PC1 的 Ping 测试：

PC>ping 192.168.1.10

Ping 192.168.1.10: 32 data bytes，Press Ctrl_C to break

From 192.168.1.10: bytes=32 seq=1 ttl=127 time=47 ms

From 192.168.1.10: bytes=32 seq=2 ttl=127 time=78 ms

From 192.168.1.10: bytes=32 seq=3 ttl=127 time=62 ms

From 192.168.1.10: bytes=32 seq=4 ttl=127 time=62 ms

From 192.168.1.10: bytes=32 seq=5 ttl=127 time=78 ms

通过测试发现最终结果均符合需求。

11.5.2 高级 ACL 的配置

基本 ACL 可以依据源 IP 地址进行报文过滤，而高级 ACL 能够依据源/目的 IP 地址、源/目的端口号、网络层及传输层协议、IP 流量分类和 TCP 标记值等各种参数（SYN|ACK|FIN 等）进行报文过滤。

1. 目　标

通过高级 ACL 的配置实现对报文的过滤。本例中 PC1 与 PC2 属于同一网段，PC3 与 PC1 和 PC2 不在同一网段，通过高级 ACL 配置，使 PC1 不能访问 Server 1。

2. 实验拓扑

拓扑结构如图 11-5 所示。

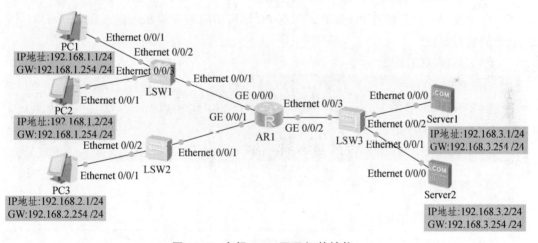

图 11-5　高级 ACL 配置拓扑结构

3. 配置步骤

（1）交换机基础配置。

```
SW1: [SW1]vlan 10
[SW1-vlan10]quit
```

```
[SW1]port-group group-member Ethernet 0/0/1 to Ethernet 0/0/3
[SW1-port-group]port link-type access
[SW1-port-group]port default    vlan 10
SW2: [SW2]vlan 20
[SW2-vlan20]quit
[SW2]port-group group-member Ethernet 0/0/1 to E0/0/2
[SW2-port-group]port link-type access
[SW2-port-group]port default vlan 20
SW3: [SW3]vlan 30
[SW3-vlan30]quit
[SW3]port-group group-member Ethernet 0/0/1 to Ethernet 0/0/3
[SW3-port-group]port link-type access
[SW3-port-group]port default vlan 30
```

（2）路由器基础配置。

```
[AR1]int g0/0/0
[AR1-GigabitEthernet0/0/0]ip add 192.168.1.254 24
[AR1-GigabitEthernet0/0/0]int g0/0/1
[AR1-GigabitEthernet0/0/1]ip add 192.168.2.254 24
[AR1-GigabitEthernet0/0/1]int g0/0/02
[AR1-GigabitEthernet0/0/2]ip ad 192.168.3.254 24
```

以上配置完成后所有 PC 互通，所有 PC 都可访问服务器 Server 1 和 Server 2。请同学们自行验证。

（3）高级 ACL 配置。

```
[AR1]acl 3000
[AR1-acl-adv-3000]rule deny ip source 192.168.1.1 0 destination 192.168.3.1 0
[AR1]int g0/0/02
[AR1-GigabitEthernet0/0/2]traffic-filter outbound acl 3000
```

4. 查看结果

（1）查看配置结果：

```
[AR1]display acl 3000
Advanced ACL 3000, 1 rule
Acl's step is 5
 rule 5 deny ip source 192.168.1.1 0 destination 192.168.3.1 0 (15 matches)
```

（2）互通性测试：

```
PC1: ping Server1
PC>ping 192.168.3.1
```

```
Ping 192.168.3.1: 32 data bytes，Press Ctrl_C to break
Request timeout!
Request timeout!
Request timeout!
Request timeout!
Request timeout!
--- 192.168.3.1 ping statistics ---
    5 packet(s) transmitted
    0 packet(s) received
    100.00% packet loss
PC1: ping Server2
PC>ping 192.168.3.2
Ping 192.168.3.2: 32 data bytes，Press Ctrl_C to break
Request timeout!
From 192.168.3.2: bytes=32 seq=2 ttl=254 time=47 ms
From 192.168.3.2: bytes=32 seq=3 ttl=254 time=46 ms
From 192.168.3.2: bytes=32 seq=4 ttl=254 time=47 ms
From 192.168.3.2: bytes=32 seq=5 ttl=254 time=47 ms
```

其他网络互通性请同学们自行验证。

思考题

1. 基本 ACL 是根据（   ）过滤数据报。

    A. 端口号　　　　　B. 源 IP 地址　　　　　C. 目的 IP 地址　　　　D. 协议

2. 在 ACL 配置中，用于指定拒绝某一主机的配置命令有（   ）。

    A. deny　　192.168.12.2　　0.0.0.255

    B. deny　192.168.12.0　　0.0.0.0

    C. deny host 192.168.12.2

    D. deny any

3. （   ）参数不能用于高级访问控制列表。

    A. 物理接口　　　B. 目的端口号　　　　C. 协议号　　　　　　D. 时间范围

4. 华为设备关于访问控制列表编号与类型的对应关系，下列描述正确的是（   ）。

    A. 基本的访问控制列表编号范围是 1 000～2 999

    B. 高级的访问控制列表编号范围是 3 000～4 000

    C. 二层的访问控制列表编号范围是 4 000～4 999

    D. 基于接口的访问控制列表编号范围是 1 000～2 000

5. 在路由器 RTA 上完成如下所示的 ACL 配置，则下面描述正确的是（   ）。

```
[RTA]acl 2001
[RTA-acl-basic-2001]rule 20 permit source 20.1.1.0 0.0.0.255
[RTA-acl-basic-2001]rule 10 deny source 20.1.1.0 0.0.0.255
```

A. VRP 系统将会自动按配置先后顺序调整第一条规则的顺序编号为 5

B. VRP 系统不会调整顺序编号，但是会先匹配第一条配置的规则 20.1.1.0 0.0.0.255

C. 配置错误，规则的顺序编号必须从小到大配置

D. VRP 系统将会按照顺序编号先匹配第二条规则 deny source 20.1.1.0 0.0.0. 255

6. 一台 AR2220 路由器上使用了如下 ACL 配置来过滤数据包，则下列描述正确的是（ ）。

```
[RTA]acl 2001
[RTA-acl-basic-2001]rule permit source 10.0.1.0 0.0.0.255
[RTA-acl-basic-2001]rule deny source 10.0.1.0 0.0.0.255
```

A. 10.0.1.0/24 网段的数据包将被拒绝

B. 10.0.1.0/24 网段的数据包将被允许

C. 该 ACL 配置有误

D. 以上选项都不正确

7. 简述 ACL 的工作原理。

8. 简述基本 ACL 的主要作用及应用环境。

9. 简述基本 ACL 的配置命令及步骤。

12.1 DHCP 的应用场景

在小型网络中通常通过手动设置的方法来配置 IP 地址，而在大型网络中，会有大量的主机或设备需要获取 IP 地址等网络参数。如果采用手工配置的方法，工作量很大且不好管理，如果有用户擅自修改网络参数，可能还会造成 IP 地址冲突等问题，同时伴随着计算机数量超过可分配的 IP 地址的情况也经常出现。动态主机配置协议 DHCP（Dynamic Host Configuration Protocol）的出现就是为了满足这些需求而发展起来的。使用 DHCP 来动态分配 IP 地址等网络参数，可减少管理员的工作量，避免用户手工配置 IP 地址时造成的地址冲突问题，在一定程度上也可缓解 IPv4 地址不足的问题。

如图 12-1 所示，主机 A 和主机 B 通过申请向 DHCP 服务器获取 IP 地址，也可将已获得的 IP 地址释放至 DHCP 服务器的地址池中，供其他用户使用。DHCP 服务器能够为大量主机分配 IP 地址，并能够集中管理。

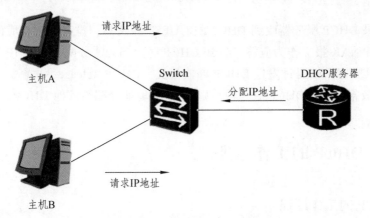

图 12-1 DHCP 的应用场景

12.2 DHCP 的报文类型

在用户与 DHCP 服务器申请 IP 地址的过程中有以下几种报文类型，如表 12-1 所示。

表 12-1 DHCP 的报文类型

报文类型	含义
DHCP DISCOVER	客户端用来寻找 DHCP 服务器
DHCP OFFER	DHCP 服务器用来响应 DHCP DISCOVER 报文，此报文携带了各种配置信息
DHCP REQUEST	客户端请求配置确认，或者续借租期
DHCP ACK	服务器对 DHCP REQUEST 报文的确认响应
DHCP NAK	服务器对 DHCP REQUEST 报文的拒绝响应
DHCP RELEASE	客户端要释放地址时用来通知服务器

报文交互过程如下：

（1）DHCP 客户端初次接入网络时，会发送 DHCP 发现报文（DHCP Discover），用于查找和定位 DHCP 服务器。

（2）DHCP 服务器在收到 DHCP 发现报文后，发送 DHCP 提供报文（DHCP Offer），此报文中包含 IP 地址等配置信息。

（3）在 DHCP 客户端收到服务器发送的 DHCP 提供报文后，会发送 DHCP 请求报文（DHCP Request），另外在 DHCP 客户端获取 IP 地址并重启后，同样也会发送 DHCP 请求报文，用于确认分配的 IP 地址等配置信息。DHCP 客户端获取的 IP 地址租期快要到期时，也发送 DHCP 请求报文向服务器申请延长 IP 地址租期。

（4）收到 DHCP 客户端发送的 DHCP 请求报文后，DHCP 服务器会回复 DHCP 确认报文（DHCP ACK）。客户端收到 DHCP 确认报文后，会将获取的 IP 地址等信息进行配置和使用。

（5）如果 DHCP 服务器收到 DHCP REQUEST 报文后，没有找到相应的租约记录，则发送 DHCP NAK 报文作为应答，告知 DHCP 客户端无法分配合适的 IP 地址。

（6）DHCP 客户端通过发送 DHCP 释放报文（DHCP Release）来释放 IP 地址。收到 DHCP 释放报文后，DHCP 服务器可以把该 IP 地址分配给其他 DHCP 客户端。

12.3 DHCP 的工作原理

1. DHCP 的工作过程

为了获取 IP 地址等配置信息，DHCP 客户端（主机 A）需要和 DHCP 服务器进行报文交互。首先，DHCP 客户端发送 DHCP 发现报文来发现 DHCP 服务器。DHCP 服务器会选取一个未分配的 IP 地址，向 DHCP 客户端发送 DHCP 提供报文。此报文中包含分配给客户端的 IP 地址和其他配置信息。如果存在多个 DHCP 服务器，每个 DHCP 服务器都会响应。如果有多个 DHCP 服务器向 DHCP 客户端发送 DHCP 提供报文，DHCP 客户端将会选择收到的第一个 DHCP 提供报文，然后发送 DHCP 请求报文，报文中包含请求的 IP 地址。收到 DHCP 请求报文后，提供该 IP 地址的 DHCP 服务器会向 DHCP 客户端发送一个 DHCP 确认报文，包含提供的 IP 地址和其他配置信息。DHCP 客户端收到 DHCP 确认报文后，会发送免费 ARP 报文，检查网络中是否有其他主机使用分配的 IP 地址。如果指定时间内没有收到 ARP 应答，DHCP 客户端会使用这个 IP 地址。如果有主机使用该 IP 地址，DHCP 客户端会向 DHCP 服务器发送 DHCP 拒绝报文，通知服务器该 IP 地址已被占用。然后 DHCP 客户端会向服务器重新申请一个 IP 地址，如图 12-2 所示。

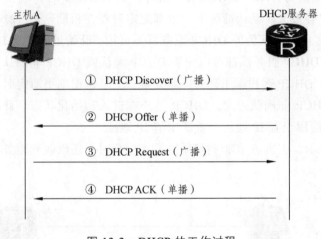

图 12-2　DHCP 的工作过程

2. DHCP 租期更新

申请到 IP 地址后，DHCP 客户端中会保存三个定时器，分别用来控制租期更新、租期重绑定和租期失效。DHCP 服务器为 DHCP 客户端分配 IP 地址时会指定三个定时器的值。如果 DHCP 服务器没有指定定时器的值，DHCP 客户端会使用缺省值，缺省租期为 1 天。默认情况下，还剩下 50%的租期时，DHCP 客户端开始租约更新过程，DHCP 客户端向分配 IP 地址的服务器发送 DHCP 请求报文来申请延长 IP 地址的租期。DHCP 服务器向客户端发送 DHCP 确认报文，给予 DHCP 客户端一个新的租期。如图 12-3 所示，主机 A 的 IP 地址租赁期限到达 50%时，它会向 DHCP 服务器请求更新 IP 地址租约。

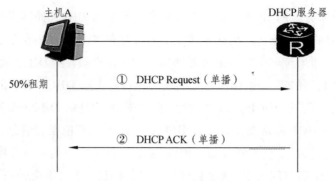

图 12-3　DHCP 租期更新

3. DHCP 重绑定

DHCP 客户端发送 DHCP 请求报文续租时，如果 DHCP 客户端没有收到 DHCP 服务器的 DHCP 应答报文。默认情况下，重绑定定时器在租期剩余 12.5%的时候超时，超时后，DHCP 客户端会认为原 DHCP 服务器不可用，开始重新发送 DHCP 请求报文。网络上任何一台 DHCP 服务器都可以应答 DHCP 确认或 DHCP 非确认报文。如果收到 DHCP 确认报文，DHCP 客户端重新进入绑定状态，复位租期更新定时器和重绑定定时器。如果收到 DHCP 非确认报文，DHCP 客户端进入初始化状态。此时，DHCP 客户端必须立刻停止使用现有 IP 地址，重新申请 IP 地址。

如图 12-4 所示，主机 A 在租约期限达到 87.5%时，还没收到服务器响应，则会申请重绑定 IP 地址。

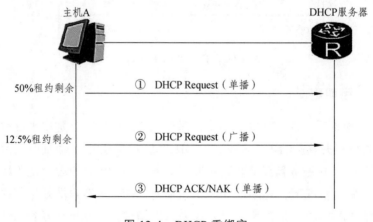

图 12-4　DHCP 重绑定

4. IP 地址释放

租期定时器是地址失效进程中的最后一个定时器,超时时间为 IP 地址的租期时间。如果 DHCP 客户端在租期失效定时器超时前没有收到服务器的任何回应，DHCP 客户端必须立刻停止使用现有 IP 地址，发送 DHCP Release 报文，并进入初始化状态。然后，DHCP 客户端重新发送 DHCP 发现报文，申请 IP 地址。

如果 DHCP 客户端不再使用分配的 IP 地址，也可以主动向 DHCP 服务器发送 DHCP Release 报文来释放该 IP 地址。

如图 12-5 所示，如果主机 A 的 IP 地址租约期到期前没有收到 DHCP 服务器的响应，主机 A 则停止使用此 IP 地址。

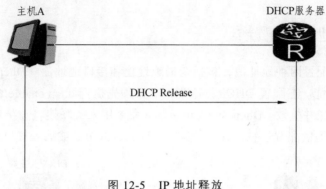

图 12-5　IP 地址释放

12.4　DHCP 地址池

12.4.1　地址池的概念

华为 ARG3 系列路由器和 X7 系列交换机都可以作为 DHCP 服务器，为主机等设备分配 IP 地址。DHCP 服务器的地址池是用来定义可分配给主机的 IP 地址范围，有全局地址池和接口地址池两种形式，如图 12-6 所示。

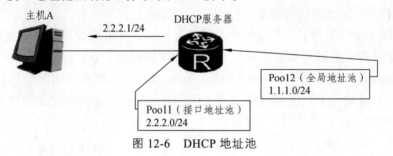

图 12-6　DHCP 地址池

1. 接口地址池

接口地址池为连接到同一网段的主机或终端分配 IP 地址。可以在服务器的接口下执行 dhcp select interface 命令，配置 DHCP 服务器采用接口地址池的 DHCP 服务器模式为客户端分配 IP 地址。

2. 全局地址池

全局地址池为所有连接到 DHCP 服务器的终端分配 IP 地址。可以在服务器的接口下执行 dhcp select global 命令，配置 DHCP 服务器采用全局地址池的 DHCP 服务器模式为客户端分配 IP 地址。接口地址池的优先级比全局地址池高。配置了全局地址池后，如果又在接口上配置了地址池，客户端将会从接口地址池中获取 IP 地址。在 X7 系列交换机上，只能在 VLANIF 逻辑接口上配置接口地址池。

12.4.2　地址池配置

DHCP 支持配置两种地址池，包括全局地址池和接口地址池。Dhcp enable 命令用来使能 DHCP 功能。在配置 DHCP 服务器时，必须先执行 dhcp enable 命令，才能配置 DHCP 的其他功能并生效。Dhcp select interface 命令用来关联接口和接口地址池，为连接到接口的主机提供配置信息。在图 12-7 中，接口 G0/0/0 被加入接口地址池中。

图 12-7　接口地址池

Dhcp server dns-list 命令用来指定接口地址池下的 DNS 服务器地址。Dhcp server excluded-ip-address 命令用来配置接口地址池中不参与自动分配的 IP 地址范围。Dhcp server lease 命令用来配置 DHCP 服务器接口地址池中 IP 地址的租用有效期限功能。缺省情况下，接口地址池中 IP 地址的租用有效期限为 1 天。

每个 DHCP 服务器可以定义一个或多个全局地址池和接口地址池。通过执行 display ip pool 命令查看接口地址池的属性。display 信息中包含地址池的 IP 地址范围，还包括 IP 网关、子网掩码等信息。

在图 12-8 中，配置了一个 DHCP 全局地址池。ip pool 命令用来创建全局地址池。network 命令用来配置全局地址池下可分配的网段地址。gateway-list 命令用来配置 DHCP 服务器全局地址池的出口网关地址。lease 命令用来配置 DHCP 全局地址池下的地址租期。缺省情况下，IP 地址租期为 1 天。dhcp select global 命令用来使能接口的 DHCP 服务器功能。

图 12-8　全局地址池

Display ip pool 命令可以查看全局 IP 地址池信息。管理员可以查看地址池的网关、子网掩码、IP 地址统计信息等内容，监控地址池的使用情况，了解已分配的 IP 地址数量，以及其他使用统计信息。

12.5 DHCP 配置实例

12.5.1 接口地址池配置实例

1. 目 的

掌握基于接口地址池的 DHCP Server 配置方法，本例中 R1 作为 DHCP Server，PC1 和 PC2 分别从 R1 的 GE0/0/0 口和 GE0/0/1 口自动获取 IP 地址。

2. 实验拓扑

接口地址池的 DHCP 配置拓扑结构如图 12-9 所示。

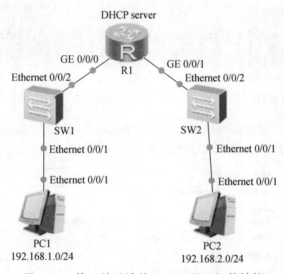

图 12-9 接口地址池的 DHCP 配置拓扑结构

3. 配置步骤

（1）路由器基础配置。

```
[R1]interface g0/0/0
[R1-GigabitEthernet0/0/0]ip address 192.168.1.254 24
[R1-GigabitEthernet0/0/0]interface g0/0/1
[R1-GigabitEthernet0/0/1]ip address 192.168.2.254 24
```

（2）基于接口 DHCP 配置。

```
[R1]dhcp enable                              //R1 上开启 DHCP 功能
[R1]interface g0/0/0
[R1-GigabitEthernet0/0/0]dhcp select interface       //开启接口的 DHCP 功能
[R1-GigabitEthernet0/0/0]interface g0/0/1
```

```
[R1-GigabitEthernet0/0/1]dhcp select interface
```

接口地址池可动态分配 IP 地址，范围是接口 IP 地址所在的网段，且只在此接口下有效。

（3）配置 DHCP 租期（默认为 1 天）。

```
[R1]interface g0/0/0
[R1-GigabitEthernet0/0/0]dhcp server lease day 5
                        //G0/0/0 口上的 IP 地址的租用有效期为 5 天
[R1-GigabitEthernet0/0/0]interface g0/0/1
[R1-GigabitEthernet0/0/1]dhcp server lease day 6
                        //G0/0/1 口上的 IP 地址的租用有效期为 6 天
```

（4）配置地址池中不参与分配的 IP 地址。

```
[R1]interface g0/0/0
[R1-GigabitEthernet0/0/0]dhcp server excluded-ip-address 192.168.1.1 192.168.1.20
                        //地址池中 192.168.1.1 ~ 192.168.1.20 不参与分配
```

（5）配置 DHCP client。

PC1 的配置界面如图 12-10 所示。

图 12-10　PC1 的配置界面

4. 查看结果

（1）在 PC1 的命令行选项输入"ipconfig"命令查看接口 IP 地址情况。

```
PC>ipconfig
Link local IPv6 address...........:fe80::5689:98ff:fee5:2b1c
IPv6 address.....................: ::/ 128
IPv6 gateway.....................: ::
IPv4 address....................:192.168.1.253
Subnet mask.....................:255.255.255.0
Gateway..........................:192.168.1.254
Physical address................:54-89-98-E5-2B-1C
```

（2）在 R1 上查看地址池中的地址分配情况。

```
[R1]display ip pool
     Pool-name        :GigabitEthernet0/0/0
     Pool-No          :0
     Position         :Interface         Status        :Unlocked
     Gateway-0        :192.168.1.254
     Mask             :255.255.255.0


     Pool-name        :GigabitEthernet0/0/2
     Pool-No          :1
     Position         :Interface         Status        :Unlocked
     Gateway-0        :192.168.2.254
     Mask             :255.255.255.0
    IP address Statistic
     Total        :506
     Used         :1              Idle         :485
     Expired      :0              Conflict     :0              Disable  :20
```

请同学们自行分析结果，并查看 PC2 的 IP 地址分配情况，思考 DHCP 从地址池分配 IP 地址时的顺序。

12.5.2 全局地址池配置实例

1. 目 的

掌握基于接口地址池的 DHCP Server 配置方法，本例中 R1 作为 DHCP Server, PC1 和 PC2 分别从 R1 的全局地址池自动获取 IP 地址。

2. 实验拓扑

全局地址池的 DHCP 配置拓扑结构如图 12-11 所示。

3. 配置步骤

（1）路由器基础配置。

```
[R1]interface g0/0/0
[R1-GigabitEthernet0/0/0]ip address 192.168.1.254 24
[R1-GigabitEthernet0/0/0]interface g0/0/1
[R1-GigabitEthernet0/0/1]ip address 192.168.2.254 24
```

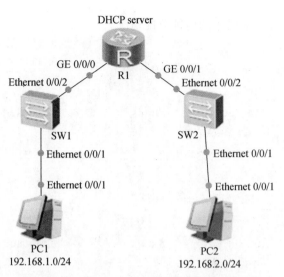

DHCP server

GE 0/0/0   R1   GE 0/0/1

Ethernet 0/0/2   Ethernet 0/0/2

SW1   SW2

Ethernet 0/0/1   Ethernet 0/0/1

Ethernet 0/0/1   Ethernet 0/0/1

PC1   PC2
192.168.1.0/24   192.168.2.0/24

图 12-11   全局地址池的 DHCP 配置拓扑结构

（2）基于全局 DHCP 配置。

```
[R1]dhcp enable                              //R1 上开启 DHCP 功能
[R1]ip pool 123                              //创建一个全局地址池，名称为 123
[R1-ip-pool-123]network 192.168.1.0 mask 24
            //指定动态分配的网段范围，如果不指定则默认使用自然掩码
[R1-ip-pool-123]lease day 2                  //指定地址租期为 2 天
[R1-ip-pool-123]gateway-list 192.168.1.254     //配置客户端的出口网关地址
[R1-ip-pool-123]excluded-ip-address 192.168.1.250 192.168.1.253
            //指定地址池中 192.168.1.250 ~ 192.168.1.253 不参与自动分配
[R1-ip-pool-123]dns-list 8.8.8.8             //配置 DNS 服务器地址
[R1]interface g0/0/0
[R1-GigabitEthernet0/0/0]dhcp select global
            //配置指定接口 g0/0/0 采用全局地址池为客户分配 IP 地址
```

配置另一个地址池：

```
[R1]ip pool 456
[R1-ip-pool-456]network 192.168.2.0
[R1-ip-pool-456]lease day 2
[R1-ip-pool-456]gateway-list 192.168.2.254
[R1-ip-pool-456]dns-list 8.8.8.8
[R1-ip-pool-456]int g0/0/1
[R1-GigabitEthernet0/0/1]dhcp select global
```

4．查看结果

（1）在 R1 上查看地址池信息。

```
[R1]display ip pool
------------------------------------------------------------------

   Pool-name      :123
   Pool-No        :0
   Position       :Local          Status          :Unlocked
   Gateway-0      :192.168.1.254
   Mask           :255.255.255.0

   ------------------------------------------------------------------

   Pool-name      :456
   Pool-No        :1
   Position       :Local          Status          :Unlocked
   Gateway-0      :192.168.2.254
   Mask           :255.255.255.0


   IP address Statistic
     Total        :506
     Used         :2             Idle         :504
     Expired      :0         Conflict    :0           Disable   :0
```

（2）查看 PC 获取 IP 地址的情况。

```
PC1:PC>ipconfig
Link local IPv6 address...........:fe80::5689:98ff:fee5:2b1c
IPv6 address......................: ::/ 128
IPv6 gateway......................: ::
IPv4 address.....................:192.168.1.249
Subnet mask......................:255.255.255.0
Gateway..........................:192.168.1.254
Physical address.................:54-89-98-E5-2B-1C
DNS server.......................:8.8.8.8
PC2:PC>ipconfig
Link local IPv6 address...........:fe80::5689:98ff:fe93:465d
IPv6 address......................: ::/ 128
IPv6 gateway......................: ::
IPv4 address.....................:192.168.2.253
Subnet mask......................:255.255.255.0
Gateway..........................:192.168.2.254
Physical address.................:54-89-98-93-46-5D
DNS server.......................:8.8.8.8
```

请同学自行分析配置结果，思考 DHCP 自动分配 IP 的顺序。

思考题

1. 主机从 DHCP 服务器 A 获取到 IP 地址后进行了重启，则重启时会向 DHCP 服务器 A 发送的消息是（   ）。

    A. DHCP DISCOVER   B. DHCP REQUEST

    C. DHCP OFFER   D. DHCP ACK

2. DHCP 应用于哪些场合？

3. DHCP 有哪些报文类型？

4. DHCP 有哪两种地址池？分别有什么区别？

5. 简述 DHCP 的工作过程。

6. DHCP 有哪些配置命令？

7. 简述 DHCP 的配置步骤。

NAT

13.1 NAT 的基本概念和作用

随着 Internet 的发展和网络应用的增多，IPv4 地址枯竭已经成为制约网络发展的瓶颈。尽管 IPv6 可以从根本上解决 IPv4 地址空间不足的问题，但目前众多的网络设备和网络应用仍是基于 IPv4 的，因此在 IPv6 广泛应用之前，一些过渡技术的使用是解决这个问题的主要技术手段。

前面已经讲到，在网络地址规划中 A、B、C 三类地址中大部分为可以在 Internet 上分配给主机使用的合法 IP 地址，其中 10.0.0.0 ~ 10.255.255.255；172.16.0.0 ~ 172.31.255.255；192.168.0.0 ~ 192.168.255.255 为私有地址空间。私有地址可不经申请直接在内部网络中分配使用，但私有地址不能出现在公网上，当私有网络内的主机要与位于公网上的主机进行通信时必须经过地址转换，将其私有地址转换为合法公网地址才能对外访问。而 NAT 的出现就是为了解决公私网地址进行转换的问题。

网络地址转换技术也称为 NAT（Network Address Translation），它是将 IP 数据报报头中的 IP 地址转换为另一个 IP 地址的过程，主要用于实现内部网络（私有 IP 地址）访问外部网络（公有 IP 地址）的功能。NAT 一般部署在连接内网和外网的网关设备上。当收到的报文源地址为私网地址、目的地址为公网地址时，NAT 可以将源私网地址转换成一个公网地址。这样公网目的地就能够收到报文，并做出响应。此外，网关上还会创建一个 NAT 映射表，以便判断从公网收到的报文应该发往的私网目的地址。

如图 13-1 所示，内网（私网）想要访问外网（Internet），必须经过 NAT 的地址转换才可以实现。

NAT 的作用：

（1）有效地节约 Internet 公网地址，使得所有的内部主机使用有限的合法地址都可以连接到 Internet 网络。

（2）地址转换技术可以有效地隐藏内部局域网中的主机，因此也是一种有效的网络安全保护技术。

（3）同时地址转换可以按照用户的需要，在局域网内部提供给外部 FTP、WWW、Telnet 服务等。

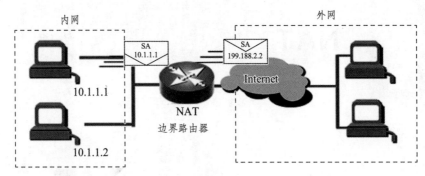

图 13-1　NAT 的应用

使用 NAT 的优点与缺点如表 13-1 所示。

表 13-1　NAT 的优点与缺点

优点	缺点
节省合法地址	引入延迟
减少地址冲突的机会	丧失端到端的 IP 跟踪能力
灵活连接 Internet	一些特定应用可能无法正常工作
维持局域网的私密性，因为内部 IP 地址是不公开的	使用 NAT 不能处理 IP 报头加密的情况；并且地址转换由于隐藏了内部主机地址，有时候会使网络调试变得复杂

13.2　NAT 的工作原理

NAT 的实现方式有多种，适用于不同的场景。在实际部署 NAT 技术时，必须仔细分析具体的网络环境及需求。下面介绍几种基本的 NAT 技术的概念和原理。所有的例子都假设了一个前提：在私网与公网通信时，发起通信一方的总是私网。

13.2.1　静态 NAT

静态 NAT 实现了私有地址和公有地址的一对一映射，也就是说，一个公网 IP 只会分配给唯一且固定的内网主机。如果希望一台主机优先使用某个关联地址，或者想要外部网络使用一个指定的公网地址访问内部服务器时，可以使用静态 NAT。但是在大型网络中，这种一对一的 IP 地址映射无法缓解公用地址短缺的问题。

在图 13-2 中，源地址为 192.168.1.1 的报文需要发往公网地址 100.1.1.1。在网关

RTA 上配置了一个私网地址 192.168.1.1 到公网地址 200.10.10.1 的映射。当网关收到主机 A 发送的数据包后，会先将报文中的源地址 192.168.1.1 转换为 200.10.10.1，然后转发报文到目的设备。目的设备回复的报文目的地址是 200.10.10.1。当网关收到回复报文后，也会执行静态地址转换，将 200.10.10.1 转换成 192.168.1.1，然后转发报文到主机 A。和主机 A 在同一个网络中其他主机（如主机 B），访问公网的过程也需要网关 RTA 做静态 NAT 转换。

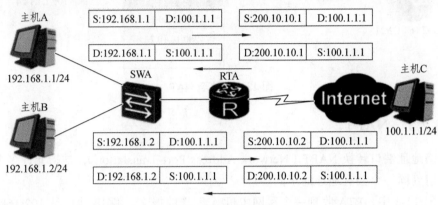

图 13-2　静态 NAT

13.2.2　动态 NAT

动态 NAT 是通过使用地址池来实现的。动态 NAT 包含了一个公有 IP 地址资源和一张动态地址映射表。当某个私网用户发起与公网 Internet 的通信时，NAT 会先去检查公有 IP 地址资源池中是否还有可用的地址。如果没有，则这次与 Internet 的通信就无法进行。如果有，则 NAT 会在公有地址资源池中选中一个公有 IP 地址，并在动态地址映射表中创建一个表项，该表项反映了该公有 IP 地址与该用户的私有 IP 地址之间的映射关系。当该用户结束了与 Internet 的通信后，NAT 必须将该表项从动态地址映射表中清除，同时将该表项中的公有 IP 地址释放回公有地址资源池。简而言之，使用动态 NAT 技术时，同一个公有 IP 地址可以分配给不同的私网用户使用，但在使用的时间上必须错开。

在图 13-3 中，当内部主机 A 和主机 B 需要与公网中的目的主机通信时，网关 RTA 会从配置的公网地址池中选择一个未使用的公网地址与之做映射，RTA 将地址池中的 IP 地址 200.10.10.1 分配给主机 A，将 IP 地址 200.10.10.2 分配给主机 B。每台主机都会分配到地址池中的一个唯一地址。当不需要此连接时，对应的地址映射将会被删除，公网地址也会被恢复到地址池中待用。当网关收到回复报文后，会根据之前的映射再次进行转换之后转发给对应主机。

动态 NAT 地址池中的地址用尽以后，只能等待被占用的公用 IP 被释放后，其他主机才能使用它来访问公网。

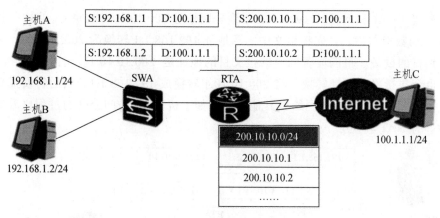

图 13-3　动态 NAT

13.2.3　NAPT

网络地址端口转换 NAPT（Network Address Port Translation），是指允许多个内部地址映射到同一个公有地址的不同端口。

在图 13-4 中，RTA 收到一个私网主机 A 发送的报文，源 IP 地址是 192.168.1.1，源端口号是 1025，目的 IP 地址是 100.1.1.1，目的端口是 80。RTA 会从配置的公网地址池中选择一个空闲的公网 IP 地址和端口号，本例中将地址池中的公网 IP 地址200.10.10.1，端口号为 2843 分配给主机 A，并建立相应的 NAPT 表项。这些 NAPT 表项指定了报文的私网 IP 地址和端口号与公网 IP 地址和端口号的映射关系。之后，RTA将报文的源 IP 地址和端口号转换成公网地址 200.10.10.1 和端口号 2843，并转发报文到公网。当网关 RTA 收到回复报文后，会根据之前的映射表再次进行转换之后转发给主机 A。主机 B 同理，RTA 将地址池中的公网 IP 地址 200.10.10.1，端口号为 2844 分配给主机 B。主机 A 和主机 B 共用同一个 IP 地址 200.10.10.1，但分别使用不同的端口号 2843 和 2844，实现了同时访问外网的目的。

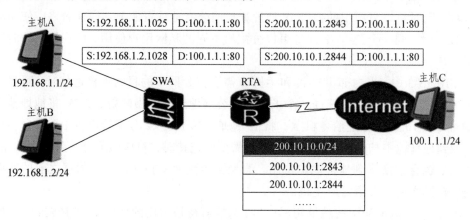

图 13-4　NAPT

13.2.4　Easy IP

Easy IP 技术是 NAPT 的一种简化情况，它允许将多个内部地址映射到网关出接口地址上的不同端口。

Easy IP 适用于小规模局域网中的主机访问 Internet 的场景。小规模局域网通常部署在小型的网吧或者办公室中，这些地方内部主机不多，出接口可以通过拨号方式获取一个临时公网 IP 地址。Easy IP 可以实现内部主机使用这个临时公网 IP 地址访问 Internet。

图 13-5 说明了 Easy IP 的实现过程。RTA 收到一个主机 A 访问公网的请求报文，报文的源 IP 地址是 192.168.1.1，源端口号是 1025。RTA 会建立 Easy IP 表项，这些表项指定了源 IP 地址和端口号与出接口的公网 IP 地址和端口号的映射关系。之后根据匹配的 Easy IP 表项，将报文的源 IP 地址和端口号转换成出接口的 IP 地址和端口号，并转发报文到公网。报文的源 IP 地址转换成 200.10.10.10/24，相应的端口号是 2843。主机 B 同理。

路由器收到回复报文后，会根据报文的目的 IP 地址和端口号，查询 Easy IP 表项。路由器根据匹配的 Easy IP 表项，将报文的目的 IP 地址和端口号转换成私网主机的 IP 地址和端口号，并转发报文到主机。

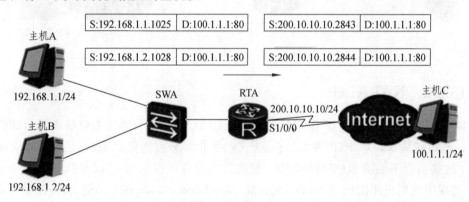

图 13-5　Easy IP

13.3　NAT 服务器

13.3.1　NAT 服务器

NAT 在使用内网用户访问公网的同时，也屏蔽了公网用户访问私网主机的需求。当一个私网需要向公网用户提供 Web 和 FTP 服务时，私网中的服务器必须随时可供公网用户访问。

NAT 服务器可以实现这个需求，通过配置 NAT 服务器，可以使外网用户访问内网服务器。但是需要配置服务器私网 IP 地址和端口号转换为公网 IP 地址和端口号并发布出去。路由器在收到一个公网主机的请求报文后，根据报文的目的 IP 地址和端口号查询地址转换表项。路由器根据匹配的地址转换表项，将报文的目的 IP 地址和端口号转换成私网 IP 地址和端口号，并转发报文到私网中的服务器。

在图 13-6 中，主机 C 需要访问私网服务器，发送报文的目的 IP 地址是 200.10.10.1，目的端口号是 80。RTA 收到此报文后会查找地址转换表项，并将目的 IP 地址转换成 192.168.1.100，目的端口号保持不变。服务器收到报文后会进行响应，RTA 收到私网服务器发来的响应报文后，根据报文的源 IP 地址 192.168.1.100 和端口号 80 查询地址转换表项。然后，路由器根据匹配的地址转换表项，将报文的源 IP 地址和端口号转换成公网 IP 地址 200.10.10.1 和端口号 80，并转发报文到目的公网主机。

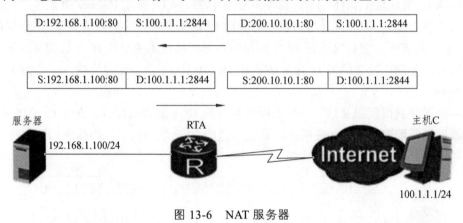

图 13-6　NAT 服务器

13.3.2　NAT ALG

NAT 和 NAPT 只能对 IP 报文的头部地址和 TCP/UDP 头部的端口信息进行转换。对于一些特殊协议（如 FTP 等），它们报文的数据部分可能包含 IP 地址信息或者端口信息，这些内容不能被 NAT 有效转换。解决这些特殊协议的 NAT 转换问题的方法是在 NAT 实现中使用应用层网关 ALG（Application Level Gateway）功能。ALG 是对特定的应用层协议进行转换，在对这些特定的应用层协议进行 NAT 转换过程中，通过 NAT 的状态信息来改变封装在 IP 报文数据部分中的特定数据，最终使应用层协议可以跨越不同范围运行。

例如，一个使用内部 IP 地址的 FTP 服务器可能在和外部网络主机建立会话的过程中需要将自己的 IP 地址发送给对方。而这个地址信息是放到 IP 报文的数据部分，NAT 无法对它进行转换。当外部网络主机接收了这个私有地址并使用它，这时 FTP 服务器将表现为不可达。

目前支持 ALG 功能的协议包括 DNS、FTP、SIP、PPTP 和 RTSP 等。

13.4　NAT 配置实例

13.4.1　静态 NAT 配置

命令 nat static global { global-address} inside {host-address }用于创建静态 NAT。global 参数用于配置外部公网地址，inside 参数用于配置内部私有地址。

命令 display nat static 用于查看静态 NAT 的配置。Global IP/Port 表示公网地址和服务端口号，Inside IP/Port 表示私有地址和服务端口号。

1. 目　的

配置静态 NAT，实现私网可以访问公网的目标。

本例中，通过静态 NAT 将 PC1 的 IP 地址 192.168.1.1 与公网地址 200.1.1.10 绑定起来，将 PC2 的 IP 地址 192.168.2.1 与公网地址 200.1.2.10 绑定起来。

2. 实验拓扑

静态 NAT 配置拓扑结构如图 13-7 所示。

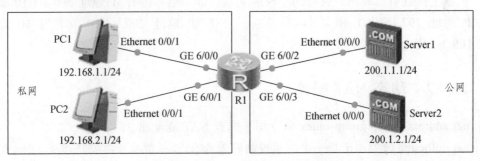

图 13-7　静态 NAT 配置拓扑结构

3. 配置步骤

（1）路由器基础配置。

```
[R1]interface g6/0/0
[R1-GigabitEthernet6/0/0]ip address 192.168.1.254 24
[R1-GigabitEthernet6/0/0]interface g6/0/1
[R1-GigabitEthernet6/0/1]ip address 192.168.2.254 24
[R1-GigabitEthernet6/0/2]interface g6/0/2
[R1-GigabitEthernet6/0/2]ip address 200.1.1.254 24
[R1-GigabitEthernet6/0/2]interface g6/0/3
[R1-GigabitEthernet6/0/3]ip address 200.1.2.254 24
```

（2）配置静态 NAT。

```
[R1]interface g6/0/2
[R1-GigabitEthernet6/0/2]nat static global 200.1.1.10 inside 192.168.1.1
[R1]interface g6/0/3
[R1-GigabitEthernet6/0/3]nat static global 200.1.2.10 inside 192.168.2.1
```
（3）查看结果。

```
[R1]display nat static
   Static Nat Information:
   Interface : GigabitEthernet6/0/2
      Global IP/Port     : 200.1.1.10/----
      Inside IP/Port     : 192.168.1.1/----
      ……
   Interface : GigabitEthernet6/0/3
      Global IP/Port     : 200.1.2.10/----
      Inside IP/Port     : 192.168.2.1/----
      ……
   Total:      2
```

从以上信息可以看出，共有两个映射关系，分别是：公有 IP 地址 200.1.1.10 和私有 IP 地址 192.168.1.1 建立了映射关系；公有 IP 地址 200.1.2.10 和私有 IP 地址 192.168.2.1 建立了映射关系。

13.4.2 动态 NAT 配置

nat address-group group-index 命令用来配置 NAT 地址池。

nat outbound 命令用来将一个访问控制列表 ACL 和一个地址池关联起来，表示 ACL 中规定的地址可以使用地址池进行地址转换。

no-pat 表示只转换数据报文的地址而不转换端口信息。

display nat address-group group-index 命令用来查看 NAT 地址池配置信息。

display nat outbound 命令用来查看动态 NAT 配置信息。

1. 目　的

配置动态 NAT，实现私网可以访问公网的目标。

本例中，通过动态 NAT 将一个私网网段 192.168.1.0/24 与一组公网地址 200.10.10.3-200.10.10.100 绑定起来。

2. 实验拓扑结构

动态 NAT 配置拓扑结构如图 13-8 所示。

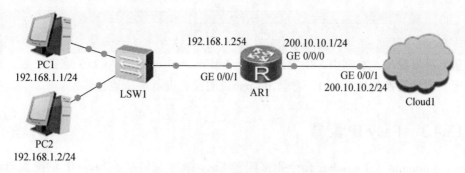

PC1
192.168.1.1/24

LSW1

192.168.1.254

GE 0/0/1

AR1

200.10.10.1/24
GE 0/0/0

GE 0/0/1
200.10.10.2/24

Cloud1

PC2
192.168.1.2/24

图 13-8　动态 NAT 配置拓扑结构

3. 配置步骤

（1）路由器 AR1 配置。

```
[AR1]nat address-group 1 200.10.10.3 200.10.10.100
                    //配置 NAT 地址池 1：200.10.10.3--- 200.10.10.100
[AR1]acl 2000
[AR1-acl-basic-2000]rule 5 permit source 192.168.1.0 0.0.0.255
[AR1-acl-basic-2000]quit
[AR1]interface g0/0/0
[AR1-GigabitEthernet0/0/0]nat outbound 2000 address-group 1 no-pat
```

（2）查看配置结果。

```
[AR1]display nat address-group 1
  NAT Address-Group Information：
  ------------------------------------------
  Index      Start-address      End-address
  ------------------------------------------
  1          200.10.10.3        200.10.10.100
  ------------------------------------------
  Total: 1
```

　　从上可以看出，本例中使用 **nat outbound** 命令将 ACL 2000 与待转换的 192.168.1.0/24 网段的流量关联起来，并使用地址池 1（**address-group 1**）中的地址进行地址转换。

```
[AR1]display nat outbound
  NAT Outbound Information：
  ------------------------------------------------------------------
  Interface                Acl      Address-group/IP/Interface    Type
  ------------------------------------------------------------------
  GigabitEthernet0/0/0     2000              1                    no-pat
```

Total：1

从上可以看出，本例中，指定接口 GigabitEthernet0/0/0 与 ACL 关联在一起，并定义了用于地址转换的地址池 1。参数 no-pat 说明没有进行端口地址转换。

13.4.3 Easy IP 配置

nat outbound acl-number 命令用来配置 Easy-IP 地址转换。Easy IP 的配置与动态 NAT 的配置类似，需要定义 ACL 和 nat outbound 命令，主要区别是 Easy IP 不需要配置地址池，所以 nat outbound 命令中不需要配置参数 address-group。

1．目　标

通过 Easy IP 的配置实现私网访问公网的目的。

2．拓扑结构

Easy IP 实验拓扑结构如图 13-9 所示。

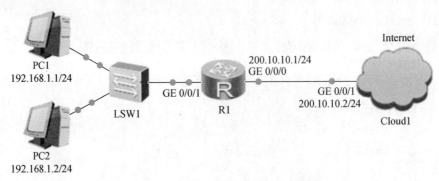

图 13-9　Easy IP 实验拓扑结构

3．实验步骤

（1）路由器配置。

```
[R1]acl 2000
[R1-acl-basic-2000]rule 5 permit source 192.168.1.0 0.0.0.255
[R1-acl-basic-2000]quit
[R1]interface g0/0/0
[R1-GigabitEthernet0/0/0] ip address 200.10.10.1 24
[R1-GigabitEthernet0/0/0] nat outbound 2000
```

在本例中，命令 nat outbound 2000 表示对 ACL 2000 定义的地址段进行地址转换，并且直接使用 GE0/0/0 接口的 IP 地址作为 NAT 转换后的地址。

（2）查看配置结果。

```
[R1]display nat outbound
  NAT Outbound Information:
  --------------------------------------------------------------------------------
  Interface                    Acl         Address-group/IP/Interface      Type
  --------------------------------------------------------------------------------
  GigabitEthernet0/0/0        2000                 200.10.10.1            easy ip
  --------------------------------------------------------------------------------
     Total: 1
```

命令 display nat outbound 用于查看命令 nat outbound 的配置结果。

Address-group/IP/Interface 表项表明接口和 ACL 已经关联成功，Type 表项表明 Easy IP 已经配置成功。

13.4.4　NAT 服务器配置

命令 **nat server** [**protocol** {protocol-number | icmp | tcp | udp} **global** { global-address | current-interface global-port} **inside** {host-address host-port } **vpn-instance** vpn-instance-name **acl** acl-number **description** description]用来定义一个内部服务器的映射表，外部用户可以通过公网地址和端口来访问内部服务器。参数 protocol 指定一个需要地址转换的协议；参数 global-address 指定需要转换的公网地址；参数 inside 指定内网服务器的地址。

命令 **display nat server** 用于查看详细的 NAT 服务器配置结果。可以通过此命令验证地址转换的接口、全局和内部 IP 地址以及关联的端口号。

1. 目　的

通过 NAT 服务器的配置，实现外部用户可以通过公网地址和端口来访问内部服务器。

2. 实验拓扑结构

NAT 服务器配置拓扑结构如图 13-10 所示。

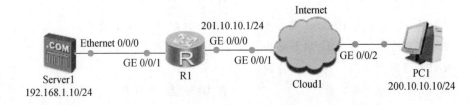

图 13-10　NAT 服务器配置拓扑结构

3. 配置步骤

（1）路由器配置。

```
[R1]interface g0/0/0
[R1-GigabitEthernet0/0/0]ip address 201.10.10.1 24
[R1-GigabitEthernet0/0/0]nat server protocol tcp global 201.10.10.10 www inside
192.168.1.1 8080
```

（2）查看配置结果。

```
[R1]display nat server
    Nat Server Information：
    Interface: GigabitEthernet0/0/0
        Global IP/Port    :201.10.10.10/80(www)
        Inside IP/Port    :192.168.1.1/8080
        Protocol: 6(tcp)
        VPN instance-name :----
        Acl number        :----
        Description: ----
    Total:    1
```

在本示例中，全局地址 201.10.10.10 和关联的端口号 80（www）分别被转换成内部服务器地址 192.168.1.1 和端口号 8080。

思考题

1. 在 NAT 配置中，inside 是指（　　　）的接口。

    A. 连接防火墙　　　　　　　　　　B. 连接 LAN

    C. 连接 WAN　　　　　　　　　　　D. 连接交换机

2. 在（　　　）地址转换中，一个公共地址可以动态地对应多个内部本地址。

    A. 静态 NAT　　　　　　　　　　　B. 静态 NAPT

    C. 动态 NAT　　　　　　　　　　　D. 动态 NAPT

3. 在动态 NAT 配置中，Access-list 语句作用是（　　　）。

    A. 过滤路由　　　　　　　　　　　B. 过滤用户数据

    C. 定义 NAT 敏感数据　　　　　　　D. 用户权限

4. 让一台 IP 地址是 10.0.0.1 的主机访问 Internet 的必要技术是（　　　）。

    A. 静态路由　　　B. 动态路由　　　C. 路由引入　　　　D. NAT

5. NAPT 可以对（　　　）进行转换。

    A. MAC 地址+端口号　　　　　　　B. IP 地址+端口号

    C. 只有 MAC 地址　　　　　　　　D. 只有 IP 地址

6. 一个公司网络中有 50 个私有 IP 地址，管理员使用 NAT 技术接入公网，且该公司仅有一个公网地址可用，符合要求的 NAT 转换方式是（　　）。

    A. 静态转换   B. 动态转换

    C. Easy-IP   D. NAPT

7. 简述静态 NAT 与动态 NAT 的区别。

8. 简述动态 NATP 的工作过程。

9. 简述配置动态 NATP 的命令及步骤。

第 14 章

WAN

14.1 HDLC 协议

广域网中经常会使用串行链路来提供远距离的数据传输，高级数据链路控制（High-Level Data Link Control，HDLC）协议和点对点协议（Point to Point Protocol，PPP）是两种典型的串口封装协议。

串行链路中定义了两种数据传输方式，有异步和同步两种，如图 14-1 和图 14-2 所示。

异步传输是以字节为单位来传输数据，并且需要采用额外的起始位和停止位来标记每个字节的开始和结束。起始位为二进制值 0，停止位为二进制值 1。在这种传输方式下，开始和停止位占据发送数据相当大的比例，每个字节的发送都需要额外的开销。

同步传输是以帧为单位来传输数据，在通信时需要使用时钟来同步本端和对端的设备通信。DCE 即数据通信设备，它提供了一个用于同步 DCE 设备和 DTE 设备之间数据传输的时钟信号。DTE 即数据终端设备，它通常使用 DCE 产生的时钟信号。

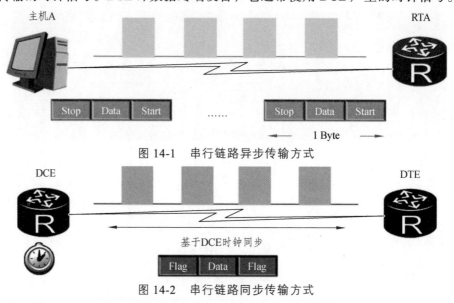

图 14-1　串行链路异步传输方式

图 14-2　串行链路同步传输方式

14.1.1　HDLC 协议应用

高级数据链路控制协议，是一种面向比特的链路层协议，如图 14-3 所示，HDLC 传送的信息单位为帧。作为面向比特的同步数据控制协议的典型，HDLC 具有以下特点：

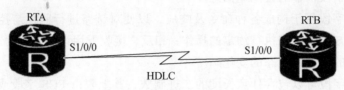

图 14-3　HDLC 协议应用

（1）协议不依赖于任何一种字符编码集；

（2）数据报文可透明传输，用于透明传输的"0 比特插入法"易于硬件实现；

（3）全双工通信，不必等待确认可连续发送数据，有较高的数据链路传输效率；

（4）所有帧均采用 CRC 校验，并对信息帧进行编号，可防止漏收或重收，传输可靠性高；

（5）传输控制功能与处理功能分离，具有较大的灵活性和较完善的控制功能。

14.1.2　HDLC 帧结构

HDLC 定义了三种类型的帧：信息帧、监控帧和无编号帧。HDLC 帧结构如图 14-4 所示。

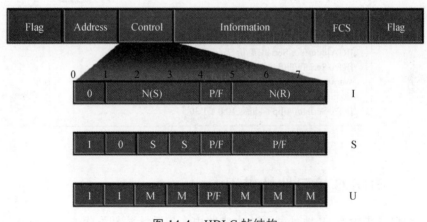

图 14-4　HDLC 帧结构

（1）信息帧（I 帧）：用于传送有效信息或数据，通常简称为 I 帧。

（2）监控帧（S 帧）：通常称为 S 帧，用于差错控制和流量控制。S 帧的标志是控制字段的前两个比特位为"10"。S 帧不带信息字段，只有 6 字节即 48 比特。

（3）无编号帧（U 帧）：简称 U 帧，U 帧用于提供对链路的建立、拆除及多种控制功能。

完整的 HDLC 帧由标志字段（F）、地址字段（A）、控制字段（C）、信息字段（I）、校验序列字段（FCS）等组成。

（1）标志字段为 01111110，用以标志帧的开始与结束，也可以作为帧与帧之间的填充字符。

（2）地址字段携带的是地址信息。

（3）控制字段用于构成各种命令及响应，以便对链路进行监视与控制。发送方利用控制字段通知接收方来执行约定的操作；相反，接收方用该字段作为对命令的响应，报告已经完成的操作或状态的变化。

（4）信息字段可以包含任意长度的二进制数，其上限由 FCS 字段或通信节点的缓存容量来决定，目前用得较多的是 1 000～2 000 比特，而下限可以是 0，即无信息字段。监控帧中不能有信息字段。

（5）帧检验序列字段可以使用 16 位 CRC 对两个标志字段之间的内容进行校验。

14.1.3　HDLC 基本配置

用户只需要在串行接口视图下运行 link-protocol hdlc 命令就可以使能接口的 HDLC 协议。华为设备上的串行接口默认运行 PPP。用户必须在串行链路两端的端口上配置相同的链路协议，双方才能通信，如图 14-5 所示。

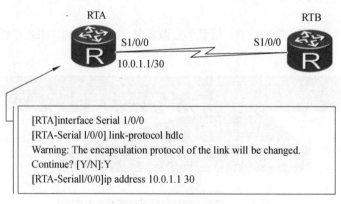

图 14-5　HDLC 基本配置

14.1.4　HDLC 接口地址借用

一个接口如果没有 IP 地址就无法生成路由，也就无法转发报文。串行接口可以借用 Loopback 接口的 IP 地址和对端建立连接。地址借用是指允许一个没有 IP 地址的接口从其他接口借用 IP 地址。这样可以避免一个接口独占 IP 地址，节省 IP 地址资源。一般建议借用 Loopback 接口的 IP 地址，因为这类接口总是处于活跃（Active）状态，因而能提供稳定可用的 IP 地址。在图 14-6 中，在 RTA 的 S1/0/0 接口使用配置命令 **ip address unnumbered interface**，配置完接口地址借用之后，还需要在 RTA 上配置静态路由，以使 RTA 能够转发数据到 10.1.1.0/24 网络。

```
[RTA]interface Serial 1/0/0
[RTA-Serial1/0/0]link-protocol hdlc
Warning: The encapsulation protocol of the link will be changed.
Continue?  [Y/N]:Y
[RTA-Serial1/0/0]ip address unnumbered interface lookBack 0
[RTA]ip route-static 10.1.1.0 24 Serial 1/0/0
```

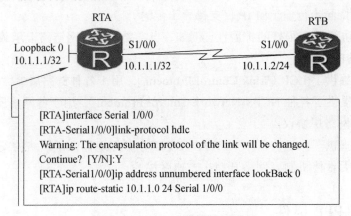

图 14-6　HDLC 接口地址借用

执行 **display ip interface brief** 命令可以查看路由器接口简要信息。如果有 IP 地址被借用，该 IP 地址会显示在多个接口上，说明已经成功借用 Loopback 接口的 IP 地址，如图 14-7 所示。

```
[RTA]display ip interface brief
*down:administratively down ^down: standby (1): loopback
(s):spoofing
……
Interface          IP Address/Mask     Physical        Protocol
LoopBack0          10.1.1.1/32          up              up(s)
Seriall/0/0        10.1.1.1/32          up              up
Seriall/0/1        unassigned           up              down
```

图 14-7　配置验证

14.2　PPP

14.2.1　PPP 概述

PPP 是一种点到点链路层协议，主要用于在全双工的同异步链路上进行点到点的数据传输，如图 14-8 所示。PPP 协议有以下优点：

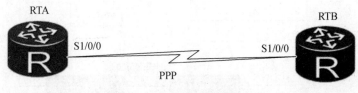

图 14-8　PPP 的应用

（1）PPP 既支持同步传输又支持异步传输，而 X.25、FR（Frame Relay）等数据链路层协议仅支持同步传输，SLIP 仅支持异步传输。

（2）PPP 协议具有很好的扩展性，例如，当需要在以太网链路上承载 PPP 时，PPP 可以扩展为 PPPoE。

（3）PPP 提供了 LCP（Link Control Protocol），用于各种链路层参数的协商。

（4）PPP 提供了各种 NCP（Network Control Protocol），用于各网络层参数的协商，更好地支持了网络层协议。

（5）PPP 提供了认证协议——CHAP 和 PAP，更好地保证了网络的安全性。

（6）PPP 无重传机制，网络开销小，速度快。

14.2.2　PPP 组件

PPP 包含两个组件：链路控制协议（LCP）和网络层控制协议（NCP）。

为了能适应多种多样的链路类型，PPP 定义了链路控制协议（LCP）。LCP 可以自动检测链路环境，如是否存在环路；协商链路参数，如最大数据包长度、使用何种认证协议等。与其他数据链路层协议相比，PPP 的一个重要特点是可以提供认证功能，链路两端可以协商使用何种认证协议来实施认证过程，只有认证成功之后才会建立连接。PPP 定义了一组网络层控制协议（NCP），每一个 NCP 对应了一种网络层协议，用于协商网络层地址等参数，例如 IPCP 用于协商控制 IP 协议，IPXCP 用于协商控制 IPX 协议等，见表 14-1。

表 14-1　PPP 组件

名称	作用
链路控制协议 Link Control Protocol	用来建立、拆除和监控 PPP 数据链路
网络层控制协议 Network Control Protocol	用于对不同的网络层协议进行连接建立和参数协商

14.2.3　PPP 链路建立过程

PPP 链路建立过程如图 14-9 所示。

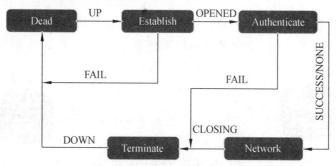

图 14-9　PPP 链路建立过程

（1）Dead 阶段，也称为物理层不可用阶段。当通信双方两端检测到物理线路被激活时，就会从 Dead 阶段迁移至 Establish 阶段，即链路建立阶段。

（2）在 Establish 阶段，PPP 链路进行 LCP 参数协商。协商内容包括最大接收单元 MRU、认证方式等选项。LCP 参数协商成功后会进入 Opened 状态，表示底层链路已经建立。

（3）多数情况下链路两端的设备是需要经过认证阶段（Authenticate）后才能够进入网络层协议阶段。PPP 链路在缺省情况下是不要求进行认证的。如果要求认证，则在链路建立阶段必须指定认证协议。认证方式是在链路建立阶段双方进行协商的。如果在这个阶段再次收到了 Configure-Request 报文，则又会返回到链路建立阶段。

（4）在 Network 阶段，PPP 链路进行 NCP 协商。通过 NCP 协商来选择和配置一个网络层协议并进行网络层参数协商。只有相应的网络层协议协商成功后，该网络层协议才可以通过这条 PPP 链路发送报文。如果在这个阶段收到了 Configure-Request 报文，也会返回到链路建立阶段。

（5）NCP 协商成功后，PPP 链路将保持通信状态。PPP 运行过程中，可以随时中断连接，如物理链路断开、认证失败、超时定时器时间、管理员通过配置关闭连接等动作都可能导致链路进入 Terminate 阶段。

（6）在 Terminate 阶段，如果所有的资源都被释放，通信双方将回到 Dead 阶段，直到通信双方重新建立 PPP 连接。

14.2.4 PPP 帧格式

PPP 采用了与 HDLC 协议类似的帧格式，如图 14-10 所示。

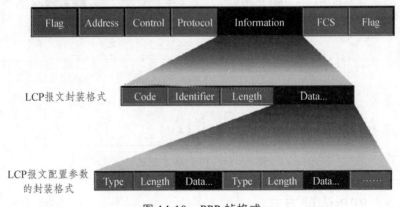

图 14-10 PPP 帧格式

（1）Flag 域标识一个物理帧的起始和结束，该字节为二进制序列 01111110（0X7E）。

（2）PPP 帧的地址域跟 HDLC 帧的地址域有差异，PPP 帧的地址域字节固定为 11111111（0XFF），是一个广播地址。

（3）PPP 数据帧的控制域默认为 00000011（0X03），表明为无序号帧。

（4）帧校验序列（FCS）是一个 16 位的校验和，用于检查 PPP 帧的完整性。

（5）协议字段用来说明 PPP 所封装的协议报文类型，典型的字段值有：0XC021 代表 LCP 报文，0XC023 代表 PAP 报文，0XC223 代表 CHAP 报文。

（6）信息字段包含协议字段中指定协议的数据包。数据字段的默认最大长度（不包括协议字段）称为最大接收单元 MRU（Maximum Receive Unit），MRU 的缺省值为 1 500 字节。如果协议字段被设为 0XC021，则说明通信双方正通过 LCP 报文进行 PPP 链路的协商和建立。

（7）Code 字段，主要是用来标识 LCP 数据报文的类型。典型的报文类型有：配置信息报文（Configure Packets：0x01）、配置成功信息报文（Configure-Ack：0X02）、终止请求报文（Terminate-Request：0X05）。

（8）Identifier 域为 1 字节，用来匹配请求和响应。

（9）Length 域的值就是该 LCP 报文的总字节数据。

（10）数据字段则承载各种 TLV（Type/Length/Value）参数用于协商配置选项，包括最大接收单元、认证协议等。

14.2.5　PPP 基本配置

建立 PPP 链路之前，必须先在串行接口上配置链路层协议。华为 ARG3 系列路由器默认在串行接口上使能 PPP。如果接口运行的不是 PPP，需要运行 link-protocol ppp 命令来使能数据链路层的 PPP，如图 14-11 所示。

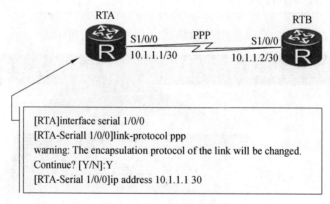

图 14-11　PPP 基本配置

14.2.6　PPP 认证方式

PPP 支持的认证方式有两种：PAP 和 CHAP。

1. PAP 认证方式

PAP 认证的工作原理较为简单，如图 14-12 所示。PAP 认证协议为两次握手认证协议，密码以明文方式在链路上发送。LCP 协商完成后，认证方要求被认证方使用 PAP 进行认证。被认证方将配置的用户名和密码信息使用 Authenticate-Request 报文以明文方式发送给认证方。认证方收到被认证方发送的用户名和密码信息之后，根据本地配置的用户名和密码数据库检查用户名和密码信息是否匹配，如果匹配，则返回 Authenticate-Ack 报文，表示认证成功。否则，返回 Authenticate-Nak 报文，表示认证失败。

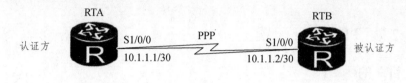

图 14-12　PPP 认证模式 PAP

2. CHAP 认证方式

CHAP 认证过程需要三次报文的交互，如图 14-13 所示。为了匹配请求报文和回应报文，报文中含有 Identifier 字段，一次认证过程所使用的报文均使用相同的 Identifier 信息。

LCP 协商完成后，认证方发送一个 Challenge 报文给被认证方，报文中含有 Identifier 信息和一个随机产生的 Challenge 字符串，此 Identifier 即为后续报文所使用的 Identifier。

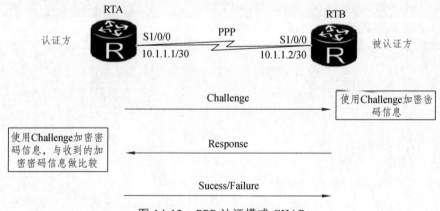

图 14-13　PPP 认证模式 CHAP

被认证方收到此 Challenge 报文之后，进行一次加密运算，运算公式为 MD5 {Identifier+密码+Challenge}，意思是将 Identifier、密码和 Challenge 三部分连成一个字符串，然后对此字符串做 MD5 运算，得到一个 16 字节长的摘要信息，然后将此摘要信息和端口上配置的 CHAP 用户名一起封装在 Response 报文中发回认证方。

认证方接收到被认证方发送的 Response 报文之后，按照其中的用户名在本地查找相应的密码信息，得到密码信息之后，进行一次加密运算，运算方式和被认证方的加密运算方式相同，然后将加密运算得到的摘要信息和 Response 报文中封装的摘要信息做比较，如果相同则认证成功，不相同则认证失败。使用 CHAP 认证方式时，被认证方的密码是被加密后才进行传输的，这样就极大地提高了安全性。

14.2.7 PPP 认证配置

1. 目　的

掌握配置 PPP PAP 认证的方法。

2. 实验拓扑结构

PAP 认证配置拓扑结构如图 14-14 所示。

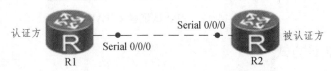

图 14-14　PAP 认证配置拓扑结构

3. 配置步骤

（1）接口 IP 配置。

```
[R1-Serial0/0/0]ip address 10.1.1.1 24
[R2-Serial0/0/0]ip address 10.1.1.2 24
```

（2）PAP 认证配置。

```
[R1-Serial0/0/0]link-protocol ppp
                //配置链路层协议为 PPP（串行接口默认为 PPP，可不配）
[R1-Serial0/0/0]ppp authentication-mode pap        //配置认证方式为 PAP
[R1-Serial0/0/0]q
[R1]aaa                                            //进入 AAA 视图
[R1-aaa]authentication-scheme huawei123            //创建认证方案 huawei123
[R1-aaa-authen-huawei123]authentication-mode local
                //配置认证模式为本地认证
[R1-aaa-authen-huawei123]q
[R1-aaa]domain huawei                              //创建域 huawei
[R1-aaa-domain-huawei]authentication-scheme huawei123
                //配置域的认证方案为 huawei123（必须和创建的认证方案一致）
[R1-aaa-domain-huawei]q
```

[R1-aaa]local-user R1 password cipher 123

          //配置对端（被认证方）使用的用户名为 R1，密码为 123

[R1-aaa]local-user R1 service-type ppp

配置完成后先关闭相连接口一段时间后再打开，使 R1 与 R2 之间的链路重新协商。

[R1-Serial0/0/0]shutdown

[R1-Serial0/0/0]undo shutdown

4. 查看结果

检查链路连通性：

[R1]ping 10.1.1.2

   PING 10.1.1.2：56   data bytes，press CTRL_C to break

    Request time out

    Request time out

    Request time out

    Request time out

    Request time out

[R1]display ip interface brief

Interface	IP Address/Mask	Physical	Protocol
NULL0	unassigned	up	up（s）
Serial0/0/0	**10.1.1.1/24**	**up**	**down**
Serial0/0/1	unassigned	down	down

可以观察到链路不通，R1 与 R2 之间无法正常通信，链路物理状态正常，但是链路层协议状态不正常。这是因为此时 PPP 链路上的 PAP 认证未通过，现在仅配置了认证方 R1，还需要配置被认证方 R2 的相关参数。

[R2]interface s0/0/0

[R2-Serial0/0/0]ppp pap local-user R1 password cipher 123

          //配置本端被对端以 PAP 方式验证时本地发送的用户名和密码

配置完成后 R1 与 R2 之间正常通信，链路物理状态正常，链路层协议状态正常，请同学们自己验证，并思考 PPP CHAP 的配置方法。

14.3   帧中继

14.3.1   帧中继网络概述

帧中继 FR（Frame Relay）协议工作在 OSI 参考模型的数据链路层，是一种主要应用在运营商网络中的广域网技术。当企业网络需要使用帧中继技术与运营商网络相连时，如图 14-15 所示，企业的总部和分支机构可以通过运营商的帧中继网络相连。

图 14-15　帧中继应用场景

帧中继协议是一种简化了 X.25 的广域网协议，它在控制层面上提供了虚电路的管理、带宽管理和防止阻塞等功能。与传统的电路交换相比，它可以对物理电路实行统计时分复用，即在一个物理连接上可以复用多个逻辑连接，实现了带宽的复用和动态分配，有利于多用户、多速率的数据传输，充分利用了网络资源。新的技术诸如 MPLS 等的大量涌现，使得帧中继网络的部署逐渐减少。

帧中继网络提供了用户设备（如路由器和主机等）之间进行数据通信的能力。用户设备被称作数据终端设备 DTE。为用户设备提供接入的设备，属于网络设备，被称为数据电路终结设备 DCE，如图 14-16 所示。

图 14-16　DTE 和 DCE

帧中继是一种面向连接的技术，在通信之前必须先建立连接，DTE 之间建立的连接称为虚电路。帧中继虚电路有两种类型：PVC 和 SVC。

（1）永久虚电路（PVC）：是指给用户提供的固定的虚电路，该虚电路一旦建立，则永久生效，除非管理员手动删除。PVC 一般用于两端之间频繁的、流量稳定的数据传输。目前在帧中继中使用最多的方式是永久虚电路方式。

（2）交换虚电路（SVC）：是指通过协议自动分配的虚电路。在通信结束后，该虚电路会被自动取消。一般突发性的数据传输多用 SVC。

帧中继协议能够在单一物理传输线路上提供多条虚电路，帧中继网络采用虚电路来连接网络两端的帧中继设备。每条虚电路采用数据链路连接标识符 DLCI（Data Link Connection Identifier）来进行标识，如图 14-17 所示。DLCI 只在本地接口和与之直接相连的对端接口有效，不具有全局有效性，即在帧中继网络中，不同的物理接口上相同的 DLCI 并不表示是同一个虚电路。用户可用的 DLCI 的取值范围是 16 ~ 1 022，其中 1 007 ~ 1 022 是保留 DLCI。

图 14-17　虚电路和 DLCI

PVC 方式下，不管是网络设备还是用户设备都需要知道 PVC 的当前状态。监控 PVC 状态的协议叫本地管理接口（Local Management Interface，LMI）。LMI 协议通过状态查询报文和状态应答报文维护帧中继的链路状态和 PVC 状态。LMI 用于管理 PVC，包括 PVC 的增加、删除，PVC 链路完整性检测，PVC 的状态等。LMI 协商过程如下：

（1）DTE 端定时发送状态查询消息（Status Enquiry）。

（2）DCE 端收到查询消息后，用状态消息（Status）应答状态查询消息。

（3）DTE 解析收到的应答消息，以了解链路状态和 PVC 状态。

（4）当两端设备 LMI 协商报文收发正确的情况下，PVC 状态将变为 Active 状态。

逆向地址解析协议 InARP（Inverse ARP）的主要功能是获取每条虚电路连接的对端设备的 IP 地址。如果知道了某条虚电路连接的对端设备的 IP 地址，在本地就可以生成对端 IP 地址与本地 DLCI 的映射，从而避免手工配置地址映射。当帧中继 LMI 协商通过，PVC 状态变为 Active 后，就会开始 InARP 协商过程。InARP 协商过程如图 14-18 所示。

图 14-18　InARP 协商过程

（1）如果本地接口上已配置了 IP 地址，那么设备就会在该虚电路上发送 Inverse ARP 请求报文给对端设备。该请求报文包含有本地的 IP 地址。

（2）对端设备收到该请求后，可以获得本端设备的 IP 地址，从而生成地址映射，并发送 Inverse ARP 响应报文进行响应。

（3）本端收到 Inverse ARP 响应报文后，解析报文中的对端 IP 地址，也生成地址映射。在图 14-19 中，RTA 会生成地址映射（10.1.1.2↔100），RTB 会生成地址映射（10.1.1.1↔200）。经过 LMI 和 InARP 协商后，帧中继接口的协议状态将变为 Up 状态，并且生成了对端 IP 地址的映射，这样 PVC 上就可以承载 IP 报文了。

14.3.2 帧中继和水平分割

为了减少路由环路的产生，路由协议的水平分割机制不允许路由器把从一个接口接收到的路由更新信息再从该接口发送出去。水平分割机制虽然可以减少路由环路的产生，但有时也会影响网络的正常通信。例如，在图 14-19 中，RTB 想通过 RTA 转发路由信息给 RTC，但由于开启了水平分割，RTA 无法通过 S1/0/0 接口向 RTC 转发 RTB 的路由信息。

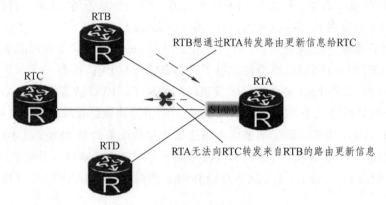

图 14-19　帧中继和水平分割

在一个物理接口上配置多个子接口，每个子接口使用一条虚电路连接到对端的路由器，这样就可以解决水平分割带来的问题。一个物理接口可以包含多个逻辑子接口，每一个子接口使用一个或多个 DLCI 连接到对端的路由器。图 14-20 中，RTA 通过子接口 S1/0/0.1 接收到来自 RTB 的路由信息，然后将此信息通过子接口 S1/0/0.2 转发给 RTC。帧中继的子接口分为两种类型。

（1）点到点子接口：用于连接单个远端设备。一个子接口只配一条 PVC，不用配置静态地址映射就可以唯一地确定对端设备。

（2）点到多点子接口：用于连接多个远端设备。一个子接口上配置多条 PVC，每条 PVC 都和它相连的远端协议地址建立地址映射，这样不同的 PVC 就可以到达不同的远端设备。

14.3.3 帧中继配置

1. 目 的

掌握帧中继交换机的配置，掌握静态映射和动态映射的配置。

2. 实验拓扑结构

帧中继配置拓扑结构如图 14-20 所示。

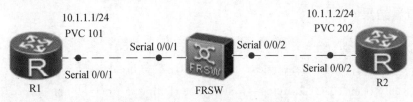

图 14-20 帧中继配置拓扑结构

3. 配置步骤

（1）接口 IP 配置。

```
[R1-Serial0/0/1]ip address 10.1.1.1 24
[R2-Serial0/0/2]ip address 10.1.1.2 24
```

（2）帧中继交换机 PVC 配置如图 14-21 所示。

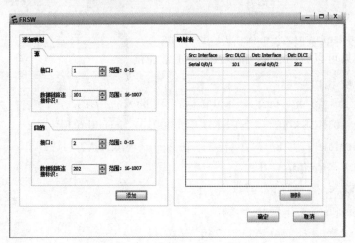

图 14-21 创建 R1 和 R2 间 PVC

（3）配置动态帧中继协议。

```
[R1]interface s0/0/1
[R1-Serial0/0/1]link-protocol fr
Warning: The encapsulation protocol of the link will be changed.
Continue? [Y/N]: y
```

[R1-Serial0/0/1]**fr inarp**

[R2]interface s0/0/2

[R2-Serial0/0/2]**link-protocol fr**

Warning: The encapsulation protocol of the link will be changed.

Continue? [Y/N]: y

[R2-Serial0/0/2]**fr inarp**

帧中继接口的逆向地址解析功能默认是开启的，所以 fr map ip 命令可以不配置。

4. 查看结果

[R1]ping 10.1.1.2

    PING 10.1.1.2: 56   data bytes，press CTRL_C to break

        Reply from 10.1.1.2: bytes=56 Sequence=1 ttl=255 time=50 ms

        Reply from 10.1.1.2: bytes=56 Sequence=2 ttl=255 time=30 ms

        Reply from 10.1.1.2: bytes=56 Sequence=3 ttl=255 time=50 ms

        Reply from 10.1.1.2: bytes=56 Sequence=4 ttl=255 time=30 ms

        Reply from 10.1.1.2: bytes=56 Sequence=5 ttl=255 time=20 ms

    --- 10.1.1.2 ping statistics ---

    5 packet(s) transmitted

    5 packet(s) received

    0.00% packet loss

    round-trip min/avg/max = 20/36/50 ms

从观察结果可以看出，R1 和 R2 已经正常通信。

[R1]**display fr pvc-info**

PVC statistics for interface Serial0/0/1 (DTE, physical UP)

    DLCI = 101, USAGE = **UNUSED** (00000000), Serial0/0/1

        create time = 2018/01/23 15: 31: 46, status = ACTIVE

        InARP = **Enable**

        in BECN = 0, in FECN = 0

        in packets = 8, in bytes = 240

        out packets = 8, out bytes = 240

display fr pvc-info 命令可以用来查看帧中继虚电路的配置情况和统计信息。在显示信息中，DLCI 表示虚电路的标识符；USAGE 表示此虚电路的来源；LOCAL 表示 PVC 是本地配置的，如果是 UNUSED，则表示 PVC 是从 DCE 侧学习来的；Status 表示虚电路状态，可能的取值有 Active 和 Inactive，Active 表示虚电路处于激活状态，Inactive 表示虚电路处于未激活状态；InARP 表示是否使能 InARP 功能。具体结果请同学们自行分析。

5. 静态帧中继协议的配置

在 R1 上配置静态地址映射：

```
[R1]interface s0/0/1
[R1-Serial0/0/1]undo fr inarp                    //关闭动态映射功能
[R1-Serial0/0/1]fr map ip 10.1.1.2 101           //配置静态地址映射
```

默认情况下，帧中继不支持广播或组播数据的转发，如果需要在帧中继上运行一些其他的动态路由协议（如 OSPF），需要在静态映射后面添加 broadcast 参数，从而使 PVC 正常发送广播或组播流量。

```
[R1-Serial0/0/1]fr map ip 10.1.1.2 101 broadcast
```

在 R2 上配置静态地址映射：

```
[R2]interface s0/0/2
[R2-Serial0/0/2]undo fr inarp                    //关闭动态映射功能
[R2-Serial0/0/2]fr map ip 10.1.1.1 202           //配置静态地址映射
```

此时 R1 和 R2 已经实现正常通信，在 R1 和 R2 上观察结果如下：

```
[R1]display fr pvc-info
PVC statistics for interface Serial0/0/1 (DTE, physical UP)
  DLCI = 101, USAGE = LOCAL (00000100), Serial0/0/1
     create time = 2018/01/24 08: 41: 55, status = ACTIVE
     InARP = Disable
     in BECN = 0, in FECN = 0
     in packets = 6, in bytes = 470
     out packets = 6, out bytes = 470
[R2]display fr pvc-info
PVC statistics for interface Serial0/0/2 (DTE, physical UP)
  DLCI = 202, USAGE = LOCAL (00000100), Serial0/0/2
     create time = 2018/01/24 08: 42: 47, status - ACTIVE
     InARP = Disable
     in BECN = 0, in FECN = 0
     in packets = 5, in bytes = 440
     out packets = 6, out bytes = 470
```

fr map ip[destination-address]mask{dlci-number}命令用来配置一个目的 IP 地址和指定 DLCI 的静态映射。

如果 DCE 侧设备配置静态地址映射，DTE 侧启动动态地址映射功能，则 DTE 侧不需要再配置静态地址映射也可实现两端互通。反之如果 DCE 配置动态地址映射，DTE 配置静态地址映射，则不能实现互通。

fr map ip[destination-address[mask]dlci-number]broadcast 命令用来配置该映射上可

以发送广播报文。

思考题

1. PPP 是（　　）协议。
    A. 物理层　　　　　B. 链路层　　　　　C. 网络层　　　　　D. 传输层

2. 下面不是 PPP 提供的功能的是（　　）。
    A. 压缩　　　　　　B. 身份验证　　　　C. 全双工　　　　　D. 加密

3. 在 PAP 验证过程中，敏感信息是以（　　）形式进行传送的。
    A. 明文　　　　　　B. 加密　　　　　　C. 摘要　　　　　　D. 加密的摘要

4. 在 CHAP 验证过程中，敏感信息是以（　　）形式进行传送的。
    A. 明文　　　　　　B. 加密　　　　　　C. 摘要　　　　　　D. 加密的摘要

5. 在 PAP 验证过程中，首先发起验证请求的是（　　）。
    A. 验证方　　　　　B. 被验证方　　　　C. 网络层　　　　　D. 传输层

6. PAP 验证是发生在（　　）的验证功能。
    A. 物理层　　　　　B. 链路层　　　　　C. 网络层　　　　　D. 传输层

7. 把 PPP 的认证方式设置为 PAP 的命令是（　　）。
    A. ppp pap　　　　　　　　　　　　　B. ppp chap
    C. ppp authentication-mode pap　　　　D. ppp authentication-mode chap

8. 两台路由器间通过串口相连接，且链路层协议为 PPP，但是 PPP 链路两端接口的 MRU 值不一致，则下列关于 PPP 中 LCP 协商描述正确的是（　　）。
    A. LCP 协商失败
    B. LCP 协商使用较小的那个 MRU 值
    C. LCP 协商使用较大的那个 MRU 值
    D. LCP 协商使用标准值 1500

9. 可以用来查看 IP 地址与帧中继 DLCI 号对应关系的命令是（　　）。
    A. display fr interface　　　　　　　B. display fr map-info
    C. display fr inarp-info　　　　　　　D. display interface brief

10. 在帧中继网络中，关于 DTE 设备上映射信息，描述正确的是（　　）。
    A. 本地 DLCI 与远端 IP 地址映射
    B. 本地 IP 地址与远端 DLCI 的映射
    C. 本地 DLCI 与本地 IP 地址的映射
    D. 远端 DLCI 与远端 IP 地址映射

11. PPP 中，CHAP 使用的加密算法是（　　）。
    A. DES　　　　　B. MD5　　　　　C. AES　　　　　D. 不使用

12. 在帧中继网络中，IP 地址与 DLCI 的动态映射使用的协议是（　　）。
    A. LMI 协议　　　B. ARP 协议　　　C. RARP 协议　　　D. InARP 协议

13. 如果在 PPP 认证的过程中，被认证者发送了错误的用户名和密码给认证者，认证者将会发送（　　　）类型的报文给被认证者。

  A. Authenticate-Ack   B. Authenticate-Nak

  C. Authenticate-Reject   D. Authenticate-Reply

14. 在 PPP 中，当通信双方的双端检测到物理链路激活时，就会从链路不可用阶段转换到链路建立阶段，在这个阶段主要是通过（　　　）协议进行链路参数的协商。

  A. IP   B. DHCP   C. LCP   D. NCP

15. 在华为 AR G3 系列路由器的串行接口上配置封装 PPP 时，需要在接口视图下输入的命令是（　　　）。

  A. link-protocol ppp   B. encapsulation ppp

  C. enable ppp   D. address ppp

16. 两台路由器间通过串口相连接且链路层协议为 PPP，如果想在两台路由器上通过配置 PPP 认证功能来提高安全性，则下列 PPP 中认证更安全的是（　　　）。

  A. CHAP   B. PAP   C. MD5   D. SSH

参考文献

[1] 华为技术有限公司. HCNA 网络技术学习指南[M]. 北京：人民邮电出版社，2015.

[2] 华为技术有限公司. HCNA 网络技术实验指南[M]. 北京：人民邮电出版社，2017.

[3] 孙秀英. 路由交换技术及应用[M]. 2 版. 北京：人民邮电出版社，2015.

[4] 张平安. 交换机与路由器配置管理任务教程[M]. 2 版. 北京：中国铁道出版社，2012.

[5] 张国清，孙丽萍. 交换与路由技术：构建园区网络[M]. 北京：中国铁道出版社，2014.

[6] 华为技术有限公司. HCNP 路由交换实验指南[M]. 北京：人民邮电出版社，2014.